普通高等教育"十二五"住建部规划教材

高职高专建筑装饰技术专业系列教材

建筑装饰施工技术

（第 3 版）

主　编　张若美

武汉理工大学出版社

·武　汉·

内 容 提 要

本书重点介绍了抹灰工程施工、门窗工程施工、吊顶工程施工、轻质隔墙工程施工、饰面板(砖)工程施工、幕墙工程施工、涂饰工程施工、楼地面饰面工程施工、裱糊与软包工程施工、细部工程施工等内容。本次修订时增加了 17 个相关项目现场施工的视频,学习者可以通过扫描书中二维码更直观地了解装饰工程施工项目真实的场景。

本书可以作为高职高专建筑装饰技术专业的教学用书,也可以作为建设类相关从业人员的自学参考书。

图书在版编目(CIP)数据

建筑装饰施工技术/张若美主编. —3 版. —武汉:武汉理工大学出版社,2022.7
ISBN 978-7-5629-6393-6

I.①建… Ⅱ.①张… Ⅲ.①建筑装饰-工程施工-高等职业教育-教材 Ⅳ.①TU767

中国版本图书馆 CIP 数据核字(2022)第 119539 号

项目负责人:张淑芳 戴皓华 责 任 编 辑:张淑芳
责 任 校 对:张莉娟 排 版 设 计:正风图文
出 版 发 行:武汉理工大学出版社
 武汉市洪山区珞狮路 122 号 邮编:430070
 http://www.wutp.com.cn
 E-mail:33925682@qq.com
印 刷 者:荆州市精彩印刷有限公司
经 销 者:各地新华书店
开 本:787×1092 1/16
印 张:18.5
字 数:462 千字
版 次:2022 年 7 月第 3 版
印 次:2022 年 7 月第 1 次印刷
印 数:3000 册
定 价:45.00 元

第3版前言

按照高等职业技术教育建筑装饰施工工程技术专业人才培养目标和课程教学大纲的要求,我们对《建筑装饰施工技术》(第2版)进行了修订和编写。本书在第2版的基础上作了较大变动,充分按照《建筑装饰装修工程质量验收标准》(GB 50210—2018)的内容安排各个章节,力求内容系统有序,文字简洁,图文并茂,可操作性强。

本版教材修订和编写中遵循"成果导向教育"基本理念,以建筑装饰装修项目为主线,以职业岗位需求为依据,注重内容的实用性、可操作性,强调了建筑装饰装修行业新材料、新技术、新工艺的应用,较系统地介绍了抹灰工程施工、门窗工程施工、吊顶工程施工、轻质隔墙工程施工、饰面板工程施工、饰面砖工程施工、幕墙工程施工、涂饰工程施工、裱糊与软包工程施工、楼地面饰面工程施工、细部工程施工等内容。本版教材体现了以下特色:

1.实用性。从工作实际需要出发,对规范要求的理解和贯彻执行的做法进行了讲述,对建筑装饰施工的基本知识进行了系统整理,对建筑装饰施工的施工准备、工艺流程、施工要点和施工质量验收内容等进行了详细阐述,具有较强的实用性、可读性和可操作性。

2.教材内容更新。删除了本教材第2版中土建施工知识部分;增加了保温层薄抹灰施工、门窗玻璃安装工程施工、自流平楼地面工程施工、门窗套制作与安装工程施工、可拆装式隔断墙制作与安装工程施工、内遮阳安装工程施工、阳台晾晒架安装工程施工等内容;对常用建筑装饰施工机具进行了补充;参考了大量最新相关书籍和论文等,对教材内容进行了调整和组合。

3.系统性。修订后内容体系合理,思路清晰,概念准确,结构紧凑,重点突出,信息量大,配套性好,前后呼应,融为一个完整的知识体系。

4.数字化资源的融入。本书录制了关键施工过程的17个现场视频,更直观地展示了装饰工程施工项目的具体操作方法,学习者可以通过二维码观看。

从发展来看,随着建筑行业的工业化、数字化、装配化发展,为装配式建筑装饰装修的孕育提供了条件,建筑装饰装修可以变成数字化、集成化、部品化,这也是建筑装饰装修的未来。此部分内容,本版教材尚未涉及。

本书由四川建筑职业技术学院张若美担任主编,参编人员有四川建筑职业技术学院吴俊峰、高建华、刘杨、王娜。具体分工为:抹灰工程施工由高建华、吴俊峰编写;门窗工程施工由吴俊峰编写;吊顶工程施工由吴俊峰编写;轻质隔墙工程施工由王娜、吴俊峰编写;饰面板工程施工由刘杨、吴俊峰编写;饰面砖工程施工由刘杨编写;幕墙工程施工由吴俊峰编写;涂饰工程施工由张若美编写;裱糊与软包工程施工由高建华编写;楼地面饰面工程施工由吴俊峰编写;细部工程施工由高建华、吴俊峰编写;常用建筑装饰施工机具由高建华编写。

　　本书在编写过程中,得到了许多单位和个人的大力支持,在此向他们表示最诚挚的谢意。

　　由于编写时间仓促和编者水平有限,涉及内容较多,书中难免存在不妥之处,敬请读者批评指正。

编　者

2021 年 8 月

目　　录

1 抹灰工程施工

1.1 抹灰工程概述

1.1.1 抹灰工程的概念

抹灰是将各种砂浆、装饰性石屑浆、石子浆等涂抹在建筑物的墙面、顶棚、地面等表面上,形成抹灰层。其各项工作的完成是一个过程,称为抹灰工程。

1.1.2 抹灰工程的作用

(1)能够满足使用功能要求。通过抹灰,能够满足保温、隔热、防潮、隔音、防止风化等方面的要求。

(2)能够满足装饰美观要求。抹灰后,建筑物或构筑物的表面平整光洁,能够有一定的装饰效果。

(3)保护作用。抹灰层能够使建筑物或构筑物的结构部分不受周围环境中一些不利因素(如雨、雪、霜、风、日照、潮湿、有害气体等)的侵蚀,从而提高其使用寿命。

1.1.3 抹灰工程的组成与分类

(1)抹灰工程组成

抹灰工程一般分为三层,即底层、中层和面层,如图 1.1 所示。底层主要起与基层粘结和初步找平的作用;中层起找平的作用;面层起装饰的作用。

(2)抹灰工程的分类

抹灰工程按使用的材料和装饰效果分为一般抹灰、装饰抹灰和特殊抹灰。

一般抹灰所用的材料有:水泥砂浆、水泥混合砂浆、聚合物水泥砂浆、膨胀珍珠岩水泥砂浆、石灰砂浆、麻刀灰、纸筋灰、石膏灰等。一般抹灰的装饰效果主要体现在其表面平整光洁,有均匀的色泽,轮廓与线条美观、清晰等。

装饰抹灰的底层和中层与一般抹灰相同,但其面层材料往往有较大区别,装饰抹灰的面层材料主要有:水泥石子浆、水泥砂浆、聚合物水泥砂浆等。装饰抹灰施工时常常需要采用较特

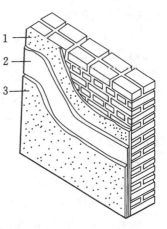

图 1.1　抹灰工程的组成
1—底层;2—中层;3—面层

殊的施工工艺,如水刷石、斩假石、干粘石、假面砖、喷涂、滚涂、弹涂等。装饰抹灰的装饰效果主要体现在较充分地利用所用材料的质感、色泽等获得美感,能形成较多的形状、纹路和轮廓。

特殊抹灰是指为了满足某些特殊的要求(如保温、耐酸、防水等)而采用保温砂浆、耐酸砂

浆、防水砂浆等进行的抹灰。

1.2 一般抹灰施工

一般抹灰的施工顺序,通常应遵循"先室外后室内、先上面后下面、先顶棚后墙地"的原则。抹灰施工要具备相应的施工条件,并应严格按照施工工艺进行操作。

1.2.1 一般抹灰施工准备

(1)施工材料

① 水泥

一般抹灰宜采用 32.5 级以上的普通硅酸盐水泥或硅酸盐水泥,也可采用矿渣水泥、火山灰水泥、粉煤灰水泥或复合水泥。

水泥进场时应对其品种、级别、包装或散装仓号、出厂日期等进行检验,并应对其凝结时间和安定性进行复检(粘结用水泥还应对其抗压强度进行复验),其质量必须符合现行国家标准《通用硅酸盐水泥》(GB 175—2007)等的规定。

当在使用中对水泥质量有怀疑或水泥出厂超过 3 个月时,应进行复验,并按复验结果使用。

② 砂子

宜使用平均粒径为 0.35~0.5mm 的中砂,要求颗粒坚硬、洁净,使用前应过筛,除去杂质和泥块等,含泥量小于 3%。当采用中砂与粗砂混合使用时,粗砂平均粒径不小于 0.5mm,细度模数 3.1~3.7;中砂平均粒径不小于 0.35mm;细度模数 2.3~3.0。

③ 磨细石灰粉

其细度为过 0.125mm 的方孔筛,累计筛余量不大于 13%。使用前用水浸泡,使其充分熟化,熟化时间不少于 3d。

浸泡方法:提前备好大容器,均匀地往容器中撒一层生石灰粉,浇一层水;然后再撒一层生石灰粉,再浇一层水;依次进行,当达到容器的 2/3 时,将容器内放满水,使之熟化。

④ 石灰膏

石灰膏与水调和后具有凝固时间快,并在空气中硬化,硬化时体积不收缩的特性。

用块状生石灰淋刷后,用筛网过滤,贮存在沉淀池中,使其充分熟化。熟化时间:常温下一般不少于 15d;用于罩面灰时不少于 30 d,使用时石灰膏内不得含有未熟化的颗粒和其他杂质。在沉淀池中的石灰膏应加以保护,防止其干燥、冻结和污染。

(2)施工常用工具、机具

① 一般抹灰施工常用的工具如图 1.2 所示。

木抹子——其作用是抹平压实灰层,有圆头、方头两种。

塑料抹子——用硬质聚乙烯塑料制成的抹灰器具,有圆头、方头两种。其用途是压光纸筋灰等面层。

铁抹子——用于抹底子灰层,有圆头、方头两种。

钢抹子——因其较薄,弹性好,适用于抹平抹光水泥砂浆面层。

压板——适用于压光水泥砂浆面层和纸筋灰罩面等。

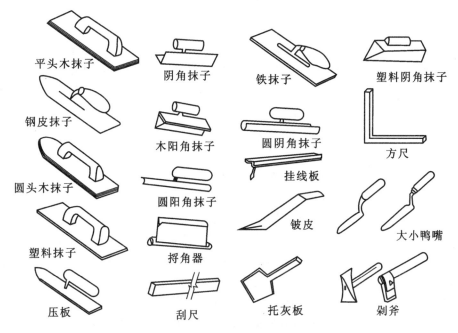

图 1.2 常用抹灰工具

阴角抹子——适用于压光阴角,分为小圆角和尖角两种。

阳角抹子——适用于压光阳角,分为小圆角和尖角两种。

捋角器——用来捋水泥抱角的素水泥浆。

托灰板——用于作业时承托砂浆。

挂线板——主要用来挂垂直线,板上附有带线坠的标准线。

方尺——用来测量阴阳角方正。

八字靠尺及钢筋卡子——用来做棱角。钢筋卡子用来卡八字靠尺,常用直径 8mm 的钢筋加工而成。

刮尺——即木杠,有长杠、中杠、短杠三种,用来刮平墙面和地面。一般长杠长为 250～350mm,适用于冲筋;中杠长为 200～250mm;短杠长为 150mm。

剁斧——用来剁砖石和清理混凝土基层。

筛子——用来筛分砂子,去除块状杂物。常用筛孔直径有 10、8、5、3、1.5、1(mm)六种。

尼龙线——用来拉直线。

② 常用的机具包括砂浆搅拌机、手推车等。

(3)作业条件

① 主体结构验收合格。

② 水电预埋管线、配电箱外壳等安装正确,水暖管道完成压力试验。

③ 门窗框安装牢固,预留间隙符合要求。

④ 其他相关设施完成安装和保护。

⑤ 抹灰工程的施工图、设计说明及其他设计文件已完成;材料的产品合格证书、性能检测报告、进场验收记录和复验报告已具备;施工方案通过审核、批准;施工技术交底已完成。

1.2.2　一般抹灰施工工艺流程

一般抹灰施工宜按下列工艺流程进行：

基层处理→浇水湿润→吊垂直、套方、找规矩、做灰饼→做水泥踢脚或墙裙→做护角→抹水泥窗台→墙面冲筋→抹底层灰→修补预留孔洞、配电箱(槽、盒)等→抹中层灰→抹罩面灰。

1.2.3　一般抹灰施工要点

(1) 基层处理

抹灰施工的基层主要有砖墙面、混凝土面、轻质隔墙材料面、板条面等。在抹灰前应对不同的基层进行适当的处理，以保证抹灰层与基层粘结牢固。

界面处理施工

① 应清除基层表面的杂物、残留灰浆、灰尘、污垢、油渍、碱膜等；表面凹凸明显的部位，应事先剔平或用1∶3水泥砂浆补平。

② 凡室内管道穿越的墙洞和楼板洞、凿剔墙后安装的管道周边，应用1∶3水泥砂浆填嵌密实。

③ 墙面上的脚手架眼应填补好。

④ 对平整光滑混凝土表面，可以有三种处理方法：a.凿毛或划毛处理；b.喷1∶1水泥细砂浆进行毛化(可加适量胶粘剂)；c.刷界面处理剂。

⑤ 门窗周边的缝隙应用水泥砂浆分层嵌塞密实。

⑥ 不同材料基体的交接处应采取加强措施，如铺钉金属网，金属网与各基体的搭接宽度不应小于100mm。如图1.3所示。

⑦ 加气混凝土基体应在湿润后边涂刷界面剂，边抹强度不大于M5的水泥混合砂浆。

(2) 浇水湿润

应根据施工气温情况针对不同基层做浇水湿润处理，一般在抹灰前一天，用软管或胶皮管或喷壶顺墙自上而下浇水湿润，每天宜浇两次。

(3) 吊垂直、套方、找规矩、做灰饼

根据施工图要求的抹灰质量，根据基层表面平整和垂直情况，用一面墙做基准，吊垂直、套方、找规矩，确定抹灰厚度，抹灰厚度不应小于7mm。当墙面凹度较大时

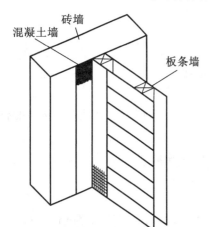

图1.3　钢丝网铺钉示意图

应分层补平，每层厚度不大于7~9mm。操作时应先抹上灰饼，再抹下灰饼。抹灰饼时应根据室内抹灰要求确定灰饼的正确位置，再用靠尺板找好垂直与平整。灰饼宜用1∶3水泥砂浆抹成5cm见方形状，如图1.4所示。

房间面积较大时应先在地上弹出十字中心线，然后按基层面平整度弹出墙角线，随后在距墙阴角100mm处吊垂线并弹出铅垂线，再按地上弹出的墙角线往墙上翻引，弹出阴角两面墙上的墙面抹灰层厚度控制线，以此做灰饼，然后根据灰饼充筋，如图1.4所示。

(4) 抹水泥踢脚(或墙裙)

根据已抹好的灰饼充筋(此筋可以冲得宽一些，以8~10cm为宜，此筋即为抹踢脚或墙裙

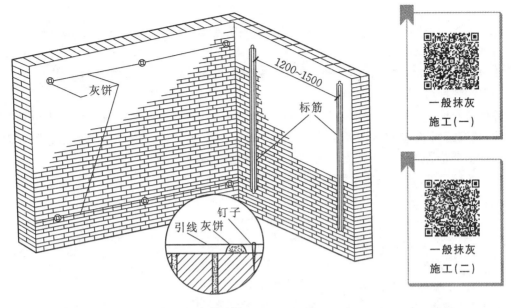

图 1.4　灰饼充筋

的依据,同时也可作为墙面抹灰的依据),底层抹 1∶3 水泥砂浆,抹好后用大杠刮平,木抹子搓毛,常温第二天用 1∶2.5 水泥砂浆抹面层并压光,抹踢脚或墙裙厚度应符合设计要求,无设计要求时凸出墙面以 5～7mm 为宜。凡凸出抹灰墙面的踢脚或墙裙上口必须保证光洁顺直,踢脚或墙面抹好后将靠尺贴在大面与上口平齐,然后用小抹子将上口抹平压光,凸出墙面的棱角要做成钝角,不得出现毛茬和飞棱。

(5)做护角

墙、柱间的阳角应在墙、柱面抹灰前用 1∶2 水泥砂浆做护角,其高度自地面以上 2m;然后将墙、柱的阳角处浇水湿润。

第一步,在阳角正面立上八字靠尺,靠尺凸出阳角侧面,凸出厚度与成活抹灰面平齐。然后在阳角侧面,依靠尺边抹水泥砂浆,并用铁抹子将其抹平,按护角宽度(不小于 5cm)将多余的水泥砂浆铲除。第二步,待水泥砂浆稍干后,将八字靠尺移到抹好的护角面上(八字坡向外)。在阳角的正面,依靠尺边抹水泥砂浆,并用铁抹子将其抹平,按护角宽度将多余的水泥砂浆铲除。抹完后去掉八字靠尺,用素水泥浆涂刷护角尖角处,并用捋角器自上而下捋一遍,使其形成钝角。如图 1.5 所示。

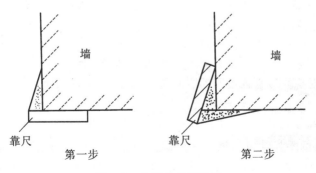

图 1.5　水泥护角示意图

（6）抹水泥窗台

先将窗台基层清理干净，松动的砖要重新补砌好。砖缝划深，用水润透，然后用1∶2∶3豆石混凝土铺实，厚度宜大于2.5cm，次日刷胶黏性素水泥一遍，随后抹1∶2.5水泥砂浆面层，待表面达到初凝后，浇水养护2～3d，窗台板下口抹灰要平直，没有毛刺。

在抹檐口、窗台、阳台、雨篷、压顶和凸出墙面的腰线以及装饰凸线时，应将其上面做成向外的流水坡度，严禁出现倒坡，下面做滴水线（槽）。窗台上面的抹灰层应深入窗框下坎裁口内，堵塞密实，流水坡度及滴水线（槽）距外表面不小于40mm，滴水线深度和宽度一般不小于10mm，并应保证其流水坡度方向正确，做法见图1.6。

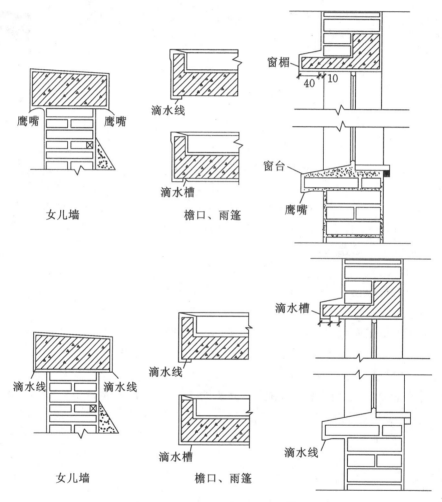

图1.6　滴水线（槽）做法示意图

抹滴水线（槽）时应先抹立面，后抹顶面，再抹底面。

（7）墙面充筋

当灰饼砂浆达到七八成干时，即可用与抹灰层相同的砂浆充筋，充筋根数应根据房间的宽度和高度确定，一般标筋宽度为5cm，两筋间距不大于1.5m。当墙面高度小于3.5m时宜做立筋；大于3.5m时宜做横筋，做横向充筋时做灰饼的间距不宜大于2m。如图1.4所示。

（8）抹底层灰

一般情况下以充筋完成 2h 左右开始抹底灰为宜，抹前应先抹一层薄灰，要求将基体抹严，抹时用力压实使砂浆挤入细小缝隙内，接着分层装档、抹与充筋平，用木杠刮找平整，用木抹子搓毛。然后全面检查底子灰是否平整，阴阳角是否方正、整洁，管道后与阴角交接处、墙顶板交接处是否光滑、平整、顺直，并用托线板检查墙面垂直与平整情况。散热器后边的墙面抹灰，应在散热器安装前进行，抹灰面接槎应平顺，地面踢脚板或墙裙、管道背后应及时清理干净，做到活完底清。

（9）修抹预留孔洞、配电箱（槽、盒）

当底灰抹平后，要随即由专人把预留孔洞、配电箱（槽、盒）周边 5cm 宽的石灰砂刮掉，并清除干净，用大毛刷蘸水沿周边刷水湿润，然后用 1：1：4 水泥混合砂浆把洞口、箱（槽、盒）周边压抹平整、光滑。

（10）抹中层灰

待底层灰七八成干（用手指按压有指印但不软）时即可抹中层灰。操作时一般按自上而下、从左向右的顺序进行。先在底层灰上洒水，待其收水后在标筋之间装满砂浆，用刮尺刮平，并用木抹子来回搓抹，去高补低。搓平后用 2m 靠尺检查，超过质量标准允许偏差时应修整至合格。

（11）抹罩面灰

应在中层灰七八成干时开始抹罩面灰（抹时如底灰过干应浇水湿润），罩面灰两遍成活，厚度约 2mm，操作时最好由两人同时配合进行，一人先刮一遍薄灰，另一人随即抹平。依先上后下的顺序进行，然后赶实压光，压时要掌握力度，既不要出现水纹，也不可压活，压好后随即用毛刷蘸水将罩面灰污染处清理干净。施工时整面墙不宜甩破活，如遇有预留施工洞时，以甩下整面墙为宜。

（12）阴阳角抹灰

用阴阳角方尺检查阴阳角的直角度，并检查垂直度，然后定抹灰厚度，浇水润湿。

用木制阴角器和阳角器分别进行阴阳角处抹灰，先抹底层灰，使其基本达到直角，再抹中层灰，使阴阳角方正。

阴阳角找方应与墙面抹灰同时进行。

（13）顶棚抹灰

顶棚抹灰可不做灰饼和标筋，只需在四周墙上弹出抹灰层的标高线（一般从 500mm 线向上控制）。顶棚抹灰的顺序宜从房间向门口进行。

抹底层灰前，应清扫干净楼板底的浮灰、砂浆残渣，清洗掉油污以及模板隔离剂，并浇水湿润。为使抹灰层和基层粘结牢固，可刷水泥胶浆一道。

抹底层灰时，抹压方向应与模板纹路或预制板板缝相垂直，应用力将砂浆挤入板条缝或网眼内。

抹中层灰时，抹压方向应与底层灰抹压方向垂直，抹灰应平整。

混凝土（包括预制混凝土）顶棚基体抹灰，由于受各种因素的影响，抹灰层脱落的质量事故时有发生，严重危及人身安全。因此可以不在混凝土顶棚基体表面抹灰，只用腻子找平即可。

1.2.4　一般抹灰施工质量验收

（1）主控项目

① 一般抹灰所用材料的品种和性能应符合设计要求及国家现行标准的有关规定。

检验方法：检查产品合格证书、进场验收记录、性能检验报告和复验报告。

② 抹灰前基层表面的尘土、污垢和油渍等应清除干净，并应洒水润湿或进行界面处理。

检验方法：检查施工记录。

③ 抹灰工程应分层进行。当抹灰总厚度大于或等于 35mm 时，应采取加强措施。不同材料基体交接处表面的抹灰，应采取防止开裂的加强措施，当采用加强网时，加强网与各基体的搭接宽度不应小于 100mm 。

检验方法：检查隐蔽工程验收记录和施工记录。

④ 抹灰层与基层之间及各抹灰层之间应粘结牢固，抹灰层应无脱层和空鼓，面层应无爆灰和裂缝。

检验方法：观察；用小锤轻击检查；检查施工记录。

（2）一般项目

① 一般抹灰工程的表面质量应符合：普通抹灰表面应光滑、洁净，接槎平整，分格缝应清晰；高级抹灰表面应光滑、洁净，颜色均匀，无抹纹，分格缝和灰线应清晰美观。

检验方法：观察；手摸检查。

② 护角、孔洞、槽、盒周围的抹灰表面应整齐、光滑；管道后面的抹灰表面应平整。

检验方法：观察。

③ 抹灰层的总厚度应符合设计要求；水泥砂浆不得抹在石灰砂浆层上；罩面石膏灰不得抹在水泥砂浆层上。

检验方法：检查施工记录。

④ 抹灰分格缝的设置应符合设计要求，宽度和深度应均匀，表面应光滑，棱角应整齐。

检验方法：观察；尺量检查。

⑤ 有排水要求的部位应做滴水线（槽）。滴水线（槽）应整齐顺直，滴水线应内高外低，滴水槽的宽度和深度应满足设计要求，且均不应小于 10mm。

检验方法：观察；尺量检查。

⑥ 一般抹灰工程质量的允许偏差和检验方法应符合表 1.1 的规定。

表 1.1　一般抹灰的允许偏差和检验方法

项次	项目	允许偏差（mm）		检验方法
		普通抹灰	高级抹灰	
1	立面垂直度			用 2m 垂直检测尺检查
2	表面平整度			用 2m 靠尺和塞尺检查
3	阴阳角方正	4	3	用直角检测尺检查
4	分格条（缝）直线度			拉 5m 线，不足 5m 拉通线，用钢直尺检查
5	墙裙、勒脚上口直线度			拉 5m 线，不足 5m 拉通线，用钢直尺检查

注：1. 普通抹灰，本表第 3 项"阴阳角方正"可不检查；

　　2. 顶棚抹灰，本表第 2 项"表面平整度"可不检查，但应平顺。

1.3 装饰抹灰施工

装饰抹灰是在一般抹灰的中层灰基础上以一定的做法形成一层特殊的装饰面层。装饰抹灰做法较多,常见的有水刷石、斩假石、干粘石、假面砖等。

1.3.1 装饰抹灰施工准备

(1)施工材料

① 水泥

水刷石宜采用 32.5 级以上普通硅酸盐水泥或硅酸盐水泥,也可采用矿渣水泥、火山灰水泥、粉煤灰水泥及复合水泥,还可以采用白色硅酸盐水泥;斩假石宜采用 32.5 级以上普通硅酸盐水泥或矿渣水泥;干粘石宜采用 32.5 级、42.5 级普通水泥、硅酸盐水泥或白水泥;假面砖宜采用 42.5 级普通硅酸盐水泥、硅酸盐水泥或白色、彩色水泥。

对水泥的其他要求同一般抹灰。

② 砂子

同第 1.2 节"一般抹灰施工"。

③ 石渣

石渣是由天然大理石、白云石、方解石、花岗岩以及其他天然石料筛分而成。粒径有大二分(约 20mm)、一分半(约 15mm)、大八厘(约 8mm)、中八厘(约 6mm)、小八厘(约 4mm)、米粒石(2~4mm)、白石屑(1.0~0.15 mm)。水刷石采用中、小八厘石;斩假石采用小八厘石和 2mm 米粒石;干粘石采用中八厘石或小八厘石、大八厘石。

要求石渣颗粒坚实、整齐、均匀,颜色一致,不含风化的石粒及其他有机、有害物质。使用前应用清水洗净,按不同规格、颜色分堆晾干后,用苫布苫盖或装袋堆放,施工采用彩色石渣时,要求采用同一品种、同一产地的产品,宜一次进货备足。

④ 小豆石

用小豆石做水刷石墙面材料时,其粒径以 5~8mm 为宜,其含泥量不大于 1%,颗粒要求坚硬、均匀。使用前宜过筛,筛去粉末,清除浆块,用清水洗净,晾干备用。

⑤ 石灰膏

使用时不得含有未熟化的颗粒和杂质。使用前应充分熟化,熟化时间不少于 30d,质地应洁白细腻。

⑥ 磨细石灰粉

使用前应充分闷透熟化,熟化时间应不小于 3d,使用时不得含有未熟化的颗粒和杂质。

⑦ 颜料

应采用耐碱性和耐光性较好的矿物质颜料,使用时应采用同一配比与水泥干拌均匀,装袋备用。

⑧ 胶粘剂、混凝土界面料

应符合质量标准要求,严禁使用非环保型产品。

(2)施工工具、机具

装饰抹灰施工常用工具、机具参见图 1.3。

（3）作业条件

同第 1.2 节"一般抹灰施工"。

1.3.2　装饰抹灰施工工艺流程

（1）水刷石施工工艺流程

水刷石施工宜按下列工艺流程进行：

抹灰中层养护→分格弹线、粘分格条→做滴水线条→抹面层水泥石子浆→修整、赶实压光、喷刷→起分格条、勾缝→养护。

（2）斩假石施工工艺流程

斩假石施工宜按下列工艺流程进行：

抹灰中层养护→分格弹线、粘分格条→做滴水线条→抹面层水泥石子浆→养护→斩剁面层→起分格条、勾缝→养护。

（3）干粘石施工工艺流程

干粘石施工宜按下列工艺流程进行：

抹灰中层养护→分格弹线、粘分格条→做滴水线条→抹粘结层砂浆→撒石粒→拍平、修整→起分格条、勾缝→养护。

（4）假面砖施工工艺流程

假面砖施工宜按下列工艺流程进行：

抹灰中层养护→抹面层灰、做面砖→清扫墙面。

1.3.3　装饰抹灰施工要点

1.3.3.1　水刷石施工要点

（1）弹线分格、粘分格条

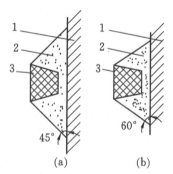

图 1.7　粘分格条
1—基体；2—水泥浆；3—分格条

根据图纸要求弹线分格、粘分格条，分格条宜采用红松制作，粘前应用水充分浸透（一般应浸 24h 以上），粘时在分格条两侧用素水泥浆抹成 45°八字坡形，粘分格条时注意竖条应粘在所弹立线的同一侧，防止左右乱粘，出现分格不均匀，条粘好后待底层灰呈七八成干后可抹面层灰。粘分格条如图 1.7 所示。

（2）做滴水线

在抹檐口、窗台、窗楣、阳台、雨篷、压顶和凸出墙面的腰线以及装饰凸线等时，应将其上面做成向外的流水坡度，严禁出现倒坡，下面做滴水线（槽）。窗台上面的抹灰层应深入窗框下坎裁口内，堵密实。流水坡度及滴水线（槽）距外表面不小于 40cm，滴水线深度和宽度一般不小于 10mm，应保证其坡度方向正确。抹滴水线（槽）应先抹立面，后抹顶面，再抹底面。分格条在其面层灰抹好后即可拆除。采用"隔夜"拆条法时须待面层砂浆达到适当强度后方可拆除。滴水线做法同水泥砂浆抹灰做法。

（3）抹面层水泥石子浆

待底层灰六七成干时首先将墙面润湿并涂刷一层素水泥浆（宜掺胶粘剂），然后抹面层水泥石子浆。自下往上分两遍与分格条抹平,应随时检查平整度,有坑凹处及时填补,边抹边拍打揉平。

(4) 修整、赶实压光、喷刷

将抹在分格条块内的水泥石子浆面层拍平压实,并将内部的水泥浆挤压出来,压实后尽量使石渣大面朝上,再用铁抹子溜光压实,反复3～4遍。拍压时特别要注意阴阳角部位石渣饱满,以免出现"黑边"。待面层初凝时(指捺无痕),用水刷子刷,以不掉石粒为宜。

然后开始刷洗面层水泥浆,喷刷分两遍进行,第一遍先用毛刷蘸水刷掉面层水泥浆,露出石粒,第二遍紧随其后,用喷雾器将四周相邻部位喷湿,然后自上而下喷水冲洗,喷头一般距墙面10～20cm,喷刷要均匀,使石子露出表面1～2mm为宜。最后用水壶从上往下将石渣表面冲洗干净,冲洗时不宜过快,同时注意避开大风天,以避免造成墙面污染发花。若使用白水泥砂浆做水刷石墙面时,在最后喷刷时,可用草酸稀释液冲洗一遍,再用清水洗一遍,墙面更显洁净、美观。

(5) 起分格条、勾缝

喷刷完成后,待墙面水分控干后,小心将分格条取出,然后根据要求用线抹子将分格缝溜平抹顺直。

(6) 养护

待面层达到一定强度后可喷水养护,防止脱水收缩造成空鼓、开裂。勾缝3d后洒水养护,养护时间不少于4d。

(7) 阳台、雨罩、门窗碹脸部位做法

门窗碹脸、窗台、阳台、雨罩等部位水刷石施工时,应先做小面,后做大面,刷石喷水应由外往里喷刷,最后用水壶冲洗,以保证大面的清洁美观。檐口、窗台、碹脸、阳台、雨罩等底面应做滴水线(槽),滴水线(槽)应做成上宽7mm、下宽10mm、深10mm的木条,便于抹灰时木条容易取出,保持棱角不受损坏。滴水线距外皮不应小于4cm,且应顺直。当大面积墙面做水刷石在一天内不能完成时,在继续施工冲刷新活前,应将前面做的刷石用水淋湿,以便喷刷时粘上水泥浆后便于清洗,防止对原墙面造成污染。施工槎应留在分格缝上。

1.3.3.2 斩假石施工要点

(1) 抹面层水泥石子浆

首先将底层浇水均匀湿润,满刮一道素水泥浆(宜掺胶粘剂,配合比根据要求或试验确定),随即抹面层水泥石子浆。抹与分格条平,用木杠刮平,待收水后用木抹子用力赶压密实,然后用铁抹子反复赶平压实,并上下顺势溜平,随即用软毛刷蘸水把表面水泥浆刷掉,使石渣均匀露出。

(2) 浇水养护

斩剁石抹灰完成后,养护第一重要。如果养护不好,会直接影响工程质量。施工时要特别重视这一环节,应设专人负责,并做好施工记录。斩剁石抹灰面层养护:夏天防止暴晒,冬天防止冰冻,冬天最好不施工。

(3) 面层斩剁(剁石)

① 掌握斩剁时间,在常温下经3d左右或面层达到设计强度60%～70%时即可进行,大面积施工前应先试剁,以石子不脱落为宜。

② 斩剁前应先弹顺线,并离开剁线适当距离按线操作,以避免剁纹跑斜。

③ 斩剁应自上而下进行,首先将四周边缘和棱角部位仔细剁好,再剁中间大面。若有分格,每剁一行应随时将上面和竖向分格条取出,并及时将分块内的缝隙、小孔用水泥浆修补平整。

④ 斩剁时宜先轻剁一遍,再盖着前一遍的剁纹剁出深痕,操作时用力应均匀,移动速度应一致,不得出现漏剁。

⑤ 柱子、墙角边棱斩剁时,应先横剁出边缘横斩纹或留出窄小边条(边宽 3～4cm)不剁。剁边缘时应使用锐利的小剁斧轻剁,以防止掉边掉角影响质量。

⑥ 用细斧斩剁墙面饰花时,斧纹应随剁花走势而变化,严禁出现横平竖直的剁斧纹,花饰周围的平面上应剁成垂直纹,边缘应剁成横平竖直的围边。

⑦ 用细斧剁一般墙面时,各格块体中间部分应剁成垂直纹,纹路相应平行,上下各行之间均匀一致。

⑧ 斩剁完成后面层要用硬毛刷顺剁纹刷净灰尘,分格缝按设计要求做规整。

⑨ 斩剁深度一般以石渣剁掉 1/3 比较适宜,这样可使剁出的假石成品美观大方。

1.3.3.3　干粘石施工要点

(1) 抹粘结层砂浆

为保证粘结层砂浆粘石质量,抹粘结层砂浆前应用水湿润墙面,粘结层厚度以所使用石子粒径确定。抹粘结层砂浆时,如果湿润底面时有干得过快的部位,应再补水湿润,然后抹粘结层。抹粘结层宜采用两遍抹成。第一遍用同强度等级素水泥浆薄刮一遍,保证粘结层粘牢。第二遍抹聚合物水泥砂浆。然后用靠尺测试,严格按照高刮低添的原则操作,否则,易使面层出现大小波浪造成表面不平整,影响美观。在抹粘结层时宜使上下灰层厚度不同,并不宜高于分格条,最好是在下部约 1/3 高度范围内比上面薄些。整个分格块面层比分格条低 1mm 左右,石子撒上并压实后,不但可保证平整度,且条边整齐,而且可避免下部出现鼓包皱皮现象。

(2) 撒石粒(甩石子)

当抹粘结层砂浆后,紧跟其后一手拿装石子的托盘,一手用木拍板向粘结层甩粘石子。要求甩严,甩均匀,并用托盘接住掉下来的石粒。甩完后随即用铁抹子将石子均匀地拍入粘结层,石子嵌入砂浆的深度以不小于粒径的 1/2 为宜,并应拍实、拍严。操作时要先甩两边,后甩中间,从上至下快速均匀地进行,甩出的动作应快,用力均匀,不使石子下溜,并应保证左右搭接紧密,石粒分布均匀。甩石粒时要使拍板与墙面垂直平行,让石子垂直嵌入粘结层内。如甩时偏上偏下、偏左偏右则效果不佳,石粒浪费也大。甩出时用力过大会使石粒陷入太紧而形成凹陷;用力过小则石粒粘结不牢,出现空白不易填补。动作慢则会造成部分不合格,修整后易出现接槎痕迹和"花脸"。阳角甩石粒,可将薄靠尺粘在阳角一边,选做邻面干粘石,然后取下薄靠尺抹上水泥腻子,一手持短靠尺在已做好的邻面上,一手甩石子并用铁抹子轻轻拍平、拍直,使棱角挺直。

门窗碹脸、阳台、雨罩等部位应留置滴水槽,其宽度、深度应满足要求。粘石时应先做小面,后做大面。

(3) 拍平、修整、处理黑边

拍平、修整要在水泥初凝前进行,先拍压边缘,而后拍压中间,拍压要轻重结合,均匀一致。拍压完成后,应对已粘石面层进行检查,发现阴阳角不挺直、表面不平整、黑边等问题时,要及时处理。

（4）起条、勾缝

前道工序全部完成，检查无误后，随即将分格条、滴水线条取出。取分格条时要认真小心，防止将边棱碰损，分格条起出后用抹子轻轻地按一下粘石面层，以防拉起面层造成空鼓现象。然后待水泥达到初凝强度后，用素水泥膏勾缝。格缝要保持平顺挺直，颜色一致。

（5）喷水养护

粘石面层完成后，常温下 24h 后喷水养护，养护不少于 2～3d，夏天阳光强烈，气温较高时，应适当遮阳，避免阳光直射，并适当增加喷水次数，以保证工程质量。

1.3.3.4　假面砖施工要点

（1）抹面层灰、做面砖

① 抹面层灰前应先将中层灰浇水均匀湿润，再弹水平线，按每步架子为一个水平作业段，然后上、中、下弹三条水平通线，以便控制面层划沟平直度。随抹 1：1 水泥结合层砂浆，厚度为 3mm，接着抹面层砂浆，厚度为 3～4mm。

② 待面层砂浆稍收水后，先用铁梳子沿木靠尺由上向下划纹，深度控制在 1～2mm 为宜，然后再根据标准砖的宽度用铁皮刨子（铁钩子）沿木靠尺横向划沟，沟深为 3～4mm，深度以露出面层底灰为准，如图 1.8 所示。铁梳子、铁皮刨子（铁钩子）如图 1.9 所示。

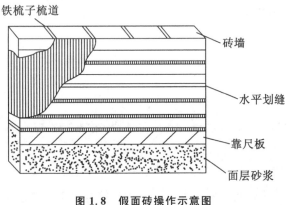

图 1.8　假面砖操作示意图

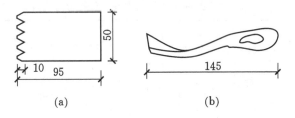

图 1.9　铁梳子、铁皮刨子（铁钩子）示意图
（a）铁梳子；（b）铁皮刨子（铁钩子）

（2）清扫墙面

假面砖完成后，及时将飞边砂粒清扫干净，不得留有飞棱卷边现象。

1.3.4　装饰抹灰施工质量验收

（1）主控项目

① 装饰抹灰工程所用材料的品种和性能应符合设计要求及国家现行标准的有关规定。

　　检验方法:检查产品合格证书、进场验收记录、性能检验报告和复验报告。

　　② 抹灰前基层表面的尘土、污垢和油渍等应清除干净,并应洒水润湿或进行界面处理。

　　检验方法:检查施工记录。

　　③ 抹灰工程应分层进行。当抹灰总厚度大于或等于 35mm 时,应采取加强措施。不同材料基体交接处表面的抹灰,应采取防止开裂的加强措施,当采用加强网时,加强网与各基体的搭接宽度不应小于 100mm 。

　　检验方法:检查隐蔽工程验收记录和施工记录。

　　④ 各抹灰层之间及抹灰层与基体之间应粘结牢固,抹灰层应无脱层、空鼓和裂缝。

　　检验方法:观察;用小锤轻击检查;检查施工记录。

　　(2) 一般项目

　　① 装饰抹灰工程的表面质量应符合:水刷石表面应石粒清晰、分布均匀、紧密平整、色泽一致,应无掉粒和接槎痕迹;斩假石表面剁纹应均匀顺直、深浅一致,应无漏剁处;阳角处应横剁并留出宽窄一致的不剁边条,棱角应无损坏;干粘石表面应色泽一致,不露浆、不漏粘,石粒应粘结牢固、分布均匀,阳角处应无明显黑边;假面砖表面应平整、沟纹清晰、留缝整齐、色泽一致,应无掉角、脱皮和起砂等缺陷。

　　检验方法:观察,手摸检查。

　　② 装饰抹灰分格条(缝)的设置应符合设计要求,宽度和深度应均匀,表面应平整光滑,棱角应整齐。

　　检验方法:观察。

　　③ 有排水要求的部位应做滴水线(槽)。滴水线(槽)应整齐顺直,滴水线应内高外低,滴水槽的宽度和深度均不应小于 10mm 。

　　检验方法:观察;尺量检查。

　　④ 装饰抹灰工程质量的允许偏差和检验方法应符合表 1.2 的规定。

表 1.2　装饰抹灰的允许偏差和检验方法

项次	项目	允许偏差(mm)				检查方法
		水刷石	斩假石	干粘石	假面砖	
1	立面垂直度	5	4	5	5	用 2m 垂直检测尺检查
2	表面平整度	3	3	5	4	用 2m 靠尺和塞尺检查
3	阳角方正	3	3	4	4	用 200mm 直角检测尺检查
4	分格条(缝)直线度	3	3	3	3	拉 5m 线,不足 5m 拉通线,用钢直尺检查
5	墙裙、勒脚上口直线度	3	3	—	—	拉 5m 线,不足 5m 拉通线,用钢直尺检查

1.4 特殊抹灰施工

特殊抹灰施工主要介绍内墙抹膨胀珍珠岩砂浆施工和内墙抹耐酸砂浆施工。

1.4.1 特殊抹灰施工准备

1）施工材料

（1）内墙抹膨胀珍珠岩砂浆材料

① 膨胀珍珠岩：膨胀珍珠岩应按设计要求采购。一般 1 类产品堆积密度小于 $80kg/m^3$，2 类产品的为 $80\sim150kg/m^3$，3 类产品的为 $150\sim250kg/m^3$。含水率应小于 2％，保温隔热温度为 $-200\sim800℃$。2 类产品导热系数在常温（25℃）下为 $0.045\sim0.055W/(m\cdot K)$。

② 水泥、石灰膏：同第 1.2.1 节。

③ 泡沫剂、108 胶、水：泡沫剂、108 胶按产品说明书使用；水宜采用自来水或饮用水。

（2）内墙抹耐酸砂浆材料

① 水玻璃：青灰或黄灰色黏稠溶液，模数为 $2.6\sim2.8$，相对密度为 $1.38\sim1.45$，不得混入杂质。应有产品合格证明和性能检测报告。

② 氟硅酸钠：白色、浅灰色或黄色粉末，纯度不小于 95％，细度要求全部通过 1600 孔/cm^2 筛，含水率小于 1％，应注意防潮，如已受潮应在低于 600℃ 温度下烘干并研细过筛后使用。应有产品合格证明和性能检测报告。氟硅酸钠有毒，应做出标记，安全存放。

③ 粉料：辉绿岩粉或石英粉，耐酸率不得小于 94％，含水率不大于 0.5％，过 4900 孔/m^2 筛，筛余 10％～30％，洁净无杂质。

④ 耐酸粉：69 号耐酸粉，耐酸性能好，但收缩性较大，成本较高。

⑤ 细集料：采用石英杂砂，耐酸率不小于 94％，含水率不大于 1％，不含杂质。

2）施工工具、机具

（1）内墙抹膨胀珍珠岩砂浆施工的常用工具和机具有：砂浆搅拌机、激光水平仪、皮尺、卷尺、电钻、5mm 及 2mm 孔径的筛子、大平锹、小平锹、塑料抹子、阴角抹子、阳角抹子、护角抹了、圆阴角抹了、划线抹子、木抹子、压尺、沟刀、凿子、灰板、木杠、托线板、墨斗、靠尺、直尺、塞尺、卡子、木抹子、缺口木板、分格条、水管及筛子、软毛刷、钢丝刷、粉线包、喷壶、小水壶、水桶、锤子、錾子及笤帚等。

（2）内墙抹耐酸砂浆施工的常用工具和机具有：砂浆搅拌机、激光水平仪、卷尺、计量磅秤、凿子、木抹子、铁抹子、阴角抹子、阳角抹子、圆阳角抹子、灰板、铁锹、木杠、托线板、墨斗、手推车、靠尺、直尺、水平尺、压尺、粉线包、5mm 孔径的筛子、灰桶、笤帚、胶水管等。

3）作业条件

（1）主体结构工程完成，并验收合格。

（2）抹灰施工前应检查门窗框安装位置是否正确，需埋设的接线盒、配电箱、管线、管道套管是否固定牢固，连接处缝隙应用 1∶3 水泥砂浆或 1∶1∶6 水泥混合砂浆分层嵌塞密实。若缝隙较大时，应在砂浆中掺少量麻刀嵌塞，将其填塞密实，并用塑料贴膜或铁皮将门窗框加以保护。

（3）配电箱（柜）、消防栓（柜）以及卧在墙内的箱（柜）等背面露明部分应加钉钢丝网固定好，涂刷一层胶粘性素水泥浆或界面剂，钢丝网与最小边搭接尺寸应不小于 10cm。窗帘盒、通风算子、吊柜、吊扇等埋件、螺栓位置，标高应准确牢固，且防腐、防锈工作完毕。

（4）抹灰前屋面防水及上一层地面最好已完成，如未完成防水及上一层地面需进行补灰时，必须采取防雨等防水措施。

（5）对抹灰基层表面的油渍、灰尘、污垢等应清理干净，光滑墙面应进行毛化处理，对抹灰墙面结构应提前浇水均匀湿透。

（6）检查预埋件的位置、标高是否正确无误，做好铁件的防锈处理。

（7）抹灰前应熟识图纸、设计说明及其他设计文件，制定方案，做好样板间，经检验达到要求标准后方可正式施工。

（8）抹灰前应先搭好脚手架或准备好高马凳。

（9）按设计要求确定膨胀珍珠岩砂浆、耐酸砂浆的施工配合比，做好施工安全、技术交底。

1.4.2　特殊抹灰施工工艺流程

（1）内墙抹膨胀珍珠岩砂浆施工工艺流程

内墙抹膨胀珍珠岩砂浆施工宜按下列工艺流程进行：

基层清理→浇水湿润→吊垂直、套方、找规矩→保温砂浆充筋→修补预留孔洞、配电箱（槽、盒）等→做护角抹水泥窗台→抹底层保温砂浆→分层抹压保温砂浆→抹压面层保温砂浆、收光。

（2）内墙抹耐酸砂浆施工工艺流程

内墙抹耐酸砂浆施工宜按下列工艺流程进行：

基层处理→浇水湿润→吊垂直、套方、找规矩→耐酸砂浆充筋→修补预留孔洞、配电箱（槽、盒）等→做护角抹水泥窗台→抹底层耐酸砂浆→分层抹压耐酸砂浆→抹压面层耐酸砂浆。

1.4.3　特殊抹灰施工要点

1.4.3.1　内墙抹膨胀珍珠岩砂浆施工要点

（1）膨胀珍珠岩砂浆配制

膨胀珍珠岩砂浆的配合比，按设计规定的材料比例配制。砂浆搅拌时应先干拌均匀，然后加水拌和，加水量要控制，避免膨胀珍珠岩上浮而产生离析现象。稠度宜控制在 10mm 左右，一般以手握成团不散、能挤出少量浆液为宜。

（2）分层抹压砂浆

① 抹膨胀珍珠岩砂浆前基层应适当洒水湿润，但不宜过湿。

② 底层抹灰厚度以 15～20mm 为宜，不宜超过 25mm。为避免干缩裂缝，抹完隔 24h 后再抹中层，中层厚度 5～8mm，中层抹灰收水稍干时，用干抹子搓平。待砂浆六七成干时，再罩面层灰。

③ 面层纸筋灰厚度 2mm。用铁抹子随抹随压，直至表明平整光滑为止。抹灰总厚度应为 22～30mm。

④ 操作时不宜用力过大，否则会增加导热系数。

⑤ 膨胀珍珠岩砂浆应随用随拌，2h 内用完。

⑥ 可以采用喷涂法施工。喷涂时应注意调整风量、水量以及喷嘴与基层的角度。

1.4.3.2　内墙抹耐酸砂浆施工要点

（1）基层处理

耐酸砂浆抹灰前清理基层，混凝土基层表面的凹凸不平、局部麻面、蜂窝等缺陷，应用钢錾子剔平，凹处洒水后用 1∶2 水泥砂浆分层抹压平整，将穿墙管道与墙体的空隙用耐酸砂浆封堵严密。按设计规定的耐酸抹灰厚度拉通线，用耐酸砂浆充筋。做隔离层时，待修复水泥砂浆的含水率小于6％时按设计要求进行处理(或刷冷底子油)。在隔离层上涂刷两遍稀水玻璃胶泥。其质量比为:水玻璃:氟硅酸钠:69号耐酸灰＝1.0:(0.13～0.20):(0.9～1.1)。每遍间隔6～12h。基层处理后必须经验收合格,并填写隐蔽工程验收记录。

(2)水玻璃胶泥、砂浆配制

水玻璃砂浆配制时,按配合比将粉料或细骨料与氟硅酸钠加入搅拌机内拌均匀,然后加水玻璃湿拌3min。如用人工拌制,先将粉料和氟硅酸钠混合过筛两遍(注意密闭),再加入细骨料在钢板上干拌3次,然后加入水玻璃湿拌不小于3次,直至均匀。

(3)耐酸砂浆涂抹

耐酸砂浆涂抹应分层进行。每层涂抹厚度:平面不大于5mm,立面不大于3mm,层间应涂稀水玻璃胶泥作结合层,并间隔24h以上,涂抹总厚度一般为15～30mm。涂抹应在初凝前按同一方向连续抹平压实,不可反复抹压。如有间歇,接缝前应刷稀水玻璃胶泥一遍,稍干后再涂抹。每涂抹一层应待终凝后方可涂刷下一层。面层砂浆涂抹表面收水后,用铁抹子将面层抹平、压光。在涂抹过程中如发现缺陷,应即时铲除,重新涂抹。每次拌料不宜过多,从加入水玻璃时算起,在30min内用完。

1.4.4 特殊抹灰施工质量验收

(1)主控项目

① 内墙抹膨胀珍珠岩砂浆和耐酸砂浆前基层表面的尘土、污垢、油渍等应清理干净,并应洒水润湿。

检查要求:抹灰前基层必须经过检查验收,并填写隐蔽工程验收记录。

检查方法:检查施工纪录。

② 膨胀珍珠岩砂浆和水玻璃砂浆所用的材料品种和性能应符合设计要求,水泥凝结时间和安定性应合格。砂浆的配合比应符合设计要求。

检查要求:材料复检要由监理或相关单位负责见证取样,并签字认可。配制砂浆时应使用相应的量器,不得估配或采用经验配制。对配制使用的量器使用前应进行检查标识,并进行定期检查,做好记录。

检查方法:检查产品合格证、进场验收记录、复检报告和验收记录。

③ 膨胀珍珠岩砂浆抹灰和水玻璃砂浆抹灰应分层进行,当总厚度大于或等于35mm时应采取加强措施。不同材料基体搭接处表面的抹灰,应采取防开裂的措施;当采用加强网时,加强网与各基体的搭接宽度不应小于100mm,详见图1.10。

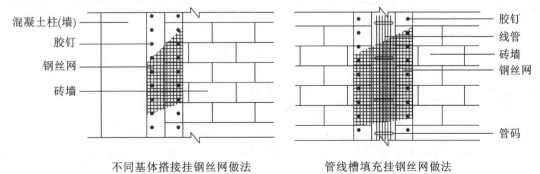

不同基体搭接挂钢丝网做法   管线槽填充挂钢丝网做法

图1.10 钢丝网铺钉示意图

④ 抹灰层与基层之间的各抹灰层之间必须粘结牢固,抹灰层无脱层、空鼓,面层应无爆灰和裂缝。

检查要求:操作时严格按照规范和工艺标准操作。

检查方法:观察,用小锤轻击检查,检查施工记录。

（2）一般项目

① 膨胀珍珠岩砂浆抹灰工程和耐酸砂浆抹灰工程的表面质量应符合:普通抹灰表面应光滑、洁净,接槎平整,分格缝应清晰;高级抹灰表面应光滑、洁净,颜色均匀,无抹纹,分格缝和灰线应清晰美观。

检查要求:抹灰等级应符合设计要求。

检查方法:观察,手摸检查。

② 护角、孔洞、配电箱（槽、盒）周围的抹灰应整齐、光滑,管道后面抹灰表面平整。

检查要求:组织专人负责孔洞、配电箱（槽、盒）周围及管道后面的抹灰工作,抹完后应由质检部门检查,并填写工程验收记录。

检查方法:观察。

③ 膨胀珍珠岩砂浆抹灰工程和耐酸砂浆抹灰工程的抹灰总厚度应符合设计要求,膨胀珍珠岩砂浆不得抹在石灰砂浆层上,罩面石膏灰不得抹在膨胀珍珠岩砂浆层上。

检查要求:施工时要严格按施工工艺要求操作。

检查方法:检查施工记录。

④ 膨胀珍珠岩砂浆抹灰工程和耐酸砂浆抹灰工程质量的允许偏差和检验方法应符合表1.3的规定。

表 1.3　膨胀珍珠岩砂浆抹灰工程和耐酸砂浆抹灰工程质量的允许偏差和检验方法

序号	项目	允许偏差（mm）		检验方法
		普通	高级	
1	立面垂直度	3	2	用2m垂直检测尺检查
2	表面平整度	3	2	用2m靠尺和塞尺检查
3	阴阳角方正	3	2	用直角检测尺检查
4	分格条（缝）直线度	3	2	拉5m线,不足5m拉通线,用钢直尺检查
5	墙裙、勒脚上口直线	3	2	拉5m线,不足5m拉通线,用钢直尺检查

1.5　保温层薄抹灰施工

1.5.1　保温层薄抹灰施工准备

（1）施工材料

① 聚合物水泥抹灰砂浆:与保温层拉伸粘结强度、原强度、耐水及耐冻融拉结强度均不小于0.1MPa且破坏界面在保温层内;压折比（水泥基）不大于3.0;可操作时间1.5～4.0h。

② 耐碱玻纤网布:单位面积质量不小于130g/m²,拉伸断裂强力（经向、纬向）不小于

750N/50mm,断裂强力保留率(经、纬向)不小于50%,断裂伸长率(经、纬向)不大于5.0%。

(2) 施工工具、机具

除装饰抹灰常用工具外,还有吊篮、垂直运输机械、水平运输手推车、电动搅拌器、搅拌容器、3m靠尺、抹子、专用搓板、托线板、剪刀、钢尺、手锤、抹灰检测工具等。

(3) 作业条件

① 保温层工程全部完成,并验收合格。

② 门窗框与墙体连接处的缝隙,应根据工程情况合理选用发泡剂和防水水泥砂浆结合填充。

③ 保温层表面的灰尘、污垢和油渍等应清理干净。

④ 大面积施工前应先做样板,检查合格并确定施工方法。

⑤ 施工时使用的脚手架应提前搭设好,架体应离开墙面及墙角200～250mm;高处作业吊篮已检修调试合格。

⑥ 严禁雨中施工,遇雨或雨期施工时应有可靠的防雨措施;夏季施工应做好防晒措施,抹面层和饰面层应避免阳光直射。

⑦ 施工环境温度不应低于5℃。

1.5.2 保温层薄抹灰施工工艺流程

保温层薄抹灰施工宜按下列工艺流程进行:

基层处理→弹线→调制聚合物砂浆→涂抹底层聚合物砂浆→耐碱网布施工→涂抹面层聚合物砂浆。

1.5.3 保温层薄抹灰施工要点

(1) 基层处理

基层应清洁,清除灰尘、油污等影响粘结强度的杂物;抹面前,用3m靠尺检测其平整度,接缝不平处用粗砂纸或专用搓板打磨后用毛刷等将碎屑清理干净。

(2) 弹线

当底灰抹好后,第二天应在外墙大角及阳台等阳角处的两个面上弹出垂直控制线,在凸出外墙面的窗台、挑檐等水平腰线处弹出水平控制线,在分格缝及滴水线等处弹出控制线,并粘贴分格条及滴水槽。

(3) 调制聚合物砂浆

在干净的塑料桶中倒入约5.5kg的净水,加入25kg的聚合物干混砂浆,用低速搅拌器搅拌均匀,静置3～5min;使用前再搅拌一次,总搅拌时间不少于5min。调好的胶浆宜在2h内用完。

(4) 涂抹底层聚合物砂浆

① 保温层大面积(500m² 左右)安装结束后,依据气候条件在24～48h进行底层聚合物砂浆施工。

② 用抹子在保温层表面均匀涂抹一块面积略大于一块网格布的抹面聚合物胶浆,厚度为2mm,首层楼以上采用两层抹灰施工法将聚合物砂浆均匀涂抹在保温层上,底层聚合物砂浆抹面层厚度控制在2～3mm。

③ 对细部处理要加强,檐口、窗台、阳台压顶等要控制好坡度,并做好滴水槽或滴水线。

(5) 耐碱网布施工

① 按现场铺贴部位情况将耐碱网布裁好备用,其包边应剪掉,第一层聚合物砂浆抹面层初凝时压入耐碱网布,然后抹面层聚合物砂浆。

② 网布应自上而下沿外墙水平方向绷紧绷平,不应有皱褶、空鼓、翘边,弯曲面朝里,用铁抹子由中间向四周将网布抹平并略压入抹面层中,网布平面搭接宽度为 80～100mm。

③ 在墙体拐角处、阴阳角处,网布应从每边双向绕角且相互搭接宽度不少于 200mm。

④ 在外墙门窗洞口内侧周边与四角沿 45°方向应增贴一层 300mm×400mm 网布进行加强处理,大面网布铺设于其上。

(6) 涂抹面层聚合物砂浆

① 待底层聚合物砂浆抹面层施工并压入网布稍干硬后,施工面层聚合物砂浆抹面层,以找平墙面,将网格布全部覆盖,砂浆抹面层总厚度为 3～5mm。有分格缝时施工按设计要求进行,砂浆配制要求同底层聚合物砂浆施工。

② 首层墙面宜为三层做法,第一层抹面层压入网布稍干硬后进行第二层施工,并压入加强型网布,最后施工第三层,总抹面层厚度为 5～7mm。

③ 抹面层施工完成后 12h 即进行 3～5d 的洒水养护,冬期不宜施工,养护采用静置养护。

1.5.4　保温层薄抹灰施工质量验收

(1) 主控项目

① 保温层薄抹灰所用材料的品种和性能应符合设计要求及国家现行标准的有关规定。

检验方法:检查产品合格证书、进场验收记录、性能检验报告和复验报告。

② 基层质量应符合设计和施工方案的要求。基层表面的尘土、污垢和油渍等应清除干净。基层含水率应满足施工工艺的要求。

检验方法:检查施工记录。

③ 保温层薄抹灰及其加强处理应符合设计要求和国家现行标准的有关规定。

检验方法:检查隐蔽工程验收记录和施工记录。

④ 抹灰层与基层之间及各抹灰层之间应粘结牢固,抹灰层应无脱层和空鼓,面层应无爆灰和裂缝。

检验方法:观察;用小锤轻击检查;检查施工记录。

(2) 一般项目

① 保温层薄抹灰表面应光滑、洁净、颜色均匀、无抹纹,分格缝和灰线应清晰美观。

检验方法:观察;手摸检查。

② 护角、孔洞、槽、盒周围的抹灰表面应整齐、光滑;管道后面的抹灰表面应平整。

检验方法:观察。

③ 保温层薄抹灰层的总厚度应符合设计要求。

检验方法:检查施工记录。

④ 保温层薄抹灰分格缝的设置应符合设计要求,宽度和深度应均匀,表面应光滑,棱角应整齐。

检验方法:观察;尺量检查。

⑤ 有排水要求的部位应做滴水线（槽）。滴水线（槽）应整齐顺直,滴水线应内高外低,滴水槽宽度和深度均不应小于 10mm。

检验方法:观察;尺量检查。

⑥ 保温层薄抹灰工程质量的允许偏差和检验方法应符合表 1.4 的规定。

表 1.4　保温层薄抹灰的允许偏差和检验方法

项次	项目	允许偏差(mm)	检查方法
1	立面垂直度	3	用 2m 垂直检测尺检查
2	表面平整度	3	用 2m 靠尺和塞尺检查
3	阴阳角方正	3	用 200mm 直角检测尺检查
4	分格条(缝)直线度	3	拉 5m 线,不足 5m 拉通线,用钢直尺检查

思 考 题

1.1　抹灰工程有何作用? 施工时需要什么条件?

1.2　抹灰层的组成是怎样的? 各层次的作用是什么?

1.3　抹灰工程是怎样分类的? 各有何特点?

1.4　一般抹灰施工有哪些施工要点?

1.5　水刷石是怎样施工的? 怎样预防质量问题?

1.6　斩假石的施工工艺是怎样的?

1.7　假面砖是怎样施工的?

1.8　保温层薄抹灰施工要点是什么?

2 门窗工程施工

2.1 门窗的组成与分类

2.2.1 门窗的组成

门窗一般由窗(门)框、窗(门)扇、玻璃、五金配件等部件组合而成。

2.2.2 门窗的分类

门窗的种类很多,各类门窗一般按开启方式、用途、所用材料和构造进行分类。

(1)按开启方式

窗分为平开窗、推拉窗、上悬窗、中悬窗、下悬窗、固定窗等;门分为平开门、推拉门、自由门、折叠门等。

(2)按制作门窗的材质

① 木门窗:以木材为原料制作的门窗,这是最原始、历史最悠久的门窗。其特点是易腐蚀变形、维修费用高、无密封措施等,加上保护环境和节省能源等因素,因此用量逐渐减少。

② 钢制门窗:以钢型材为原料制成的门窗,有空腹和实腹钢门窗。其使用功能较差,易锈蚀,密封和保温隔热性能较差,我国已基本淘汰。新型彩板门窗是以镀锌或渗锌钢板经过表面喷涂有机材料制成的型材为原料加工制成,耐腐蚀性好,但价格较高、能耗大。

③ 铝合金门窗:以铝合金型材为原料加工制成的门窗,其特点是耐腐蚀,不易变形,密封性能较好,但价格高,使用和制造能耗大。

④ 塑料门窗:以塑料异型材为原料加工制成的门窗,其特点是耐腐蚀、不变形、密封性好、保温隔热、节约能源。

(3)按用途

门按用途分为防火门 FM、隔声门 GM、保温门 BM、冷藏门 LM、安全门 AM、防护门 HM、屏蔽门 PM、防射线门 RM、防风纱门 SM、密闭门 MM、泄压门 EM、壁橱门 CM、变压器间门 YM、围墙门 QM、车库门 KM、保险门 XM、引风门 DM、检修门 JM。

2.2 木门窗安装工程施工

2.2.1 木门窗安装施工准备

1)施工材料

木门窗的材料准备主要是木材的加工制作,如图 2.1 所示。其加工流程为:配料→截料→刨料→画线、凿眼→开榫、裁口→整理线角→堆放拼装。

图 2.1 木门窗制作

(a) 防腐处理;(b) 截料;(c) 刨平;(d) 开榫;(e) 拼装;(f) 饰面上色

(1) 配料、截料

在配料、截料时,需要特别注意精打细算、配套下料,不得大材小用、长材短用;采用马尾松、木麻黄、桦木、杨木等易腐朽、虫蛀的树种时,整个构件应做防腐、防虫药剂处理。

要合理确定加工余量。宽度和厚度的加工余量:一面刨光者留 3mm,两面刨光者留 5mm;如长度在 50cm 以下的构件,加工余量可留 3～4mm。

（2）门窗框、扇画线

① 画线前应检查已刨好的木材，合格后，将料放到画线机或画线架上，准备画线。

② 画线时应仔细看清图纸要求，与样板样式、尺寸、规格必须完全一致，并先做样品，经审查合格后再正式画线。

③ 画线时要选择光面作为表面，有缺陷的放在背后，画出的榫、眼、厚、薄、宽、窄尺寸必须一致。

④ 用画线刀或线勒子画线时须用钝刃，避免画线过深，影响质量和美观。画好的线，最粗不得超过 0.3mm，务求均匀、清晰。不用的线立即废除，避免混乱。

⑤ 画线顺序：应先画外皮横线，再画分格线，最后画顺线，同时用方尺画两端头线、冒头线、桯子线等。

⑥ 门窗框及厚度大于 50mm 的门窗扇应采用双夹榫连接。冒头料宽度大于 180mm 时，一般画上下双榫。榫眼厚度一般为料厚的 1/5～1/3，中冒头大面宽度大于 100mm 者，榫头必须大进小出。门窗桯子的榫头厚度为料厚的 1/3。半榫眼深度一般不大于料宽度的 1/3，冒头拉肩应和榫吻合。

⑦ 门窗框的宽度超过 120mm 时，背面应推凹槽，以防卷曲。

（3）打眼

① 打眼的凿刀应与眼的宽窄一致，凿出的眼，顺木纹两侧要直，不得错岔。

② 打通眼时，先打背面，后打正面。凿眼时，眼的一边线要凿半线、留半线。手工凿眼时，眼内上下端中部宜稍微凸出些，以便拼装时加楔打紧，半眼深度应一致，并比半榫深 2mm。

③ 成批生产时，要经常核对，检查眼的位置和尺寸，以免产生误差。

（4）拉肩、开榫

① 拉肩、开榫要留半个墨线。

② 拉出的肩和榫要平、正、直、方、光，不得变形。开出的榫要与眼的宽、窄、厚、薄一致，并在加楔处锯出楔子口。半榫的长度要比眼的深度短 2mm。

③ 拉肩不得伤榫。

（5）裁口、起线

① 起线刨、裁口刨的刨底应平直，刨刃盖要严密，刨口不宜过大，刨刃要锋利。

② 起线刨使用时应加导板，以使线条平直，操作时应一次推完线条。

③ 裁口遇有节疤时，不准用斧砍，要用凿剔平，然后刨光，阴角处不清时要用单线刨清理。

④ 裁口、起线必须方正、平直、光滑，线条清秀、深浅一致，不得戗槎、起刺或凹凸不平。

（6）门窗拼装成型

① 拼装前对部件应进行检查。要求部件方正、平直，线脚整齐分明，表面光滑，尺寸、规格、式样符合设计要求，并用细刨将遗留墨线刨去、刨光。

② 拼装时，下面用木楞垫平，放好各部件，榫眼对正，用斧轻轻敲击打入。

③ 所有榫头均需加楔。楔宽和榫宽一样，一般门窗框每个榫加两个楔，木楔打入前应粘胶鳔。

④ 紧榫时应用木垫板，并注意随紧随找平，随规方。

⑤ 窗扇拼装完毕，构件的裁口应在同一平面上。镶门心板的凹槽深度应于镶入后尚余 2～3mm 的间隙。

⑥ 制作胶合板门(包括纤维板门)时,边框和横楞必须在同一平面上,面层与边框及横楞应加压胶结。应在横楞和上、下冒头各钻两个以上的透气孔,以防受潮脱胶或起鼓。

⑦ 普通双扇门窗,刨光后应平放,刻刮错口(打叠),刨平后成对做记号。

⑧ 门窗框靠墙面应刷防腐涂料。拼装好的成品,应在明显处编写号码,用楞木将四角垫起,离地20~30cm,水平放置,加以覆盖。

2) 施工工具、机具

木门窗安装工程施工的常用工具和机具有卷尺、水平尺、斧子、凿子、锤子、手电钻、气钉枪、冲击钻、曲线锯、手提刨、木工雕刻机、木工刨床等,主要机具如图2.2所示。

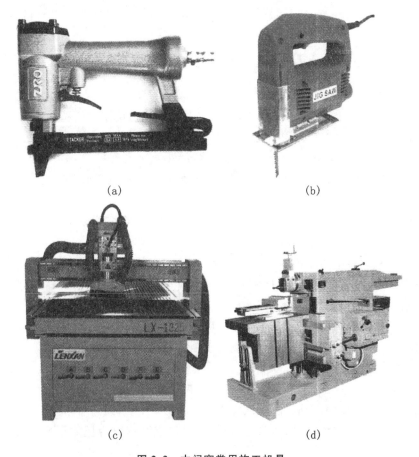

(a)   (b)

(c)   (d)

图2.2 木门窗常用施工机具

(a)气钉枪;(b)电动线锯;(c)木工雕刻机;(d)木工刨床

3) 作业条件

(1) 结构工程经验收合格,0.5m标高线已弹好。

(2) 门窗框、扇进入施工现场应经验收合格后方可使用;门窗框、扇安装前,其型号、尺寸应符合设计要求,不符合者应退换或修理。

(3) 门窗框进场后,应及时将靠墙靠地的一面涂刷防腐涂料一道;门窗框不靠墙的其他各面及扇,均应涂刷清油一道,并通风干燥。

(4) 木门窗宜在室内分别水平码放整齐,底层应搁置在垫木上,在仓库中垫木离地面高度不小于200mm,临时的敞篷垫木离地面不应小于400mm。码放时,框与框、扇与扇之间应每层垫木条,使其自然通风,但严禁露天堆放。

(5)门框的安装应符合图纸要求的型号及尺寸,并注意门扇的开启方向,以确定门框安装的裁口方向,安装高度应按室内 0.5m 标高线控制。

(6)门窗框安装应在抹灰前进行,门扇和窗扇的安装宜在抹灰后和室内地面做完后进行。如必须先安装时,应注意对成品的保护,防止碰撞和污染。

2.2.2　木门窗安装工艺流程

木门窗安装宜按下列工艺流程进行:

放线找规矩→洞口修复→门窗框安装→嵌缝处理→门窗扇安装→五金配件安装→纱扇安装。

2.2.3　木门窗安装施工要点

(1)放线找规矩

以顶层门窗位置为准,从窗中线向两边量出边线,应从顶层用大线坠或经纬仪将控制线逐层引下,检查窗口位置的准确度,并在墙壁上弹出安装位置线。

根据室内 0.5m 标高线检查窗框安装的标高尺寸。

根据墙身大样图及窗台板宽度,确定门窗安装的平面位置,在侧面墙上弹出竖向控制线。

(2)洞口修复

门窗框安装前,根据已弹好的平面位置和标高控制线,检查洞口平面位置及标高是否准确。如有缺陷应及时进行处理。

室内外门窗框应根据图纸位置和标高安装,为保证安装的牢固,应提前检查预埋防腐木砖数量是否满足要求。1.2m 高的洞口,每边预埋 2 块;高 1.2～2m 的洞口,每边预埋 3 块;高 2～3m 的洞口,每边预埋 4 块。如有问题应及时修补。

当墙体为轻质隔墙和 120mm 厚隔墙时,应采用预埋木砖的混凝土预制块,预制块的数量,也应根据洞口高度设 2 块、3 块、4 块,混凝土强度等级不低于 C15。

(3)门窗框安装

门窗框安装时,应考虑抹灰的厚度,并根据门窗尺寸、标高、位置及开启方向,在墙上画出安装位置线。有贴脸的门窗立框时,立框应与抹灰面齐平;中立的外窗,如外墙为清水砖墙勾缝时,可稍移动,以盖上砖墙立缝为宜;有窗台板的窗,应注意窗台板的出墙尺寸,以确定立框位置。

门窗框的安装,以室内 0.5m 线为准,用木楔将框临时固定于窗洞口内,并及时用线坠检查垂直,达到要求后塞紧固定。每块木砖上应钉 2 根长 10cm 的钉子,将钉帽砸扁。开始立门窗框时,铁钉应外露 10mm 以备之后修整时拔出;最后固定时,再将钉帽顺木纹钉入木门窗框内。

当隔墙为加气混凝土时,应按要求的木砖间距钻直径 30mm 的孔,孔深 7～10cm,并将蘸胶木橛打入孔中,木橛直径应略大于孔径 5mm,以便其打入牢固,待其凝固后再安装门窗框。

(4)嵌缝处理

门窗框安装完经自检合格后,在抹灰前应进行塞缝处理,塞缝材料应符合设计要求,无特殊要求者用掺有纤维的水泥砂浆嵌实缝隙。经检验无漏嵌和空嵌现象后,方可进行抹灰作业。

（5）门窗扇安装

安装前，确定门窗的开启方向及小五金型号、安装位置和装锁位置，以及对开门扇扇口的裁口位置及开启方向。

检查门窗口尺寸是否正确，边角是否方正，有无窜角，裁口方向是否正确；检查门窗口高度应量门的两个立边；检查门窗口宽度应量门口的上、中、下三点，并在扇的相应部位定点画线。

将门扇靠在框上画出相应的尺寸线。如果扇大，则应根据框的尺寸将多出的部分刨去；若扇小，应绑木条，且木条应绑在装合页的一面或下口，用胶粘后并用钉子钉牢，钉帽要砸扁，顺木纹送入框内 1~2mm。

第一次修刨后的门窗扇应以能塞入口内为宜，塞好后用木楔顶住临时固定，按门窗扇与口边缝宽尺寸合适，画第二次修刨线，标出合页槽的位置（距门扇的上、下端各 1/10，且避免上、下冒头）。同时应注意口与扇安装平整。

门扇的第二次修刨，缝隙尺寸合适后，即安装合页。应先用线勒子勒出合页的宽度，根据上、下冒头 1/10 的要求，定出合页安装边线，分别从上、下边线往里量出合页长度，剔合页槽，以槽的深度来调整门扇安装后与框的平整，刨合页槽时应留线，不应剔得过大、过深。

合页槽剔好后，即安装上、下合页，安装时应先拧一个螺丝，然后关上门检查缝隙是否合适、口与扇是否平整，没有问题后方可将螺丝全部拧上、拧紧。木螺丝应钉入全长 1/3，再拧入2/3。如框扇为硬木时，安装前应先打孔，孔径为木螺丝直径的 0.9 倍，眼深为螺丝长的 2/3，打眼后再拧入螺丝，以防安装劈裂或将螺丝拧断。

安装对开扇时，应将门窗扇的宽度用尺量好，再确定中间对口缝的裁口深度。如采用企口锁时，对口缝的裁口深度及裁口方向应满足装锁的要求，然后将四周修刨到准确尺寸。

安装带玻璃的门窗扇时，一般将玻璃裁口留在室内。

（6）五金配件安装

五金配件安装应符合设计图纸的要求，不得遗漏，一般门锁、碰珠、拉手等距地面高度为950~1000mm，插销应在拉手下面。

门扇开启后易碰墙，为固定门扇位置，应安装门轧头或吸门器。对有特殊要求的关闭门，应安装门扇开启器。

窗风钩的安装位置，以开启后的窗扇距墙 20mm 为宜。

门插销应安装在扇梃中间，窗插销应安装在窗扇上、下两端，插销插入深度不小于 10mm，应开、插、转动灵活。

窗拉手均应安装在扇梃中间，一般距地面高度为 1.5~1.6m，门拉手距地面宜为 0.9~1.05m。

所有安装完毕的五金配件，均应平整、顺直、洁净、无划痕。

（7）纱扇安装

裁纱应比实际长度、宽度各长 50mm，以利于压纱。绷纱时先将纱铺平，装上压条后用铁钉钉住，将纱拉平绷紧后装下压条，用钉子钉住，然后装侧压条，用铁钉钉住，最后将边角多余的纱用扁铲割净。

纱扇安装应在玻璃安装完成后进行。

2.2.4　木门窗安装工程施工质量验收

（1）主控项目

① 木门窗的品种、类型、规格、尺寸、开启方向、安装位置、连接方式及性能应符合设计要求及国家现行标准的有关规定。

检验方法：观察；尺量检查；检查产品合格证书、性能检验报告、进场验收记录和复验报告；检查隐蔽工程验收记录。

② 木门窗应采用烘干的木材，含水率及饰面质量应符合国家现行标准的有关规定。

检验方法：检查材料进场验收记录、复验报告及性能检验报告。

③ 木门窗的防火、防腐、防虫处理应符合设计要求。

检验方法：观察；检查材料进场验收记录。

④ 木门窗框的安装应牢固。预埋木砖的防腐处理、木门窗框固定点的数量、位置和固定方法应符合设计要求。

检验方法：观察；手扳检查；检查隐蔽工程验收记录和施工记录。

⑤ 木门窗扇应安装牢固、开关灵活、关闭严密、无倒翘。

检验方法：观察；开启和关闭检查；手扳检查。

⑥ 木门窗配件的型号、规格和数量应符合设计要求，安装应牢固，位置应正确，功能应满足使用要求。

检验方法：观察；开启和关闭检查；手扳检查。

（2）一般项目

① 木门窗表面应洁净，不得有刨痕和锤印。

检验方法：观察。

② 木门窗的割角和拼缝应严密、平整。门窗框、扇裁口应顺直，刨面应平整。

检验方法：观察。

③ 木门窗上的槽和孔应边缘整齐、无毛刺。

检验方法：观察。

④ 木门窗与墙体间的缝隙应填嵌饱满。严寒和寒冷地区外门窗（或门窗框）与砌体间的空隙应填充保温材料。

检验方法：轻敲门窗框检查；检查隐蔽工程验收记录和施工记录。

⑤ 木门窗批水、盖口条、压缝条和密封条安装应顺直，与门窗结合应牢固、严密。

检验方法：观察；手扳检查。

⑥ 平开木门窗安装的留缝限值、允许偏差和检验方法应符合表2.1的规定。

表 2.1　平开木门窗安装的留缝限值、允许偏差和检验方法

项次	项目	留缝限值（mm）	允许偏差（mm）	检验方法
1	门窗框的正、侧面垂直度	—	2	用1m垂直检测尺检查
2	框与扇接缝高低差	—	1	用塞尺检查
	扇与扇接缝高低差		1	

续表 2.1

项次	项目		留缝限值(mm)	允许偏差(mm)	检验方法
3	门窗扇对口缝		1～4	—	用塞尺检查
4	工业厂房、围墙双扇大门对口缝		2～7	—	
5	门窗扇与上框间留缝		1～3	—	
6	门窗扇与合页侧框间留缝		1～3	—	
7	室外门扇与锁侧框间留缝		1～3	—	
8	门扇与下框间留缝		3～5	—	用塞尺检查
9	窗扇与下框间留缝		1～3	—	
10	双层门窗内外框间距		—	4	用钢直尺检查
11	无下框时门扇与地面间留缝	室外门	4～7	—	用钢直尺或塞尺检查
		室内门	4～8	—	
		卫生间门		—	
		厂房大门	10～20	—	
		围墙大门		—	
12	框与扇搭接宽度	门	—	2	用钢直尺检查
		窗	—	1	用钢直尺检查

2.3　金属门窗安装工程施工

金属门窗(图 2.3)包含钢、不锈钢、铝合金、涂色镀锌钢板门窗等。金属门窗的常见形式有固定门窗、平开门窗、滑轴门窗、推拉门窗等。

图 2.3　金属门窗示例

金属门窗编号见表 2.2。

表 2.2　金属门窗编号

平开门	地弹簧门	连窗门	推拉门	电动推拉门	折叠门	电动折叠门	卷帘门	伸缩门	固定窗	平开窗	推拉窗	节能窗
PM	HM	CM	TM	DTM	ZM	DZM	JM	SM	GC	PC	TC	JC

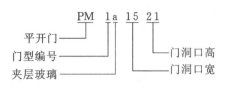

图 2.4　金属门窗索引

注：a 为夹层玻璃；b 为中空玻璃；c 为钢化玻璃；d 为带纱窗。

金属门窗索引方法如图 2.4 所示。

铝合金门窗主型材(图 2.5)的壁厚应经计算或试验确定，除压条、扣板等需要弹性装配的型材外，门用主型材主要受力部位基材截面最小实测壁厚不应小于 2.0mm，窗用主型材主要受力部位基材截面实测壁厚不应小于 1.4mm。型材表面处理应符合国家现行标准规定。

门框、门扇、窗框、窗扇应采用不锈钢冷轧薄钢板(图 2.6)，推荐采用 300 系列不锈钢。不锈钢门框采用 60～90 系列，窗框采用 50～70 系列。所用加固件可采用不锈钢热轧钢材。门窗用不锈钢材厚度符合相关规范要求。

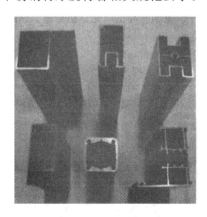

图 2.5　铝合金型材

图 2.6　不锈钢冷轧薄钢板

金属门窗可根据功能要求选用浮法玻璃、着色玻璃、镀膜玻璃、中空玻璃、钢化玻璃、夹层玻璃、夹丝玻璃等。玻璃的使用应符合《建筑玻璃应用技术规程》(JGJ 113—2015)等相关标准规范。

门窗所用五金件应满足门窗功能要求和耐久性要求，滑轮、推拉窗锁、闭门器、地弹簧等五金件(图 2.7)应满足门窗承载力的要求。门锁在门扇的有锁芯机构处，应有执手或推杆机构。合页(铰链)板厚应不小于 3mm。闭门器、地弹簧、滑轮应经国家授权的检测机构检测合格后方可使用。

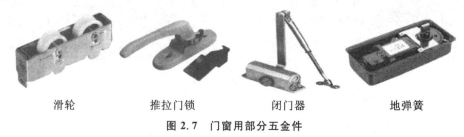

滑轮　　　推拉门锁　　　闭门器　　　地弹簧

图 2.7　门窗用部分五金件

密封材料、填缝剂等均应符合相关规定。

铝合金窗
安装施工

2.3.1　金属门窗安装施工准备

（1）施工材料

① 钢门窗厂生产的门窗经出厂检验，型号、规格、质量要符合设计要求，并有出厂合格证；铝合金门窗进场卸货应放置在指定位置，检查包装完好程度、规格、型号、数量，并抽样拆包装按规定及有关标准检查，型材表面有无刮花、碰撞损坏、框体拼接是否牢固、螺栓是否松动、拼接口封胶防漏处理是否完善，项目应逐项检查并登记造册。部分螺栓松动，封胶不符合要求，可通知现场补救。有严重质量问题的不合格品应退回生产单位。在现场搬动门窗框体时要轻拿轻放，不得高位放手、扔摔，以免损坏。

② 水泥、砂：水泥强度等级在 32.5 级以上，砂为中砂或粗砂。自拌砂浆或干拌砂浆（商品）都需添加防水剂。

③ 玻璃、油灰、密封胶、嵌缝条、连墙铁脚、防腐涂料、焊条等，要符合设计要求，并有出厂合格证和检验报告。上述所有材料及半成品在进场时应现场抽检，不合格的不允许进场使用。门窗运到现场后应分类堆放，不能参差挤压，以免变形；堆放地面应干燥，要有防雨水、排水措施，不得在露天堆放，搬运时轻拿轻放，严禁扔摔。

④ 防腐油漆、硅酮密封胶、高分子聚合物防水涂料、保护胶纸、胶条等，防漏油膏等易燃物品，摆放在有技术防火措施的库房，每种材料均要有出厂合格证和检验报告。

（2）施工工具、机具（图 2.8）

金属门窗安装施工的常用工具和机具有线坠、钢卷尺、激光经纬仪、螺丝刀、钢锯、油刷、角尺、水平尺、灰线袋、螺钉、刀、扳手、手锤、钢錾子、电钻、冲击电钻、射钉枪、切割机、电焊机、线锯等。

切割机　　　　　　　　电焊机　　　　　　　　线锯

图 2.8　金属门窗常用施工机具

（3）作业条件

① 主体结构验收合格，达到安装条件，工种之间已办理好移交手续。

② 室内弹好 +50cm 水平线，并按建筑平面图中所示尺寸弹好窗中线。

③ 检查钢筋混凝土过梁上连接固定门窗的预埋件位置是否正确，对预埋件位置不正确的，要按门窗安装要求补后置钢件，补装齐全。

④ 检查门窗洞口安装位置的孔洞尺寸是否正确，不正确的做处理，凸出部分应剔凿并清理干净。

⑤ 由于搬运过程中处理不当导致门窗框扇体出现变形、脱焊、翘曲、松动、损坏等，应及时

处理,如进行校正和修整。对表面处理需要补焊的,必须在补焊后打磨补防锈漆。面漆表面损害较严重、现场无法修复的应退回厂家,不应上墙安装。

⑥ 组合钢门窗应先在现场拼装,经鉴定合格后再安装样板引路,待合格后再做大量安装。

2.3.2 金属门窗安装工艺流程

金属门窗安装宜按下列工艺流程进行:

划线定位→披水安装→补防腐处理→门窗框安装→金属门窗的防雷→校正、固定→填嵌密封→门窗扇及门窗玻璃的安装→金属门窗等电位连接→五金配件安装→清理。

2.3.3 金属门窗安装施工要点

1) 划线定位

应依据门窗的边线和水平安装线做各楼层的安装标记。施工图中门窗的安装位置、尺寸和标高,应以门窗中线为准向两边量出门窗框边线。如果工程为多层或高层时,以顶层门安装位置线为准,用线坠或经纬仪将顶层分出的门窗边线标划到各楼层相应位置。从各楼层50cm水平控制线引测出门窗的水平安装线。

2) 披水安装

披水安装应按设计要求将披水固定在金属窗上,且要保证位置正确、安装牢固。

3) 防腐处理

门窗框四周外表面的防腐处理应按设计要求处理,设计无要求时,可涂刷防腐涂料或粘贴塑料薄膜进行保护,且应符合现行国家标准的相应要求;安装金属门窗时,若为连接铁件固定,则连接铁件、固定件等安装用金属零件宜用不锈钢件,否则必须进行防腐处理,以免产生电化学反应,腐蚀金属门窗。

4) 门窗框安装

按设计要求的型号、规格及开启方向等,将所需的金属门窗搬运至安装地点,并垫靠稳当;将金属门窗立于设计要求的安装位置,用木楔临时固定,将其铁脚插入预留孔中,然后根据门窗边线、水平线及距外墙皮的尺寸进行支垫,并用托线板靠吊垂直;金属门窗就位时,应保证金属门窗上框过梁要有20mm缝隙,距外墙皮尺寸应符合设计要求。

5) 金属门窗的防雷

连接导体应暗敷,并应在门窗框定位后,在墙面抹灰层或装饰层施工之前进行;当柱体采用钢柱时,宜将连接导体的一端直接焊在钢柱上,宜用镀锌扁钢—25×4或ϕ10圆钢与周边框架(圈梁)预埋件连接。

6) 校正、固定

(1) 连接件在主体结构上的固定通常有以下几种方法:

① 洞口预埋件,可将连接件直接焊牢于埋件上。焊接操作时,严禁在金属门窗框上接地打火,并应用石棉布保护好门窗框,特别是铝材门窗框。

② 洞口墙体上预留槽口,可将金属门窗框上的连接件埋入槽口内,用C20细石混凝土或1:2水泥砂浆浇填密实。

③ 如设计有金属副框,金属副框的连接方法同方法①,再将门窗固定在金属副框上。

④ 洞口为混凝土墙体但未预埋铁件或预留槽口,其门窗框上的连接件可用射钉连接。

⑤ 洞口为砖砌体或空心砖、加气混凝土砌块等轻质墙,用膨胀螺栓或射钉固定在预埋的混凝土砌块上,严禁采用射钉或膨胀螺栓直接固定在砖砌体或空心砖、加气混凝土砌块上。

(2)自由门的地弹簧安装,应在地面预留地槽,在门扇与地弹簧安装尺寸调整准确后,浇筑 C20 细石混凝土固定。

(3)铝合金门边框和中竖框,应埋入地面以下 20～50mm;组合窗拼樘料立柱上、下端连接方式应符合设计要求,并连接牢固。

(4)门、窗框连接采用射钉、膨胀螺栓等紧固时,其紧固件离墙(梁、柱)边缘不得小于50mm,且应错开墙体缝隙,以防紧固失效。

7)填嵌密封

窗根与墙体之间的缝隙,应按设计要求使用软质保温材料进行填嵌。设计无要求时,应选用泡沫型塑料条、泡沫聚氨酯条、矿棉条等保温材料分层填嵌饱满;框边外表面留出 5～8mm深的槽口,应用密封胶封平。

8)门窗扇及门窗玻璃的安装

(1)门窗扇和门窗玻璃应在洞口墙体表面装饰完工验收后安装。

(2)推拉门窗在门窗框安装固定后,应将配好玻璃的门窗扇整体安入框内滑槽,调整好与扇的缝隙。

(3)平开门、窗扇安装时应先把合页按设计要求位置固定在金属门窗框上,然后将门、窗扇嵌入框内临时固定,调整合适后再将门、窗扇固定在合页上,必须保证上、下两个转动部分位于同一轴线上。

(4)地弹簧门扇安装时应先将地弹簧主机埋设在地面上,并浇筑混凝土使其固定。主机轴应与中横挡上的顶轴位于同一垂直线上,主机表面与地面平齐,混凝土达到设计强度后,调节上门顶轴,再安装门扇,最后调整门扇间隙及门扇开启速度。

(5)玻璃裁割、就位后,及时用胶条固定。有以下两种固定方法:

① 橡胶密封条嵌入凹槽应挤紧玻璃,然后在胶条上面注入硅酮系列密封胶。

② 用 10mm 长的橡胶块将玻璃挤住,然后在凹槽内注入硅酮密封胶。

(6)玻璃应放在凹槽的中间,内、外两侧的间隙宜为 2～5mm,玻璃的下部不得直接坐落在金属面上,而应用 3mm 厚的氯丁橡胶垫块将玻璃垫起。

9)金属门窗等电位连接

金属窗应根据建筑物结构特征及设计要求做好等电位连接。

10)五金配件安装

窗扇开启应灵活,关闭应严密,有问题时应调整后再安装;执手零件的螺孔处应配置合适的螺钉,将螺钉拧紧;当螺钉与螺孔位置不吻合时,可挪动位置,重新攻丝后再安装;安装金属门脚时应用专用密封胶条或高分子密封材料;钢门锁应按说明及设计要求进行安装,安装好后应开关灵活;应用双头螺杆将门拉手安装在门扇边框两侧。

11)门窗清理

金属门窗交工前,应将型材表面的保护膜撕掉;采用不含腐蚀性物质的清洁剂将保护膜在塑材表面留下的痕迹擦拭干净;将粘在玻璃表面的浮灰或其他杂物全部擦洗干净。

2.3.4　金属门窗安装工程施工质量验收

（1）主控项目

① 金属门窗的品种、类型、规格、尺寸、性能、开启方向、安装位置、连接方式及门窗的型材壁厚应符合设计要求及国家现行标准的有关规定。金属门窗的防雷、防腐处理及填嵌、密封处理应符合设计要求。

检验方法：观察；尺量检查；检查产品合格证书、性能检验报告、进场验收记录和复验报告；检查隐蔽工程验收记录。

② 金属门窗框和附框的安装应牢固。预埋件及锚固件的数量、位置、埋设方式、与框的连接方式应符合设计要求。

检验方法：手扳检查；检查隐蔽工程验收记录。

③ 金属门窗扇应安装牢固、开关灵活、关闭严密、无倒翘。

推拉门窗扇应安装防止扇脱落的装置。

检验方法：观察；开启和关闭检查；手扳检查。

④ 金属门窗配件的型号、规格、数量应符合设计要求，安装应牢固，位置应正确，功能应满足使用要求。

检验方法：观察；开启和关闭检查；手扳检查。

（2）一般项目

① 金属门窗表面应洁净、平整、光滑、色泽一致，应无锈蚀、擦伤、划痕和碰伤。漆膜或保护层应连续。型材的表面处理应符合设计要求及国家现行标准的有关规定。

检验方法：观察。

② 金属门窗的推拉门窗扇开关力不应大于 50N。

检验方法：用测力计检查。

③ 金属门窗框与墙体之间的缝隙应填嵌饱满，并应采用密封胶密封。密封胶表面应光滑、顺直、无裂纹。

检验方法：观察；轻敲门窗框检查；检查隐蔽工程验收记录。

④ 金属门窗扇的密封胶条或密封毛条装配应平整、完好，不得脱槽，交角处应平顺。

检验方法：观察；开启和关闭检查。

⑤ 排水孔应畅通，位置和数量应符合设计要求。

检验方法：观察。

⑥ 钢门窗安装的留缝限值、允许偏差和检验方法应符合表 2.3 的规定。

表 2.3　钢门窗安装的留缝限值、允许偏差和检验方法

项次	项目		留缝限值（mm）	允许偏差（mm）	检验方法
1	门窗槽口宽度、高度	≤1500mm	—	2	用钢卷尺检查
		>1500mm	—	3	
2	门窗槽口对角线长度差	≤2000mm	—	3	用钢卷尺检查
		>2000mm	—	4	

项次	项目		留缝限值(mm)	允许偏差(mm)	检验方法
3	门窗框的正、侧面垂直度		—	3	用1m垂直检测尺检查
4	门窗横框的水平度		—	3	用1m垂直检测尺检查
5	门窗横框标高			5	用钢卷尺检查
6	门窗竖向偏离中心			4	用钢卷尺检查
7	双层门窗内外框间距		—	5	用钢卷尺检查
8	门窗框、扇配合间隙		≤2	—	用塞尺检查
9	平开门窗框、扇搭接宽度	门	≥6	—	用钢直尺检查
		窗	≥4	—	用钢直尺检查
	推拉门窗框、扇搭接宽度		≥6	—	用钢直尺检查
10	无下框时门扇与地面间留缝		4~8	—	用塞尺检查

⑦ 铝合金门窗安装的允许偏差和检验方法应符合表2.4的规定。

表2.4 铝合金门窗安装的允许偏差和检验方法

项次	项目		允许偏差(mm)	检验方法
1	门窗槽口宽度、高度	≤2000mm	2	用钢卷尺检查
		>2000mm	3	
2	门窗槽口对角线长度差	≤2500mm	4	用钢卷尺检查
		>2500mm	5	
3	门窗框的正、侧面垂直度		2	用1m垂直检测尺检查
4	门窗横框的水平度		2	用1m垂直检测尺检查
5	门窗横框标高		5	用钢卷尺检查
6	门窗竖向偏离中心		5	用钢卷尺检查
7	双层门窗内外框间距		4	用钢卷尺检查
8	推拉门窗扇与框搭接宽度	门	2	用钢直尺检查
		窗	1	

⑧ 涂色镀锌钢板门窗安装的允许偏差和检验方法应符合表2.5的规定。

表2.5 涂色镀锌钢板门窗安装的允许偏差和检验方法

项次	项目		允许偏差(mm)	检验方法
1	门窗槽口宽度、高度	≤1500mm	2	用钢卷尺检查
		>1500mm	3	
2	门窗槽口对角线长度差	≤2000mm	4	用钢卷尺检查
		>2000mm	5	

续表 2.5

项次	项目	允许偏差(mm)	检验方法
3	门窗框的正、侧面垂直度	3	用 1m 垂直检测尺检查
4	门窗横框的水平度	3	用 1m 垂直检测尺检查
5	门窗横框标高	5	用钢卷尺检查
6	门窗竖向偏离中心	5	用钢卷尺检查
7	双层门窗内外框间距	4	用钢卷尺检查
8	推拉门窗扇与框搭接宽度	2	用钢直尺检查

2.4　塑料门窗安装工程施工

塑料门窗根据所采用的材料不同,常分为以下几种类型:钙塑门窗、玻璃钢门窗、改性聚氯乙烯塑料门窗等。其中钙塑门窗(又称硬质 PVC 门窗)因其优良的品质使用最为广泛,它是以聚氯乙烯树脂为基料,以轻质碳酸钙作填料,掺加少量添加剂,经机械加工制成各种截面的异型材,并在其空腔中设置衬钢,以提高门窗骨架的整体刚度,故亦称塑钢门窗。塑钢门窗表面光洁细腻不需油漆,有自重轻、抗老化、保温隔热、绝缘、抗冻、成型简单、耐腐蚀、防水和隔声效果好等特点,在 −30～50℃ 的环境下不变形、不降低原有性能,防虫蛀又不助燃,线条挺拔清晰、造型美观,有良好的装饰性。塑钢型材均为工厂生产制作,下面介绍其安装施工。

2.4.1　塑料门窗安装施工准备

塑钢门窗
安装施工

(1)施工材料

① 塑料门窗采用的 UPVC 型材、密封条等,应符合现行国家产品标准的有关规定。

② 门窗采用的紧固件、增强型钢及金属衬板等,应符合现行国家产品标准的有关规定,并应进行表面防腐处理;其中,滑撑铰链不得使用铝合金材料。

③ 固定片厚度应大于或等于 1.5mm,宽度应大于或等于 15mm,材质应符合 Q235-A 冷轧钢板标准,其表面应进行镀锌处理。

④ 与塑料型材直接接触的五金件、紧固件、密封条、玻璃垫块、嵌缝膏等材料,其性能应与 PVC 塑料具有相容性。

⑤ 门窗的外观、外形尺寸、装配质量、力学性能应符合现行国家标准的规定。门窗抗风压、空气渗透、雨水渗漏三项基本物理性能,应符合设计要求和现行有关标准的规定,并附有产品的质量检测报告。

(2)施工工具、机具

塑料门窗安装施工的常用工具和机具有型材切割机、冲击电钻、射钉枪、螺丝刀、橡皮锤、线坠、粉线包、钢卷尺、水平尺、拖线板、溜子、扁铲、凿子等。塑料门窗常用施工机具如图 2.9 所示。

(3)作业条件

① 主体结构验收合格,或墙面已粉刷完毕,工种之间已办好交接手续。

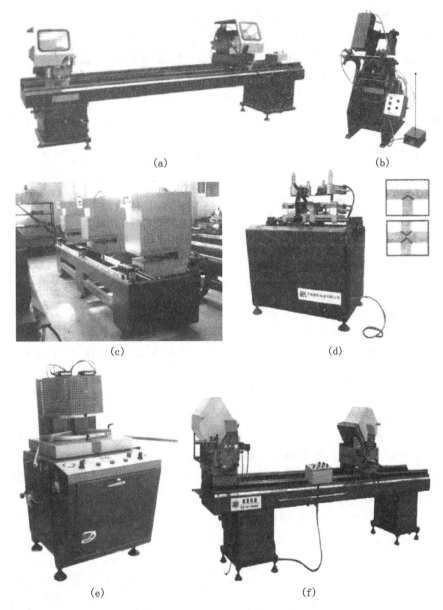

图 2.9　塑料门窗常用施工机具

（a）双头切割锯；（b）水槽铣床；（c）Ｖ形无缝焊接机；（d）Ｖ形角缝清理机；（e）单点任意角焊机；（f）双头切割锯

②当门窗采用预埋木砖与墙体连接时，墙体中应按设计要求埋置防腐木砖。对于加气混凝土墙，应预埋胶粘圆木。

③同一类型的门窗及其相邻的上、下、左、右洞口应横平竖直；对于高级装饰装修工程及放置过梁的洞口，应做洞口样板。洞口宽度和高度尺寸的允许偏差见表 2.6。

表 2.6　洞口宽度或高度尺寸允许偏差（mm）

项目	＜2400	2400～4800	＞4800
未粉刷墙面	±10	±15	±20
已粉刷墙面	±5	±10	±15

④ 按图要求的尺寸弹好门窗中线,并弹好室内+50cm 水平线。

⑤ 当安装塑料门窗时,其环境温度不应低于5℃。

⑥ 组合窗的洞口,应在拼樘料的对应位置设预埋件或预留洞;当洞口需要设置预埋件时,应检查其数量、规格及位置,预埋件的数量应和固定片的数量一致。

⑦ 门窗安装应在洞口尺寸检验合格,并办好工种交接手续后,方可进行。门的安装应在地面工程施工后进行。

2.4.2 塑料门窗安装工艺流程

塑料门窗安装宜按下列工艺流程进行:

放线找规矩→安装固定片→门窗安装→嵌缝→五金配件安装→纱门窗扇安装。

2.4.3 塑料门窗安装施工要点

1)放线找规矩

以顶层门窗边线为准,根据设计图纸中门窗的安装位置、尺寸和标高,依据门窗中线向两边量出顶层门窗边线,用线坠或经纬仪将门窗边线下引,并在各层门窗口处画线标记,对个别不垂直的门窗口边应进行剔凿处理。

门窗的水平位置应以楼层室内0.5m 的水平线为准,确定门窗口的水平位置,弹线找直。每一楼层必须保证窗口标高一致。

根据墙身大样图及窗台板宽度,确定门窗安装的平面位置,在侧面墙上弹出竖向控制线。

2)安装固定片

检查门窗外观质量,不得有焊角开裂、型材断裂等损坏现象。将不同规格的塑料门窗搬到相应的洞口旁竖放,如发现保护膜脱落应补贴保护膜,并在门窗框上下边画中线。

检查门窗框上下边的位置及其内外朝向,确认无误后,再安装固定片。安装时应先采用 $\phi3.2$ 的钻头钻孔,然后将十字槽盘端头自攻螺钉 M4×20 拧入,严禁直接锤击钉入。

固定片的位置应距门窗角、中竖框、中横框 150～200mm,固定片之间的间距应不大于600mm。不得将固定片直接装在中横框、中竖框的挡头上。

3)门窗安装

(1)根据设计图纸及门窗扇的开启方向,确定门窗框的安装位置,并把门窗框装入洞口,并使其上下框中线与洞口中线对齐。安装时应采取防止门窗变形的措施。无下框平开门应使两边框的下脚低于地面标高线 30mm。带下框的平开门或推拉门应使下框低于地面标高线 10mm,然后将上框的一个固定片固定在墙体上,并应调整门框的水平度、垂直度和直角度,用木楔临时固定。当下框长度大于 0.9m 时,其中间也用木楔塞紧,然后调整垂直度、水平度和直角度。

(2)当门窗与墙体固定时,应先固定上框,后固定边框。固定方法如下:

① 混凝土墙洞口采用塑料膨胀螺钉固定。

② 砖墙洞口采用塑料膨胀螺钉或水泥钉固定,并不得固定在砖缝上。

③ 加气混凝土砌块洞口,应采用木螺钉将固定片固定在胶粘圆木上。

④ 设有预埋铁件的洞口应采取焊接的方法固定,也可先在预埋件上按紧固件规格打孔,然后用紧固件固定。

⑤ 设有防腐木砖的墙面,采用木螺钉把固定片固定在防腐木砖上。

（3）安装门连窗和组合窗时采用拼樘料与洞口的连接应符合下列要求:

① 安装门连窗时,门与窗应采用拼樘料拼接,拼樘料下端应固定在窗台上。

② 拼樘料与混凝土过梁或柱子的连接,应采用与预埋铁件焊接的方法固定,也可先在预埋件上连接紧固件,然后用紧固件固定。

③ 拼樘料与砖墙连接时,应先将拼樘料两端插入预留洞中,然后用强度等级为 C20 的干硬性细石混凝土填塞固定。

④ 两窗框与拼樘料卡接后应用紧固件双向拧紧,其间距应小于或等于 600mm;紧固件端头及拼樘料与窗框间的缝隙应采用嵌缝膏进行密封处理。

4）嵌缝

门窗框与洞口之间的缝隙内腔应采用闭孔泡沫塑料、发泡聚苯乙烯等弹性材料分层填塞,填塞不宜过紧。

门窗洞口内侧与门窗框之间用水泥砂浆或掺有纤维的水泥混合砂浆填实抹平;靠近铰链一侧,灰浆压住门窗框的厚度以不影响门窗扇的开启为限。

待外墙水泥砂浆硬化后,其外侧用嵌缝膏进行密封处理。

5）五金配件安装

安装前应检查门窗启闭是否灵活。五金配件应按产品说明书中的方法安装牢固、使用灵活。

在其相应位置的型材内增设 3mm 厚的金属衬板,其安装位置及数量应符合现行有关标准的规定。

6）纱门窗扇安装

裁纱应比实际长度、宽度各长 50mm,以利于压纱。绷纱时先用压条将上、下窗纱绷紧压实,再压两侧,并用螺钉固定,最后将边角多余的窗纱用扁铲割干净。

2.4.4　塑料门窗安装工程施工质量验收

（1）主控项目

① 塑料门窗的品种、类型、规格、尺寸、性能、开启方向、安装位置、连接方式和填嵌密封处理应符合设计要求及现行国家标准的有关规定,内衬增强型钢的壁厚及设置应符合现行国家标准《建筑用塑料门》（GB/T 28886）和《建筑用塑料窗》（GB/T 28887）的规定。

检验方法:观察;尺量检查;检查产品合格证书、性能检验报告、进场验收记录和复验报告;检查隐蔽工程验收记录。

② 塑料门窗框、附框和扇的安装应牢固。固定片或膨胀螺栓的数量与位置应正确,连接方式应符合设计要求。固定点应距窗角、中横框、中竖框 150～200mm,固定点间距不应大于 600mm。

检验方法:观察;手扳检查;尺量检查;检查隐蔽工程验收记录。

③ 塑料组合门窗使用的拼樘料截面尺寸及内衬增强型钢的形状和壁厚应符合设计要求。承受风荷载的拼樘料应采用与其内腔紧密吻合的增强型钢作为内衬,其两端应与洞口固定牢固。窗框应与拼樘料连接紧密,固定点间距不应大于 600mm。

检验方法:观察;手扳检查;尺量检查;吸铁石检查;检查进场验收记录。

④ 窗框与洞口之间的伸缩缝内应采用聚氨酯发泡胶填充,发泡胶填充应均匀、密实,发泡胶成型后不宜切割。表面应采用密封胶密封,密封胶应粘结牢固,表面光滑、顺直、无裂纹。

检验方法:观察;检查隐蔽工程验收记录。

⑤ 滑撑铰链的安装应牢固,紧固螺钉应使用不锈钢材质。螺钉与框扇连接处应进行防水密封处理。

检验方法:观察;手扳检查;检查隐蔽工程验收记录。

⑥ 推拉门窗扇应安装防止扇脱落的装置。

检验方法:观察。

⑦ 门窗扇关闭应严密,开关应灵活。

检验方法:观察;尺量检查;开启和关闭检查。

⑧ 塑料门窗配件的型号、规格和数量应符合设计要求,安装应牢固,位置应正确,使用应灵活,功能应满足各自使用要求。平开窗扇高度大于 900mm 时,窗扇锁闭点不应少于 2 个。

检验方法:观察;手扳检查;尺量检查。

(2) 一般项目

① 安装后的门窗关闭时,密封面上的密封条应处于压缩状态,密封层数应符合设计要求。密封条应连续完整,装配后应均匀、牢固,应无脱槽、收缩和虚压等现象;密封条接口应严密,且应位于窗的上方。

检验方法:观察。

② 塑料门窗扇的开关力应符合规定:平开门窗扇平铰链的开关力不应大于 80N;滑撑铰链的开关力不应大于 80N,且不应小于 30N;推拉门窗扇的开关力不应大于 100N。

检验方法:观察;用测力计检查。

③ 门窗表面应洁净、平整、光滑,颜色应均匀一致。可视面应无划痕、碰伤等缺陷,门窗不得有焊角开裂和型材断裂等现象。

检验方法:观察。

④ 旋转窗间隙应均匀。

检验方法:观察。

⑤ 排水孔应畅通,位置和数量应符合设计要求。

检验方法:观察。

⑥ 塑料门窗安装的允许偏差和检验方法应符合表 2.7 的规定。

表 2.7 塑料门窗安装的允许偏差和检验方法

项次	项目		允许偏差(mm)	检验方法
1	门、窗框外形(高、宽)尺寸长度差	≤1500mm	2	用钢卷尺检查
		>1500mm	3	
2	门、窗框两对角线长度差	≤2000mm	3	用钢卷尺检查
		>2000mm	5	
3	门、窗框(含拼樘料)正、侧面垂直度		3	用 1m 垂直检测尺检查
4	门、窗框(含拼樘料)水平度		3	用 1m 水平尺和塞尺检查

项次	项目		允许偏差（mm）	检验方法
5	门、窗下横框的标高		5	用钢卷尺检查，与基准线比较
6	门、窗竖向偏离中心		5	用钢卷尺检查
7	双层门、窗内外框间距		4	用钢卷尺检查
8	平开门窗及上悬、下悬、中悬窗	门、窗扇与框搭接宽度	2	用深度尺或钢直尺检查
		同樘门、窗相邻扇的水平高度差	2	用靠尺和钢直尺检查
		门、窗框扇四周的配合间隙	1	用楔形塞尺检查
9	推拉门窗	门、窗扇与框搭接宽度	2	用深度尺或钢直尺检查
		门、窗扇与框或相邻扇立边平行度	2	用钢直尺检查
10	组合门窗	平整度	3	用 2m 靠尺和钢直尺检查
		缝直线度	3	用 2m 靠尺和钢直尺检查

2.5　特种门安装工程施工

特种门是指具有特殊用途、特殊构造的门，如防火门、隔声防火门、防盗门、自动门、全玻门、旋转门、金属卷闸门、异型拉闸门、自动铝合金门等。下面介绍几种常用特种门的安装施工。

2.5.1　特种门安装施工准备

1）施工材料

（1）防火、防盗门施工

防火、防盗门应根据不同的设防等级选择相应的种类、规格、型号，而所选用的安装原材料、连接件、水泥砂浆、密封材料应符合设计要求。

（2）旋转门施工

① 自动旋转门应购置于专业生产厂家定型产品，有生产许可证、出厂合格证及性能检测报告。

② 框架饰面材料、不锈钢板、铝合金型材、铝合金板、彩色钢板、木饰框和弧形安全玻璃等应符合设计要求。

③ 门轴、传动机构、自控系统、传感器、电机、控制箱等配置符合设计要求。

④ 辅材、密封材料、安装配（附）件应为同一配置认可的产品并符合设计和使用要求。

⑤ 铝合金型材门框，其型材厚度≥2.0mm，不锈钢成型框体厚度≥1.5mm，彩钢板、包饰板厚度≥0.8mm，外饰不锈钢板厚度≥1.0mm。不同金属材料组合需做防腐处理，防止因电位差产生电化学腐蚀。

⑥ 门受力构件包括固定框架及运动部件，紧固件必须符合设计要求。

⑦ 玻璃需采用钢化安全玻璃，门扇面积大小、玻璃厚度符合设计和使用要求。

（3）自动门施工

① 门体材料如铝合金、钢材须经饰面处理。

② 玻璃厚度应符合设计要求。

③ 目前常用微波中分式感应门，其技术指标见表 2.8。

表 2.8 感应门技术指标表

项目	指标	项目	指标
电源	AC220V/50Hz	感应灵敏度	现场调节至用户需要
功率	150W	报警延时时间	10～15s
门速调节范围	0～350mm/s	使用环境温度	−20～40℃
微波感应范围	门前 1.5～4.0m	断电时手推力	<40N

（4）金属卷帘门施工

① 卷帘门的材质、型材规格、组合连接方式及加工制作标准必须符合设计要求。

② 卷帘门均由工厂制作成成品运至现场安装，卷帘片在运输过程中应做好包装保护，避免变形影响质量。

2）施工工具、机具

（1）防火、防盗门施工

防火、防盗门安装施工的常用工具和机具有电焊机、钢锯、电动冲击钻、螺丝刀、手电钻、水平尺、手锤、线坠、墨线盒、活动扳手、套筒扳手、钢卷尺、钢直尺、凿子等。

（2）旋转门施工

旋转门安装施工的常用工具和机具有砂轮切割机、活动扳手、铝合金切割机、手拉葫芦、电焊机、角磨机、冲击钻、手提氢弧焊机、电钻、射钉枪、激光水平仪、锤子、凿子、螺丝批、自控检测工具、钢卷尺、塞尺等。

（3）自动门施工

自动门安装施工的常用工具和机具有砂轮切割机、电焊机、手电钻、冲击电钻、铝合金垂直靠尺、专用安装夹具、水平尺、水准仪、墨线盒、线坠等。

（4）金属卷帘门施工

金属卷帘门安装施工的常用工具和机具有电焊机、锤子、冲击钻、墨线盒、线坠、砂轮切割机、螺丝刀、电钻、铝合金垂直靠尺、水平尺、活动扳手、套筒扳手、直尺、钢卷尺等。

3）作业条件

（1）防火、防盗门施工

① 主体结构工程验收合格，工种之间已办理好分项工程移交手续。

② 对安装洞口尺寸检查，不符合要求者应修整；对预埋件的位置、规格、数量，应符合设计要求。

③ 对进场产品种类、规格、尺寸、数量进行清点，并组织验收，合格产品放置适当位置。应熟悉防火、防盗门的设防要求，采用相适应的安装方法，保证安装质量。

④ 对施工作业人员进行三级安全教育，技术交底。对机要部门施工，需办理相关施工手续。

（2）旋转门施工

① 在主体工程完工,场地位置验收合格移交后,检查预留洞口尺寸,符合旋转门的安装尺寸和旋转位置要求。

② 预埋件的位置和数量应符合旋转门的安装设计要求。

③ 金属旋转门的各种零配件,应符合现行国家自动门的标准及行业标准规定并按设计要求选用,不合格的产品和不符合设计要求的产品不得采用,运至工地的产品应是合格产品,手续齐全。

④ 其他同前。

（3）自动门施工

① 在门框周边工程完工,安装位置验收合格移交后,安装自动门时应对现场洞口尺寸复核,应符合设计要求。

② 检查横梁安装位置预埋铁件,电源专线位置,控制机箱预留位,专线是否到位。

③ 检查开启门两侧位置的尺寸与门扇开启后预留尺寸及使用自动门的规格尺寸是否相符。

④ 其他同前。

（4）金属卷帘门施工

① 在结构工程施工完成,粗装修后、精装修前,在墙体完成底灰处理后,面层未施工前进行。

② 洞口尺寸复核,预埋件位置、数量都应符合设计要求,不符的应修整以满足施工要求。

③ 卷帘门成品拆包装验收合格,各部分相互匹配,配件齐全,有产品合格证、性能检测报告。

④ 其他同前。

2.5.2　特种门安装工艺流程

（1）防火、防盗门安装工艺流程

防火、防盗门安装宜按下列工艺流程进行:

找水平、吊垂直线→按标高分格、弹线→安装门框→安装门扇→安装五金配件→水泥砂浆塞缝。

（2）旋转门安装的工艺流程

旋转门安装宜按下列工艺流程进行:

测量放线、弹墨线→安装支架轴定位→安装门顶及转壁→安装门扇→手动调试→安装控制系统→通电试运行→安装饰面板、装玻璃→收边口。

（3）自动门安装的工艺流程

自动门安装宜按下列工艺流程进行:

洞口垂直水平弹墨线→(有地轨则安装地轨)→安装横梁→将机箱固定于横梁→安装门扇→调试。

（4）金属卷帘门安装的工艺流程

金属卷帘门安装宜按下列工艺流程进行:

现场找水平及垂直划线→安装固定卷筒→安装传动装置→空载试运转→装帘板→安装导轨→调试→检查合格并验收。

2.5.3　特种门安装施工要点

2.5.3.1　防火、防盗门安装的施工要点

（1）找水平、吊垂直线和按标高分中、弹线

按图纸尺寸找水平垂直，确定标高位置，吊垂直线弹出门框安装控制墨线，检查开启方式位置是否符合设计要求。

（2）安装门框

① 防盗门的门框安装牢固程度要求高于防火门。对于有较高要求的防盗门，应建在有钢筋的混凝土结构门墙体，通过预埋件牢固地与门框焊接连接；对于一般住宅防盗门安装，可采用膨胀螺栓与同侧墙体固定，也可在砌筑墙体时连接点位置预埋铁件，安装时与门框连接焊接牢固。

② 防火、防盗门框下部应埋入楼层地面以下 20mm，安装过程中注意保证门框不变形，框上下尺寸均匀一致，对角线不超过 2mm，门框与墙体不论采用何种方式连接，每边均不少于 3 个连接点，头尾 180mm，间隔小于 600mm，且应牢固连接。

③ 对于空腔填料式门框，安装时先将门框用木模临时固定在门洞口，找垂直，水平后用木模固定好，门框铁脚与预埋铁件焊牢，或膨胀螺栓连接固定牢固后，在框两上角墙上开洞向空腔内灌高强度或防火水泥砂浆，并插捣密实，待水泥砂浆凝固后具有一定强度时拆木模，用砂浆将缝隙抹平整后，再安装门扇。

（3）安装门扇

安装门扇前要先进行尺寸组装，检查扇与框的匹配情况，再将门扇处于直立状态，对门缝看是否均匀顺直，试装开启和关闭时松紧情况，如发现开关过紧、过松或有反弹时，应先从铰链上做适当调整，直至适宜状态。

（4）安装五金配件

防火、防盗门上的拉手、门锁、观察孔等五金配件必须齐全，多功能防盗门上的密码保护锁、电子报警系统等装置必须有效、完善，符合设计要求。

（5）水泥砂浆塞缝

塞缝，即门框周边缝隙需用水泥砂浆填塞密实。防盗门门框如有压边灰线，抹灰应压过门框至灰线。塞缝水泥砂浆终凝后应洒水保持湿润并养护 5～7d，钢质门框空腔在灌水泥浆前对空腔应做防腐处理，按防火门塞缝材料要求进行塞缝处理。

2.5.3.2　旋转门安装的施工要点

（1）测量放线、弹墨线

根据设计施工图纸，结合旋转门安装位置的实际尺寸，以建筑轴线为准找出门的中心位置，并在中心位置弹出十字控制线，以楼层标高控制线为基准定门安装高度。

（2）装支架轴定位

安装支架的装轴定位，根据门的左右、前后位置尺寸，将支架与顶板的预埋件固定，并使其水平。装轴定位，先安装转轴，固定底座，底座下面应垫实，防止下沉影响门扇转动，转轴安装垂直，临时将转轴承座点焊，底座与上部轴承中心必须在同一垂直线上，检查符合安装要求后，先将上部轴承座焊牢固，再用 C25 混凝土固定底座。

（3）安装门顶及转壁，安装门扇

① 门顶及转壁的安装：先安装圆门顶，再安装转壁，转壁做临时固定，以便于调整其与门扇的间隙，适当调整转壁缝隙，均匀装尼龙毛刷或毛条密封。

② 安装门扇：四扇门应保持 90°，三扇门应保持夹角 120°，且上下留出一定的宽度间隙。安装门扇时，按组装说明顺序组装，并吊直找正，组装时所有可调整的部件螺钉均拧紧至80%，其他螺钉紧固牢固，以便调试。门扇安装后利用调整螺钉适当调整转壁与门扇之间的间隙，并用尼龙毛刷或毛条密封。

（4）手动调试

门体全部安装完毕后，进行手动旋转，调整各部件，使门达到旋转平稳、力度均匀、缝隙一致、无卡阻、无噪声等要求后，将所有螺钉逐个紧固。紧固完后再进行调试，直至满足要求。

（5）安装控制系统

应按组装图要求位置将控制器安装到主控制箱内，把动作感应器装在旋转门进出口的门框上槛或吊顶内，在门的入口立框上装防挤压感应器，在门扇顶部装红外线防碰撞感应器，各种感应器按要求安装就位后，固定牢固，检查无误。

（6）通电试运行

应在控制系统完成安装后，按图纸线路编号逐个检查接线端口，确认接线准确无误后，进行通电试运行。一般调试分三步进行：第一步调整旋转速度，使正常速度和慢速符合要求；第二步调整系统紧急疏散，伤残人士用慢速开关、急停开关、照明灯等，使各部分动作正常，功能满足要求；第三步调试感应系统使行人接近入口范围时门扇旋转，离开出口后延迟一定时间后停止（延时符合产品设定）。调整防挤压感应器，使门扇与入口门柱间有人时门立即停止转动，防止夹伤人，调整门扇顶部红外线防碰撞感应器，使门扇在距人体达到一定距离时（一般不大于 100mm），立即停止转动，感应器系统调试应严格按设计或成品说明书要求进行设定。

（7）安装饰面板、装玻璃

旋转门配合饰面板按说明书安装，部分需根据现场情况另装饰面板时，需放样加工后再安装敷贴或包饰，严格按设计要求，未交付检验使用前，保留保护膜。

（8）收边口

根据不同饰面封边收口，密封处理。

2.5.3.3　自动门安装的施工要点

（1）洞口垂直水平弹墨线

洞口测量放线有铝合金自动门和全玻自动门。地面上如有导向性轨道，应先撬出预埋木方才可埋设下轨道，下轨长度为开启门宽的 2 倍，埋轨道时应注意与地面饰面平齐，标高一致；无导轨式应安装门扇横摆限位。

（2）安装横梁和将机箱固定于横梁上

将 18# 槽钢放置在已预埋铁件的门槽横向柱端，校平、吊直、水平安装，注意与下轨的位置关系，然后用电焊将横向钢槽焊牢固，自动门上部机箱入槽内主梁要包饰处理。主梁安装是重要环节，按设计图纸，根据门宽对横梁的架设及结构运行稳定性，要求在安装过程中解决好结构内安装机械及电气控制部分连接点要安装牢固，参照安装说明书的尺寸规定。

（3）安装门扇

固定机箱后连接电气部分，检查行走情况符合要求后安装门扇，门扇移动平滑顺畅，间隙均匀。

（4）调试

调试接通电源，调整微波传感器和控制箱使其达到最佳工作状态，一旦调整正常后，不得任意变动各种旋转位置，以免出现故障。

2.5.3.4　金属卷帘门安装的施工要点

（1）现场找水平及垂直画线

确定安装洞口位置找水平、垂直，复核洞口尺寸，对照到货产品规格尺寸是否符合要求，对预埋件位置、数量、规格、清理安装位置的不平整舌头灰，铲除预埋件上的浮灰浆渣土，保证弹墨线畅通，弹出清晰线，找平吊线弹出两导轨边垂线及卷帘筒体安装中心线。

（2）安装固定卷筒

先将卷筒支架的垫片焊接在预埋铁件上，按墙上所弹卷筒安装中心线，连接固定卷筒的左右支架，安装卷筒，确保卷筒水平转动灵活，卷轴安装要控制好水平。

（3）安装传动装置

传动装置及其传动部件应安装牢固，检查链条张紧度（链条下垂 6～10mm），超出部分应做调整及调整棘爪单向调节器和限位器，确保使用安全。

（4）空载试运转

对于电动卷帘门，通电试运转，检查电机、卷筒的转动情况及其传动系统部件的工作状况，转动部件周围的安全空隙和配合间隙是否满足要求，具体要熟悉安装及操作说明书。

（5）装帘板

在拼装帘板时应检查帘板平整度、对角线、两侧边垂直度，符合要求后再安装上卷筒，帘片组装后，试运行不平直度不大于洞口的 1/300。

（6）安装导轨

将两侧导轨按弹好的墨线焊牢于墙体预埋件上，施焊前注意吊垂直线控制其安装垂直度，达不到垂直度要求时必须加垫铁，调整好垂直后再焊牢固。

（7）调试

首先观察卷筒体、帘板、导轨和传动部分相互之间的吻合接触状况及活动间隙的均匀性，然后用手缓慢向下拉动关闭，再缓慢匀速上拉提升到位。反复几次，发现有阻滞、顿卡或异常噪声时仔细检查原因，进行调整，直到提起顺畅，用手力调试为主。对电控卷帘门，亦需手动调试后再用电动机驱动启闭数次，细听有无异常声音。

2.5.4　特种门安装工程施工质量验收

（1）主控项目

① 特种门的质量和性能应符合设计要求。

检验方法：检查生产许可证、产品合格证书和性能检验报告。

② 特种门的品种、类型、规格、尺寸、开启方向、安装位置和防腐处理应符合设计要求及现行国家标准的有关规定。

检验方法：观察；尺量检查；检查进场验收记录和隐蔽工程验收记录。

③ 带有机械装置、自动装置或智能化装置的特种门，其机械装置、自动装置或智能化装置的功能应符合设计要求。

检验方法:启动机械装置、自动装置或智能化装置,观察。

④ 特种门的安装应牢固。预埋件及锚固件的数量、位置、埋设方式、与框的连接方式应符合设计要求。

检验方法:观察;手扳检查;检查隐蔽工程验收记录。

⑤ 特种门的配件应齐全,位置应正确,安装应牢固,功能应满足使用要求和特种门的性能要求。

检验方法:观察;手扳检查;检查产品合格证书、性能检验报告和进场验收记录。

(2)一般项目

① 特种门的表面装饰应符合设计要求。

检验方法:观察。

② 特种门的表面应洁净,应无划痕和碰伤。

检验方法:观察。

③ 推拉自动门的感应时间限值和检验方法应符合表 2.9 的规定。

表 2.9 推拉自动门的感应时间限值和检验方法

项次	项目	项目感应时间限值(s)	检验方法
1	开门响应时间	≤0.5	用秒表检查
2	堵门保护延时	16～20	
3	门扇全开启后保持时间	13～17	

④ 人行自动门活动扇在启闭过程中对所要求保护的部位应留有安全间隙。安全间隙应小于 8mm 或大于 25mm。

检验方法:用钢直尺检查。

⑤ 自动门安装的允许偏差和检验方法应符合表 2.10 的规定。

表 2.10 自动门安装的允许偏差和检验方法

项次	项目	允许偏差(mm)				检验方法
		推拉自动门	平开自动门	折叠自动门	旋转自动门	
1	上框、平梁水平度	1	1	1	—	用 1m 水平尺和塞尺检查
2	上框、平梁直线度	2	2	2	—	用钢直尺和塞尺检查
3	立框垂直度	1	1	1	1	用 1m 垂直检测尺检查
4	导轨和平梁平行度	2	—	2	2	用钢卷尺检查
5	门框固定扇内侧对角线尺寸	2	2	2	2	用钢卷尺检查
6	活动扇与框、横梁、固定扇间隙差	1	1	1	1	用钢卷尺检查
7	板材对接接缝平整度	0.3	0.3	0.3	0.3	用 2m 靠尺和塞尺检查

⑥ 自动门切断电源,应能手动开启,手动开启力和检验方法应符合表 2.11 的规定。

表 2.11 自动门手动开启力和检验方法

项次	门的启闭方式	手动开启力(N)	检验方法
1	推拉自动门	≤100	
2	平开自动门	≤100(门扇边梃着力点)	用测力计检查
3	折叠自动门	≤100(垂直于门扇折叠处铰链推拉)	
4	旋转自动门	150～300(门扇边梃着力点)	

注:1.推拉自动门和平开自动门为双扇时,手动开启力仅为单扇的测值;
　　2.平开自动门在没有风力的情况下测定;
　　3.重叠推拉着力点在门扇前、侧结合部的门扇边缘。

2.6 门窗玻璃安装工程施工

2.6.1 门窗玻璃安装施工准备

(1) 施工材料

① 玻璃下料尺寸应实量,玻璃安装尺寸应不小于最小安装尺寸。单片玻璃、夹层玻璃的最小安装尺寸见表 2.12,中空玻璃的最小安装尺寸见表 2.13。

表 2.12 单片玻璃、夹层玻璃的最小安装尺寸(mm)

玻璃厚度	前部余隙或后部余隙 a			嵌入深度 b	边缘余隙 c	说明
	(1)	(2)	(3)			
3	2.0	2.5	2.5	8	3	
4	2.0	2.5	2.5	8	3	
5	2.0	2.5	2.5	8	4	
6	2.0	2.5	2.5	8	4	a—玻璃前后间隙;
8	—	3.0	3.0	10	5	b—玻璃入槽深度;
10	—	3.0	3.0	10	5	c—玻璃入槽间隙垫胶边缘余隙
12	—	3.0	3.0	12	5	
15	—	5.0	4.0	12	8	
19	—	5.0	4.0	15	10	
25	—	5.0	4.0	18	10	

注:1.表中(1)适用于建筑钢、木门窗油灰的安装,但不适用于安装夹层玻璃。
　　2.表中(2)适用于塑性填料、密封剂或前封条材料的安装。
　　3.表中(3)适用于已成型的弹性材料(如聚氯乙烯或氯丁橡胶制成的密封垫)的安装,油灰适用于厚度不大于6mm、面积不大于2.0m²的玻璃,需用卡码或压条固定玻璃。
　　4.夹层玻璃最小安装尺寸,按原片玻璃加工成夹层的综合厚度在表中选取。

表 2.13 中空玻璃的最小安装尺寸(mm)

中空玻璃(常用)	固定部分				
	前后部余隙 a	嵌入深度 b	边缘余隙 c		
			下边	上边	两侧
3＋A＋3	5	12	7	6	8
4＋A＋4	5	13	7	6	8
5＋A＋5	5	14	7	6	8
6＋A＋6	5	15	7	6	8
8＋A＋8	5	15	7	6	8

注:A＝6mm、9mm、12mm,为空气层的厚度。

② 玻璃常用厚度、规格

玻璃常用厚度: 3m 、4m 、5m 、6m 、8m 、10m 、12m 、15m 、19m 等(单片厚度)。

玻璃常用规格:1372mm×2200mm;1370mm×24400mm;2438mm×2134mm;1650mm × 2200mm;1650mm×2440mm;3300mm×2440mm。

根据其玻璃常用规格采用优化下料,减少浪费,节约成本及环保。

玻璃嵌缝材料有硅酮建筑密封胶(见 GB/T 14683)、建筑窗用弹性密封胶(见 JCT/485)、丙烯酸酯建筑密封胶,近年来普遍采用的是硅酮密封胶(耐候胶)、硅酮结构胶(用在直贴隐蔽窗扇)。木门窗、钢门窗逐步改用高分子聚合物材料作为密封胶或硅酮胶,其产品对玻璃密封需做相溶性检测,符合要求后才允许使用。上述材料需有性能检测报告及出厂合格证。

(2)施工工具、机具

门窗玻璃安装施工的常用工具和机具有工作台、玻璃刀、木质靠尺(铝合金)、钢卷尺、钢丝钳、木柄羊角锤、刮灰刀(多种)、扁铲、玻璃吸(双头、三头)、铁皮剪、大力钳、撬杆等。

(3)作业条件

① 门窗五金配件安装完成并检查合格(木门窗在涂刷最后一道漆前),玻璃及其辅材准备完成,核对施工图纸,确定玻璃规格、品种等参数无误。

② 玻璃安装前槽口检查,对变形、扭曲、翘起、压条松紧不符合要求的要逐一修整或更换,玻璃安装槽口应清理干净、裁好垫块并贴好。

③ 对于仿古木门窗或旧式钢窗的玻璃安装,使用由市场直接购买的油灰,或使用熟桐油等天然干性油,自己调配的油灰可直接使用,如用其他油料配制的油灰,必须经检验合格后方可使用。宜改用耐候性好的硅酮类密封胶,即建筑窗用弹性密封胶(见 JCT/485)等。

2.6.2 门窗玻璃安装工艺流程

门窗玻璃安装宜按下列工艺流程进行:

清理玻璃安装槽框→量尺寸→裁割→安装玻璃→注胶→清理。

2.6.3 门窗玻璃安装施工要点

(1)清理玻璃安装槽框

门窗玻璃安装一般先从外往内安装,安装玻璃前对门窗槽框清理,检查发现有损坏的应及时更换,对变形、翘曲的进行修复。

（2）量尺寸、裁割

对非钢化玻璃,现场操作应按设计数据量出尺寸,裁割好的玻璃统一做磨边处理,将玻璃分门别类摆放在指定的位置。对钢化玻璃,应提供实际尺寸给工厂,加工好后再运至现场。

（3）安装玻璃

玻璃按编号、玻璃品种安装,如有镀膜的玻璃,膜面应向室内,有标识、标志。对于特殊玻璃,玻璃标识、标志应在室内左下角或右下角。

（4）注胶

玻璃入框槽内应按玻璃面前后间隙要求加定位胶垫,由注胶技术好的注胶员注胶,需平滑顺畅、美观,余胶应刮除清理干净,注胶时缝隙较宽时应采用合适的注胶嘴。

（5）清理

注胶后静置 24h,不得开闭窗扇,清理干净受污染的位置。

2.6.4　门窗玻璃安装工程施工质量验收

（1）主控项目

① 玻璃的层数、品种、规格、尺寸、色彩、图案和涂膜朝向应符合设计要求。

检验方法:观察;检查产品合格证书、性能检验报告和进场验收记录。

② 门窗玻璃裁割尺寸应正确。安装后的玻璃应牢固,不得有裂纹、损伤和松动。

检验方法:观察;轻敲检查。

③ 玻璃的安装方法应符合设计要求。固定玻璃的钉子或钢丝卡的数量、规格应保证玻璃安装牢固。

检验方法:观察;检查施工记录。

④ 镶钉木压条接触玻璃处应与裁口边缘平齐。木压条应互相紧密连接,并应与裁口边缘紧贴,割角应整齐。

检验方法:观察。

⑤ 密封条与玻璃、玻璃槽口的接触应紧密、平整。密封胶与玻璃、玻璃槽口的边缘应粘结牢固、接缝平齐。

检验方法:观察。

⑥ 带密封条的玻璃压条,其密封条应与玻璃贴紧,压条与型材之间应无明显缝隙。

检验方法:观察;尺量检查。

（2）一般项目

① 玻璃表面应洁净,不得有腻子、密封胶和涂料等污渍。中空玻璃内外表面均应洁净,玻璃中空层内不得有灰尘和水蒸气。门窗玻璃不应直接接触型材。

检验方法:观察。

② 腻子及密封胶应填抹饱满、粘结牢固;腻子及密封胶边缘与裁口应平齐。固定玻璃的卡子不应在腻子表面显露。

检验方法:观察。

③ 密封条不得卷边、脱槽,密封条接缝应粘接。

检验方法:观察。

思 考 题

2.1 门窗有哪些类型？各有何特点？

2.2 木门窗是怎样安装的？

2.3 彩板门窗是怎样安装的？

2.4 塑料门窗是怎样安装的？

2.5 铝合金门窗是怎样制作和安装的？

2.6 特殊门窗有哪些？其安装是怎样进行的？

3 吊顶工程施工

吊顶又称悬吊式顶棚,是指在建筑物结构层下部悬吊由骨架及饰面板组成的装饰构造层。

吊顶按结构形式分为活动式装配吊顶、隐蔽式装配吊顶、金属装饰板吊顶、开敞式吊顶和整体式吊顶;按使用材料分为轻钢龙骨吊顶、铝合金龙骨吊顶、木龙骨吊顶、石膏板吊顶、金属装饰板吊顶、装饰板吊顶和采光板吊顶。吊顶要从功能和技术上处理好人工照明、空气调节(通风换气)、声学及消防等方面的问题。

3.1 吊顶的组成及其作用

吊顶顶棚主要是由悬挂系统、龙骨架、饰面层及其相配套的连接件和配件组成,其构造如图 3.1 所示。

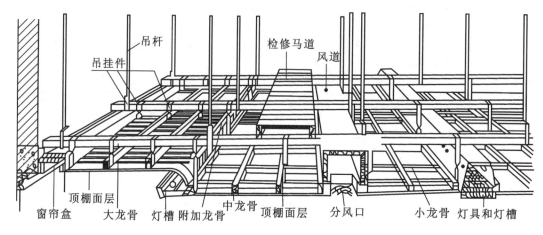

图 3.1 吊顶装配示意图

3.1.1 吊顶悬挂系统及结构形式

吊顶悬挂系统包括吊杆(吊筋)、龙骨吊挂件,通过它们将吊顶的自重及其附加荷载传递给建筑物结构层。吊顶悬挂系统的形式较多,可视吊顶荷载要求及龙骨种类而定,图 3.2 所示为吊顶龙骨悬挂结构形式示例,其与结构层的吊点固定方式通常分为上人型吊顶吊点和不上人型吊顶吊点两类,如图 3.3、图 3.4 所示。

3.1.2 吊顶龙骨架

吊顶龙骨架由主龙骨(大龙骨、承载龙骨)、覆面次龙骨(中龙骨)、横撑龙骨及相关组合件、固结材料等连接而成。吊顶造型骨架组合方式通常有双层龙骨构造和单层龙骨构造两种。

主龙骨是起主干作用的龙骨,是吊顶龙骨体系中主要的受力构件。次龙骨的主要作用是固定饰面板,为龙骨体系中的构造龙骨。常用的吊顶龙骨分为木龙骨和轻金属龙骨两大类。

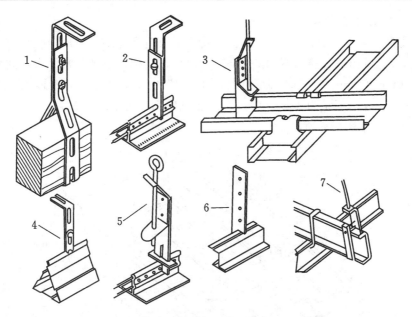

图 3.2 吊顶龙骨的悬挂结构形式示例

1—开孔扁铁吊杆与木龙骨；2—开孔扁铁吊杆与 T 形龙骨；3—伸缩吊杆与 U 形龙骨；
4—开孔扁铁吊杆与三角龙骨；5—伸缩吊杆与 T 形龙骨；6—扁铁吊杆与 H 形龙骨；7—圆钢吊杆悬挂金属龙骨

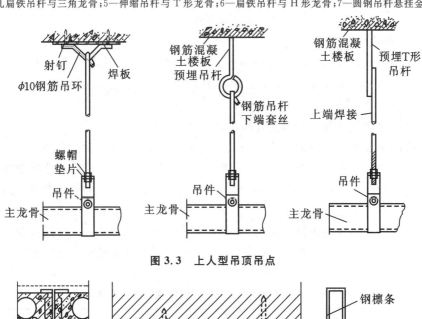

图 3.3 上人型吊顶吊点

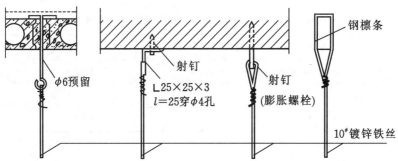

图 3.4 不上人型吊顶吊点

3.1.2.1 吊顶木龙骨架

吊顶木龙骨架是由木制大、小龙骨拼装而成的吊顶造型骨架。当吊顶为单层龙骨时不设大龙骨,而用小龙骨组成方格骨架,用吊挂杆直接吊在结构层下部。常用大木龙骨断面尺寸有:50mm×80mm,60mm×100mm,间距为1000~1500mm。小木龙骨断面尺寸有:40mm×40mm,50mm×50mm,间距为400~500mm,或根据饰面板规格尺寸而定。

木龙骨架组装如图3.5所示。

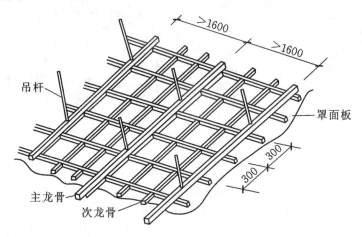

图3.5 木龙骨架组装示意

3.1.2.2 吊顶轻金属龙骨架

吊顶轻金属龙骨,是以镀锌钢带、铝带、铝合金型材、薄壁冷轧退火卷带为原料,经冷弯或冲压工艺加工而成的顶棚吊顶的骨架支承材料。其突出的优点是自重轻、刚度大、耐火性能好。

吊顶轻金属龙骨通常分为轻钢龙骨和铝合金龙骨两类。

轻钢龙骨的断面形状可分为U形、C形、Y形、L形等,分别作为主龙骨、覆面龙骨、边龙骨配套使用。其常用规格型号有U60、U50、U38等系列,在施工中轻钢龙骨应做防锈处理。

铝合金龙骨的断面形状多为T形、L形,分别作为覆面龙骨、边龙骨配套使用。

(1)吊顶轻钢龙骨架

吊顶轻钢龙骨架作为吊顶造型骨架,由大龙骨(主龙骨、承载龙骨)、覆面次龙骨(中龙骨)、横撑龙骨及其相应的连接件组装而成,如图3.6所示。根据吊顶承受荷载的要求,吊顶主龙骨可按表3.1选用。

表3.1 吊顶荷载与轻钢吊顶主龙骨的关系表

吊顶荷载	承载龙骨规格
吊顶自重+80kg附加荷载	U60以上系列
吊顶自重+50kg附加荷载	U50以上系列
吊顶自重	U38

(2)吊顶铝合金龙骨架

吊顶铝合金龙骨架,根据吊顶使用荷载要求不同,有以下两种组装方式:

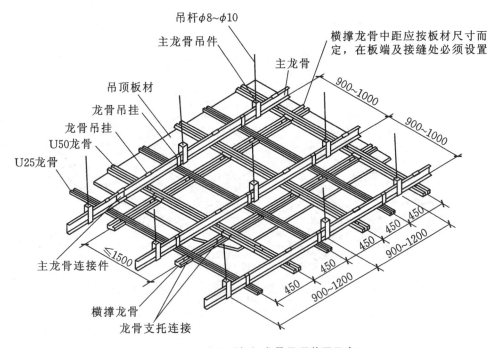

图 3.6 U 形系列轻钢龙骨吊顶装配示意

① 由 L 形、T 形铝合金龙骨组装的轻型吊顶龙骨架,此种骨架承载力有限,不能上人,如图 3.7 所示。

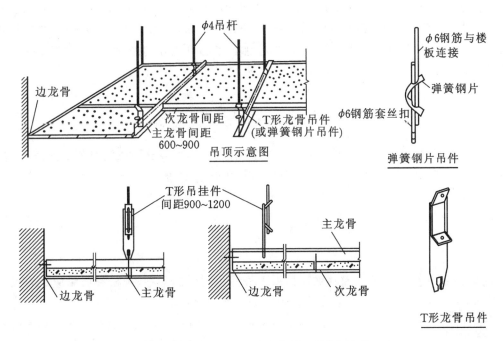

图 3.7 L 形、T 形装配式铝合金龙骨吊顶轻便安装示意

② 由 U 形轻钢龙骨作主龙骨（承载龙骨）与 L 形、T 形铝合金龙骨组装的可承受附加荷载的吊顶龙骨架,如图 3.8 所示。

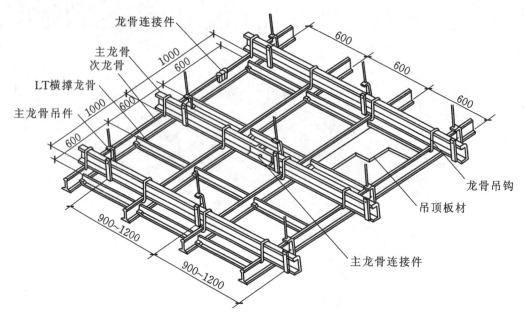

图 3.8　以 U 形轻钢龙骨为承载龙骨的 L 形、T 形铝合金龙骨吊顶装配示意图

3.1.3　吊顶饰面层

吊顶饰面层即为固定于吊顶龙骨架下部的罩面板材层。罩面板材品种很多,常用的有胶合板、纸面石膏板、装饰石膏板、钙塑饰面板、金属装饰面板（铝合金板、不锈钢板、彩色镀锌钢板等）、玻璃及 PVC 饰面板等。饰面板与龙骨架底部可采用钉接或胶粘、搁置、扣挂等方式连接。

3.2　整体面层吊顶工程施工

整体面层吊顶是指面层材料接缝不外露的吊顶。本节主要介绍以轻钢龙骨、铝合金龙骨、木龙竹等为骨架,以石膏板（图 3.9）、水泥纤维板、金属板、木板等为饰面材料的整体面层吊顶工程的施工。

3.2.1　整体面层吊顶工程施工准备

轻钢龙骨石膏板吊顶及强电施工

1）施工材料

（1）整体面层吊顶工程所用材料的品种、规格和质量应符合设计要求,并应符合现行国家有关标准的规定。

（2）吊顶工程所用材料应符合国家有关建筑装饰装修材料有害物质限量标准的规定。吊顶系统的有害物质的控制应符合现行国家标准《民用建筑工程室内环境污染控制规范》（GB 50325）的规定。

（3）吊顶材料及制品的燃烧性能等级不应低于 B_1 级。其燃烧性能分

图 3.9 纸面石膏板整体面层吊顶

级应符合现行国家标准《建筑材料及制品燃烧性能分级》(GB 8624)的规定。所用防火封堵材料应符合现行国家标准《防火封堵材料》(GB 23864)、《建筑用阻燃密封胶》(GB/T 24267)和《建筑内部装修设计防火规范》(GB 50222)的规定。

(4)吊顶工程所用金属材料和金属配件除不锈钢、铝合金和耐候钢外,均应根据使用需要,采取有效的表面防腐蚀处理措施。

(5)密封胶的粘结性能和耐久性除应满足设计要求外,尚应具有不污染所接触材料的性能。

(6)轻钢龙骨应符合现行国家标准《建筑用轻钢龙骨》(GB/T 11981)的规定;铝合金龙骨的性能应符合现行国家标准《铝合金建筑型材 第 1 部分:基材》(GB 5237.1)、《铝合金建筑型材 第 2 部分:阳极氧化型材》(GB 5237.2)、《铝合金建筑型材 第 3 部分:电泳涂漆型材》(GB 5237.3)、《铝合金建筑型材 第 4 部分:粉末喷涂型材》(GB 5237.4)、《铝合金建筑型材 第 5 部分:氟碳漆喷涂型材》(GB 5237.5)的规定,同时应符合现行国家标准《建筑轻钢龙骨》(GB/T 11981)中对吊顶龙骨力学性能的规定。用铝板、带加工制作的龙骨应符合现行国家标准《一般工业用铝及铝合金板、带材》(GB/T 3380)的规定;当使用规格材质的木龙骨时,材质等级应符合现行国家标准《木结构设计规范》(GB 50005)的规定。

(7)金属吊杆:吊杆应采用热镀锌钢吊杆,常用规格有 M8 和 M10,M8 用于不上人吊顶轻钢骨架系统,M10 用于上人吊顶轻钢骨架系统。

(8)罩面板应符合下列规定:

纸面石膏板:包括普通纸面石膏板、耐水纸面石膏板、耐火纸面石膏板、耐水耐火纸面石膏板、装饰纸面石膏板。普通纸面石膏板表面适用于干燥地区;防潮纸面石膏板适用于湿度较大的潮湿场所和地区;耐火纸面石膏板遇火稳定时间不小于 30min 。纸面石膏板表面应平整光滑,无气孔、污痕、裂纹、缺角、色彩不均和图案不完整现象,上下两层护面纸需结实,纸面石膏板常用规格为 2440mm×1220mm,厚度为 9.5mm、12mm。石膏板的选用应符合设计要求。

纤维水泥加压板:表面应平整光滑,无气孔、污痕、裂纹、缺角、色彩不均和图案不完整现象,适用于浴室、厨房及高湿度的环境,常用规格有:长度 1800mm、2440mm,宽度 900mm、1220mm,厚度 2.5、3、3.5、4、5、6、8、9、10(mm)。

金属板:选用的金属板质量、规格、型号应符合设计要求和现行国家标准的有关规定,表面不得有划痕、变形、弯曲现象,应按设计要求进行表面防锈处理。常用的有直接卡口式和嵌槽压口式金属饰面板、粘贴式金属薄板等。

胶合板:选用的胶合板质量、规格、型号应符合设计图纸要求和现行国家标准的有关规定,表面不得有破损、脱层、变形现象,必须符合国家防火性能要求。

复合板:选用的复合板必须符合设计要求及现行国家标准的有关规定,基层材料应为阻燃夹板或纤维水泥加压板。

(9)辅材:选用的龙骨专用吊挂件、连接件、插接件等附件,膨胀螺栓、钉子、自攻螺钉、墙板钉、角码等应符合设计要求并进行防腐处理。

2)施工工具、机具

整体面层吊顶工程施工常用工具和机具有拉铆枪、电钻、射钉枪、电锯床、角磨机、电锤钻、板材弯曲机、电焊机、空气压缩机、电动螺丝枪、型材切割机、钳子、扳手、电动螺丝刀、手提式电动圆锯等。另外,施工测量仪器有手持式激光测距仪、钢卷尺、红外线水平仪、水平尺、检测尺等。

3)作业条件

(1)主体结构验收合格并办理好相关交接手续。

(2)协同各专业施工单位,通过图纸会审程序对吊顶工程内的风口、消防排烟口、消防喷淋头、烟感器、检修口、大型灯具口等设备的标高、起拱高度、开孔位置及尺寸要求等进行确认并做好施工记录。

(3)各种吊顶材料,尤其是各种零配件经过进场验收,各种材料机具、人员配套齐全。

(4)室内墙体施工作业、天花板各种管线铺设与湿作业已基本完成,室内环境应干燥、通风良好,并经检验合格。

(5)施工所需的脚手架已经搭设好,并经验收合格。

(6)施工现场所需的临时用水、用电、各种工(机)具准备就绪,现场安全施工条件已具备。

(7)熟悉设计文件,施工方案已审批,对操作人员进行技术、安全交底。

3.2.2　整体面层吊顶工程施工工艺流程

整体面层吊顶工程施工宜按下列工艺流程进行:

标高基准线及纵、横轴线定位→安装边龙骨→在室内顶板结构下弹出吊点位置→安装吊杆及吊件→安装龙骨及挂件、连接件→安装面板及填充材料的放置→面板装饰。

3.2.3　整体面层吊顶工程施工要点

1)标高基准线及纵、横轴线定位

吊顶高度定位时应以室内标高基准线为准。按设计要求,在房间四周围护结构上标出吊顶标高线,确定吊顶高度位置。龙骨基准线高低误差不应大于2mm。弹线应清晰,位置应准确。

2)安装边龙骨

边龙骨应安装在房间四周围护结构上,下边缘应与基准线平齐,选用膨胀螺栓等固定,间距不宜大于500mm,端头不宜大于50mm。

3)在室内顶板结构下弹出吊点位置

吊顶工程应按设计要求,在室内顶部结构下确定主龙骨吊点间距及位置。主龙骨端头吊点距主龙骨边端不应大于300mm。端排吊点距侧墙间距不应大于200mm。吊点纵横应在直线上,当不能避开灯具、设备管道时,应调整吊点位置或增加吊点,或采用钢结构转换层。

4)安装吊杆及吊挂件

吊杆及吊挂件安装应符合下列要求:

(1)吊杆应按设计要求设置,吊杆间距应视主龙骨间距而定,一般为900~1200mm。吊杆与主龙骨端部的距离不得大于300mm,当吊杆长度超过1.5m时,安装时应设置反支撑。

(2)吊杆应与结构中的预埋件焊接或与后置紧固件牢固连接。

① 现浇钢筋混凝土楼板上安装吊杆,可直接与预埋铁件焊接,也可先打入膨胀螺栓再焊接或挂接。

② 钢木屋架上安装吊杆,可挂在檩条上。

③ 网架上安装吊杆,应用固定卡具与弦杆连接,不得与弦杆焊接。

(3)应根据主龙骨规格型号选择配套吊挂件。吊挂件与吊杆应安装牢固,并按吊顶高度调整位置,吊件应相邻对向安装。

(4)灯具、风口、检修口等处应附加吊杆。大于3kg的重型灯具、电扇及其他重型设备严禁安装在吊顶工程的龙骨上,应另设吊挂直接与结构连接。

5)安装龙骨及挂件、连接件

(1)主龙骨与吊件应连接紧固。主龙骨加长时,应采用接长件接长。主龙骨安装完毕后,应调节吊件高度,调平主龙骨。

(2)主龙骨中间部分应按设计要求起拱。当设计无要求,且房间面积不大于50m²时,起拱高度应为房间短向跨度的1‰~3‰;房间面积大于50m²时,起拱高度应为房间短向跨度的3‰~5‰。

(3)面积达300m²以上的吊顶工程,宜每隔12m在主龙骨上方垂直方向增加一道主龙骨并连接固定好。采用焊接方式固定时,焊接点处应做防腐处理。

(4)次龙骨应紧贴主龙骨垂直方向安装,当采用专用挂件连接时,每个连接点的挂件应双向互扣成对或相邻的挂件采用相向安装。次龙骨加长时,应采用连接件接长。次龙骨垂直相接用挂插件连接,次龙骨的安装方向为与石膏板水平向相垂直。

(5)次龙骨间距应准确、均衡,按石膏板模数确定。应保证石膏板两端固定于次龙骨上。石膏板长边接缝处应增加横撑龙骨,横撑龙骨应用挂插件与通长次龙骨固定。次龙骨间距宜为400mm;横撑龙骨间距宜为600mm。

(6)次龙骨、横撑龙骨安装完毕后,应保证底面与次龙骨下皮标准线齐平。

(7)石膏板上开洞口的四边,应有次龙骨或横撑龙骨作为附加龙骨。

(8)全面校正吊杆和龙骨的间距、位置、垂直度及水平度,符合设计要求后应将所有吊挂件、连接件拧紧夹牢。

6)安装面板及填充材料的放置

面板安装应符合下列要求:

(1)面板安装前,应进行吊顶内隐蔽工程验收,并应在所有项目验收合格且建筑外围护封闭完成后方可进行面板安装施工。

(2)面板类型选择应按设计要求进行。面板安装时,正面朝下,面板长边方向应与次龙骨垂直;穿孔石膏板背面应背覆材料,需要施工现场贴覆时,应在穿孔板背面施胶,不得在背覆材料上施胶。

(3) 板的安装固定应先从中间开始,然后向板的两端和周边延伸,不应多点同时施工,相邻的板材应错缝安装;穿孔石膏板的固定应从房间的中心开始,固定穿孔板时应先从板的一角开始,向板的两端和周边延伸,不应多点同时施工;穿孔板的孔洞应对齐,无规则孔洞除外。

(4) 面板应在自由状态下用自攻枪及高强自攻螺钉与次龙骨、横撑龙骨固定。

(5) 自攻螺钉间距、自攻螺钉与板边距离应符合要求:纸面石膏板四周自攻螺钉间距不应大于 200mm;板中沿次龙骨或横撑龙骨方向自攻螺钉间距不应大于 300mm;螺钉距板面纸包封的板边宜为 10~15mm;螺钉距板面切割的板边应为 15~20mm。穿孔石膏板、石膏板、硅酸钙板、水泥纤维板自攻螺钉钉距和自攻螺钉到板边距离应符合设计要求。

(6) 自攻螺钉应一次性钉入轻钢龙骨,并应与板面垂直,螺钉帽宜沉入板面 0.5~1.0mm,但不应使纸面石膏板的纸面破损暴露石膏;弯曲、变形的螺钉应剔除,并在相隔 50mm 的部位另行安装自攻螺钉;固定穿孔石膏板的自攻螺钉不得打在穿孔的孔洞上。

(7) 面板的安装不应采用电钻等工具先打孔后安装螺钉的施工方法。当选用穿孔纸面石膏板作为面板时,可先打孔作为定位,但打孔直径不应大于安装螺钉直径的 1/2。

(8) 当设计要求吊顶内添加岩棉或玻璃棉时,应边固定面板边添加,并按照要求码放,与板贴实,不应架空,材料之间的接口应严密;采用吸声材料时应保证干燥。

双层纸面石膏板施工应符合下列要求:

① 基层纸面石膏板的板缝宜采用嵌缝材料找平,自攻螺钉的间距应符合设计要求;

② 面层纸面石膏板的板缝应与基层板的板缝错开,且石膏板的长、短边应各错开不小于一根龙骨的间距;

③ 面层纸面石膏板短边方向的加长自攻螺钉应一次性钉入轻钢龙骨,间距宜为 200mm,且自攻螺钉的位置应与上层板上自攻螺钉的位置错开;

④ 两层石膏板间宜满刷白乳胶粘贴。

纸面石膏板的嵌缝处理应符合下列要求:

① 纸面石膏板的嵌缝应选用配套的嵌缝材料。

② 相邻两块纸面石膏板的端头接缝坡口应自然靠紧并在接缝两边涂抹嵌缝膏。

③ 纸面石膏板的嵌缝应刮平粘贴接缝带,再用嵌缝膏覆盖,并应与石膏板面齐平。第一层嵌缝膏涂抹宽度宜为 100mm。

④ 第一层嵌缝膏凝固并彻底干燥后,应在表面涂抹第二层嵌缝膏。第二层嵌缝膏宜比第一层两边各宽 50mm,宽度不宜小于 200mm。

⑤ 第二层嵌缝膏凝固并彻底干燥后,应在表面涂抹第三层嵌缝膏。第三层嵌缝膏宜比第二层嵌缝膏各宽 50mm,宽度不宜小于 300mm,待彻底干燥后磨平。

⑥ 不是楔形板边的纸面石膏板拼接时,板头应切坡形口,嵌缝腻子面层宽度不宜小于 200mm。

⑦ 复合矿棉板的接缝与石膏板基底材料的接缝不应重叠。

⑧ 穿孔石膏板的接缝不应将孔洞遮盖住,相邻板缝孔洞距离小于接缝带宽度时宜采用无接缝带接缝技术,接缝宽度不应影响装饰效果和吸声的需要。

3.2.4　整体面层吊顶工程施工质量验收

1) 主控项目

(1) 吊顶标高、尺寸、起拱和造型应符合设计要求。

检验方法:观察;尺量检查。

面层材料的材质、品种、规格、图案、颜色和性能应符合设计要求及国家现行标准的有关规定。

(2) 检验方法:观察;检查产品合格证书、性能检验报告、进场验收记录和复验报告。

(3) 整体面层吊顶工程的吊杆、龙骨和面板的安装应牢固。

检验方法:观察;手扳检查;检查隐蔽工程验收记录和施工记录。

(4) 吊杆和龙骨的材质、规格、安装间距及连接方式应符合设计要求。金属吊杆和龙骨应经过表面防腐处理;木龙骨应进行防腐、防火处理。

检验方法:观察;尺量检查;检查产品合格证书、性能检验报告、进场验收记录和隐蔽工程验收记录。

(5) 石膏板、水泥纤维板的接缝应按其施工工艺标准进行板缝防裂处理。安装双层板时,面层板与基层板的接缝应错开,并不得在同一根龙骨上接缝。

检验方法:观察。

2) 一般项目

(1) 面层材料表面应洁净、色泽一致,不得有翘曲、裂缝及缺损。压条应平直、宽窄一致。

检验方法:观察;尺量检查。

(2) 面板上的灯具、烟感器、喷淋头、风口算子和检修口等设备设施的位置应合理、美观,与面板的交接应吻合、严密。

检验方法:观察。

(3) 金属龙骨的接缝应均匀一致,角缝应吻合,表面应平整,应无翘曲和锤印。木质龙骨应顺直,应无劈裂和变形。

检验方法:检查隐蔽工程验收记录和施工记录。

(4) 吊顶内填充吸声材料的品种和铺设厚度应符合设计要求,并应有防散落措施。

检验方法:检查隐蔽工程验收记录和施工记录。

(5) 整体面层吊顶工程安装的允许偏差和检验方法应符合表 3.2 的规定。

表 3.2　整体面层吊顶工程安装的允许偏差和检验方法

项次	项目	允许偏差(mm)	检验方法
1	表面平整度	3	用 2m 靠尺和塞尺检查
2	缝格、凹槽直线度	3	拉 5m 线,不足 5m 拉通线,用钢直尺检查

3.3　板块面层吊顶工程施工

板块面层吊顶是指面层材料接缝外露的吊顶,一般以轻钢龙骨、铝合金龙骨、木龙骨等为骨架,以石膏板、金属板、矿棉板(图 3.10)、木板、塑料板、玻璃板、石材板、复合板等为饰面材料。本节主要介绍矿棉板、金属板、玻璃板为饰面的板块面层吊顶工程施工。

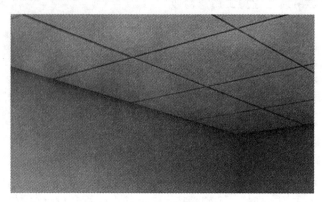

图 3.10　矿棉板板块面层吊顶

3.3.1　板块面层吊顶工程施工准备

1）施工材料

（1）矿棉板饰面板块面层吊顶工程

① 龙骨：吊顶使用的轻钢龙骨分为 U 形骨架和 T 形骨架两种。轻钢龙骨分为主龙骨、次龙骨、边龙骨，材料应具有产品合格证、性能检测报告、进场验收记录和复验报告等。

② 配件：吊挂件、连接件、插接件、内胀管、丝杆和螺母、膨胀螺栓、自攻螺钉、射钉等。

③ 饰面板材料：矿棉板的规格、品种、表面形式、吸声指标必须达到设计要求和使用功能的要求。

④ 胶粘剂、防火材料、防腐材料等：胶粘剂应按主材的性能选用，使用前做粘结强度试验，质量符合要求后方可使用。防火剂一般按建筑物的防火等级选用防火涂料。胶粘剂、防火剂、防腐剂应有环保检测报告。

（2）金属板饰面板块面层吊顶工程

① 龙骨：钢方管龙骨、专用卡型龙骨、T 形龙骨。吊顶按荷载分上人和不上人两种。轻钢骨架主件为大、中、小龙骨；材料应具有产品合格证、性能检测报告、进场验收记录和复验报告等。

② 配件：吊挂件、连接件、插接件、吊杆、膨胀螺栓、铆钉。

③ 饰面板材料：常用的有条形金属扣板、吸声和不吸声的方形金属扣板；还有单铝板、铝塑板、不锈钢板等；金属饰面板的品种、规格和边角龙骨装饰条应按设计要求选用，其质量应符合国家有关标准的规定。

④ 胶粘剂、防火材料、防腐材料等：应符合矿棉板饰面的板块面层吊顶工程中对胶粘剂、防火材料、防腐材料等的要求。

（3）玻璃板饰面板块面层吊顶工程

① 龙骨：轻钢龙骨和铝合金龙骨、木龙骨等。木龙骨应为烘干、不易扭曲变形的红白松等树种制作而成；吊顶所使用龙骨的品种、规格和颜色应符合设计要求；材料应具有产品合格证、性能检测报告、进场验收记录和复验报告等。

② 饰面板材料：饰面材料的品种、规格、质量应符合设计要求；玻璃吊顶必须使用安全玻

璃;应有产品合格证、进场验收记录和性能检测报告。

③ 胶粘剂、防火剂、防腐剂等:胶粘剂一般按主材的性能选用玻璃胶,并应做相容性试验,质量符合要求后方可使用。防火剂一般按建筑物的防火等级选用防火涂料。胶粘剂、防火剂、防腐剂应有环保检测报告。

④ 接触砖石、混凝土的木龙骨和预埋木砖应做防腐处理,所有木料都应做防火处理。

2)施工工具、机具

板块面层吊顶工程施工常用工具和机具有:电锯、无齿锯、手电钻、冲击电锤、电焊机、角磨机、自攻螺钉钻、手提圆盘锯、手提线锯机、拉铆枪、射钉枪、手锯、钳子、扳手、水准仪、靠尺、钢尺、水平尺、方尺、塞尺、线坠、螺丝刀、螺钉旋具、锤、装饰装修活动脚手架等。

3)作业条件

(1)结构工程经验收合格,屋面、楼地面防水已完成并验收合格。室内墙上弹0.5m标高线,按设计要求对房间的净高、洞口标高和吊顶内的管道、设备及其支架的标高进行交接检验。

(2)顶棚内各种管线及通风管道安装完毕,且管道试水、打压已完成,并办理验收手续。灯位、通风口、喷洒口及各种露明孔口位置已确定。

(3)顶棚内其他作业项目已完成。

(4)顶棚罩面板安装前,应做完墙、地湿作业工程,涂料只剩最后一遍面层。

(5)供吊顶用的操作平台已搭设完成,经检查符合要求。

(6)供吊顶用的材料已到现场或按现场要求加工成型,各种材料进场验收记录、检验报告、出场合格证应齐全。

(7)室内环境应干燥,湿度不大于60%,通风良好。

(8)熟悉设计文件,施工方案已审批,对操作人员进行技术、安全交底。

3.3.2 板块面层吊顶工程施工工艺流程

(1)矿棉板饰面板块面层吊顶工程施工工艺流程

弹顶棚标高水平线→划龙骨分档线→安装吊杆→安装主龙骨→安装次龙骨→防腐防火处理→安装矿棉板。

(2)金属板饰面板块面层吊顶工程施工工艺流程

弹顶棚标高水平线→划龙骨分档线→安装吊杆→安装边龙骨→安装主龙骨→安装次龙骨→罩面板安装。

(3)玻璃板饰面板块面层吊顶工程施工工艺流程

弹吊顶水平标高线→划龙骨分档线→安装吊杆→安装边龙骨→安装主龙骨→安装次龙骨和横撑龙骨→防腐防火处理→安装基层板→安装玻璃板→压条安装→接缝打胶→清洁玻璃饰面。

3.3.3 板块面层吊顶工程施工要点

3.3.3.1 矿棉板饰面板块面层吊顶工程施工要点

(1)弹顶棚标高水平线

根据楼层标高水平线,用尺竖向量至顶棚设计标高,沿墙往四周弹顶棚标高水平线。

(2)划龙骨分档线

按吊顶平面图在混凝土顶板上弹出主龙骨的位置。主龙骨应从吊顶中心向两边分,最大间距为 1200mm,并标出吊杆的固定点,吊杆的固定点间距 900～1200mm。如遇到梁和管道固定点大于设计和规程要求,应增加吊杆的固定点。

(3) 安装吊杆

吊杆安装与第 3.2.2 节内容相同。

(4) 安装主龙骨

① 安装主龙骨时,应将主龙骨吊挂件连接在主龙骨上,拧紧螺钉,并根据设计要求吊顶起拱,起拱高度为短跨的 1‰～3‰,主龙骨间距为小于 1200mm,安装的主龙骨接头应错开,在接头处增加吊点,随时检查龙骨的平整度。

② 跨度大于 15m 以上的吊顶,应在主龙骨上每隔 15m 加一道大龙骨,并垂直于主龙骨连接牢固。当遇到通风管道较大,超过龙骨最大间距要求时,必须采用 L 30×3 以上的角钢作龙骨骨架,并且不能使骨架与通风管道等设备工程接触。

(5) 安装次龙骨

① 按照面板的不同安装方式和规格,次龙骨分为 T 形和 C 形两种。次龙骨间距 600mm。将次龙骨通过挂件吊挂在主龙骨上,再与主龙骨平行方向安装。600mm 的横撑龙骨,间距为600mm 或 1200mm。当采用搁置法和企口法安装时次龙骨为 T 形,采用粘贴法或者其他固定法时选用 C 形。

② 采用 L 形边龙骨,与墙体用膨胀螺栓或自攻螺钉固定,固定间距 200mm。安装边龙骨前墙面应用腻子找平,可以避免将来墙面刮腻子时污染和不易找平。

③ 安装 T 形龙骨:在龙骨安装时,在灯具和风口位置的周边加设 T 形加强龙骨。

④ 校正调平:边龙骨安装完成后,再复查龙骨系统的水平度。先调整边龙骨,再根据边龙骨的标高调整相应的副龙骨。如有必要,调整相应的主龙骨。

(6) 防腐、防火处理

钢筋吊杆和顶棚内所有露明的铁件焊接处,安装罩面板前必须刷好防锈漆。

(7) 矿棉板安装

① 矿棉板规格、厚度根据设计要求确定,一般为 600mm×600mm×15mm。安装时操作工人须戴白手套,以防止污染。

② 搁置法安装(明龙骨):搁置法与 T 形龙骨配合使用,将矿棉板斜成 45°放置在次龙骨搭成的框内,板搭在龙骨的肢上即可。

③ 粘贴法:将矿棉板用胶粘剂均匀满涂在矿棉吸声板背面,并牢固地粘贴在基层石膏板或其他材料的基层上。在胶粘剂未固化前不得有强烈振动,并保持房间通风良好。

④ 企口法安装(暗龙骨):将矿棉板加工成暗缝的形式,龙骨的两条肢插入暗缝内,不用钉,也不用胶,靠两条肢板担住。注意接槎处要平整、光滑。

⑤ 钉固定法安装:采用自攻螺钉固定矿棉板的四边,并要求钉的间距为 200～300mm,钉帽进入面板 1～2mm。

⑥ 罩面板顶棚如果设计有压条,待面板安装后,调整位置使接缝均匀,对缝平整,进行压条位置弹线后,安装固定方法采用自攻螺钉或采用胶粘法粘贴。

3.3.3.2　金属板饰面板块面层吊顶工程施工要点

1) 安装边龙骨

边龙骨应按弹线安装,沿墙(柱)上的边龙骨控制线把 L 形镀锌轻钢条用自攻螺钉固定在预埋木砖上,如为混凝土墙(柱)上可用射钉固定,射钉间距应不大于吊顶次龙骨的间距。如罩面板是固定的单铝板或铝塑板,可以用密封胶直接收边,也可以加阴角进行修饰。

2) 安装主龙骨

(1) 安装主龙骨时,应将主龙骨吊挂件连接在主龙骨上,拧紧螺丝,并根据设计要求吊顶起拱,起拱高度约为短跨的1/200,主龙骨间距应小于1200mm,安装的主龙骨接头应错开,在接头处增加吊点,随时检查龙骨的平整度。主龙骨的悬臂段不应大于300mm,否则应增加吊杆。

(2) 当遇到通风管道较大,超过龙骨最大间距要求时,必须采用L30×3以上的角钢作龙骨骨架,并且不能将骨架与通风管道等设备工程接触。跨度大于15m以上的吊顶,应在主龙骨上每隔15m加一道大龙骨,并垂直于主龙骨连接牢固。

(3) 如罩面板是单铝板或铝塑板,也可以用型钢或方铝管作主龙骨,与吊杆用专用吊卡或螺栓(铆接)连接。

(4) 吊顶如设检修走道,应另设附加吊挂系统,可用10mm的吊杆与长度为1200mm的L45×5角钢横担用螺栓连接,横担间距为1800~2000mm;在横担上铺设走道,可以用6号槽钢,两根间距600mm,之间用10mm的钢筋焊接,钢筋的间距为100mm,将槽钢与横担角钢焊接牢固,在走道的一侧设有栏杆;高度为900mm,可以用L50×4的角钢作立柱,焊接在走道槽钢上,槽钢间用—30×4的扁钢连接。

3) 安装次龙骨

(1) 吊挂次龙骨时,按设计规定的次龙骨间距施工。条形或方形金属罩面板的次龙骨,应使用配套的专用次龙骨产品,与主龙骨直接连接。

(2) 用T形镀锌专用连接件把次龙骨固定在主龙骨上时,次龙骨的两端应搭在L形边龙骨的水平翼缘上。

(3) 在通风、水电等洞口周围应设附加龙骨,附加龙骨的连接件用拉铆钉铆固或螺钉固定。

4) 罩面板安装

(1) 铝塑板安装

① 铝塑板采用室内单面铝塑板,根据设计要求,在工厂制作成需要的形状,用胶粘剂粘在事先封好的底板上,可以根据设计要求留出适当的胶缝。

② 胶粘剂粘贴时,涂胶应均匀;粘贴时,应采用临时固定措施,并应及时擦去挤出的胶液;在打封闭胶时,应先用美纹纸将饰面板保护好,待打胶后撕去,清理板面。

(2) 单铝板和不锈钢板安装

将板材加工折边,在折边上加上角钢,再将板材用拉铆钉固定在龙骨上,可以根据设计要求留出适当的胶缝,在胶缝中填充泡沫塑料棒,然后打胶密封。在打胶密封时,应先用美纹纸带将饰面板保护好,待胶打好后,撕去美纹纸带,清理板面。

(3) 金属(条、方)扣板安装

① 条板式吊顶龙骨一般可直接吊挂,也可增加主龙骨,主龙骨间距一般不大于1200 mm,一般以1000mm为宜。条板式吊顶龙骨形式与条板配套。

② 方板吊顶次龙骨分为明装T形和暗装卡形两种,可依据金属方板式样选定。次龙骨与主龙骨间用固定件连接。

③ 金属板吊顶与四周墙面所留空隙,用金属压条与吊顶找齐,金属压条材质宜与金属板面相同。

(4) 饰面板上的灯具、烟感器、喷淋头及风口等设备的位置应合理、美观,与饰面的交接应吻合、严密。并做好检修口的预留,使用材料应与母体相同,安装时应严格控制整体性、刚度和承载力。

(5) 吊顶饰面板安装后应统一拉线调整,确保龙骨顺直、缝隙均匀一致,顶面表面平整。

3.3.3.3 玻璃板饰面板块面层吊顶工程施工要点

1) 安装吊杆、边龙骨、主龙骨

见前述相应部分内容。

2) 安装次龙骨和横撑龙骨

(1) 按已划好的次龙骨分档线,卡放次龙骨吊挂件。

(2) 吊挂次龙骨:次龙骨应紧贴主龙骨安装,按设计规定的次龙骨间距,将次龙骨通过吊挂件吊挂在主龙骨上。设计无要求时,一般间距为 450～600mm,但还应由面板规格确定。

(3) 用 T 形镀锌钢片连接件把次龙骨固定在主龙骨上时,次龙骨的两端应搭在 L 形边龙骨的水平翼缘上。

(4) 横撑龙骨应用连接件将其两段连接在通长龙骨上。明龙骨系列的横撑龙骨搭接处的间隙不得大于 1mm。

(5) 次龙骨之间的连接一般采用连接件连接,有些部位可采用抽芯铆钉连接。校正次龙骨的位置及平整度,连接件应错位安装。

(6) 跨度大于 12m 以上的吊顶,应在主龙骨上每隔 12m 加一道大龙骨,并垂直于主龙骨焊接牢固。

3) 防腐、防火处理

(1) 顶棚内所有露明的铁件焊接处,安装玻璃板前必须刷好防锈漆。

(2) 木骨架与结构接触面应进行防腐处理,龙骨无需粘胶处应刷防火涂料 2～3 遍。

4) 安装基层板

(1) 龙骨安装完成并验收合格后,按基层板规格、拼缝间隙弹出分块线,然后从顶棚中间沿次龙骨的安装方向先装一行基层板作为基准,再向两侧展开安装。

(2) 基层板应按设计要求选用。设计无要求时,宜用 12mm 厚胶合板。基层板按设计要求的品种、规格和固定方式进行安装。采用胶合板时,应在胶合板朝向吊顶内侧面满涂防火涂料,用自攻螺钉与龙骨固定,自攻螺钉中心距不大于 250mm。

5) 安装玻璃板

(1) 面层玻璃应按设计要求的规格和型号选用。一般采用 3mm＋3mm 厚镜面夹胶玻璃或钢化镀膜玻璃。

(2) 先按玻璃板的规格在基层板上弹出分块线,线必须准确无误,不得歪斜、错位。

(3) 玻璃板螺钉固定:先用结构胶将玻璃粘贴固定,再用不锈钢装饰螺钉在玻璃四周固定。螺钉的间距、数量由设计确定,但每块不得少于 4 个螺钉。玻璃上的螺钉孔应委托厂家加工,孔距玻璃边沿应大于 20mm,以防玻璃破裂。玻璃安装应尽快进行,不锈钢螺钉应对角安装。

（4）玻璃板浮搁安装：浮搁法与龙骨配合使用，将玻璃面板斜成45°，放置在龙骨搭成的框内，板搭在龙骨上即可。

（5）安装好的玻璃应平整、牢固，不得有松动现象。

6）压条安装

带密封的压条必须与玻璃全部贴紧，压条与型材的接缝应无明显缝隙，接头缝隙应不大于1mm。橡胶条拐角八字切割整齐、粘结牢固。

7）接缝打胶

用密封胶填缝固定玻璃时，先用橡胶条或橡胶块将玻璃挤住，留出注胶空隙。注胶宽度和深度应符合设计要求，在胶固化前应保持玻璃不受振动。

8）清洁玻璃饰面

玻璃面板安装完后，应进行玻璃清洁工作，不得留有污痕。

3.3.4 板块面层吊顶工程施工质量验收

（1）主控项目

① 吊顶标高、尺寸、起拱和造型应符合设计要求。

检验方法：观察；尺量检查。

② 面层材料的材质、品种、规格、图案、颜色和性能应符合设计要求及国家现行标准的有关规定。当面层材料为玻璃板时，应使用安全玻璃并采取可靠的安全措施。

检验方法：观察；检查产品合格证书、性能检验报告、进场验收记录和复验报告。

③ 面板的安装应稳固严密。面板与龙骨的搭接宽度应大于龙骨受力面宽度的2/3。

检验方法：观察；手扳检查；尺量检查。

④ 吊杆和龙骨的材质、规格、安装间距及连接方式应符合设计要求。金属吊杆和龙骨应进行表面防腐处理；木龙骨应进行防腐、防火处理。

检验方法：观察；尺量检查；检查产品合格证书、性能检验报告、进场验收记录和隐蔽工程验收记录。

⑤ 板块面层吊顶工程的吊杆和龙骨安装应牢固。

检验方法：手扳检查；检查隐蔽工程验收记录和施工记录。

（2）一般项目

① 面层材料表面应洁净、色泽一致，不得有翘曲、裂缝及缺损。面板与龙骨的搭接应平整、吻合，压条应平直、宽窄一致。

检验方法：观察；尺量检查。

② 面板上的灯具、烟感器、喷淋头、风口算子和检修口等设备设施的位置应合理、美观，与面板的交接应吻合、严密。

检验方法：观察。

③ 金属龙骨的接缝应平整、吻合，颜色一致，不得有划伤和擦伤等表面缺陷。木质龙骨应平整、顺直，应无劈裂。

检验方法：观察。

④ 吊顶内填充吸声材料的品种和铺设厚度应符合设计要求，并应有防散落措施。

检验方法：检查隐蔽工程验收记录和施工记录。

⑤ 板块面层吊顶工程安装的允许偏差和检验方法应符合表 3.3 的规定。

表 3.3　板块面层吊顶工程安装的允许偏差和检验方法

项次	项目	允许偏差(mm)				检验方法
		石膏板	金属板	矿棉板	木板、塑料板、玻璃板、复合板	
1	表面平整度	3	2	3	2	用 2m 靠尺和塞尺检查
2	接缝直线度	3	2	3	3	拉 5m 线,不足 5m 拉通线,用钢直尺检查
3	接缝高低差	1	1	2	1	用钢直尺和塞尺检查

3.4　格栅吊顶工程施工

格栅吊顶是由条状或点状等材料不连续安装的吊顶。格栅吊顶常用木质、塑料、金属等材料制作,如图 3.11 和图 3.12 所示。

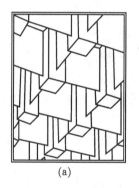 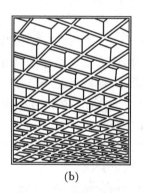 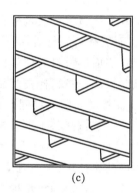

(a)　　　　　　　　　　　(b)　　　　　　　　　　　(c)

图 3.11　木质格栅图

(a) 垂柱式;(b) 平齐式;(c) 凹凸式

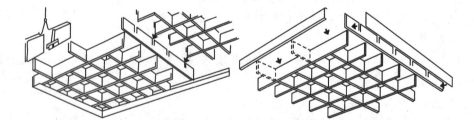

图 3.12　铝合金格栅吊顶板拼装图

3.4.1　格栅吊顶工程安装施工准备

(1) 施工材料

① 轻钢骨架分为 U 形骨架和 T 形骨架两种,并按荷载分为上人和不上人两种。

② 配件有吊挂件、连接件、挂插件。零配件有吊杆、花篮螺栓、射钉、自攻螺钉。

③ 格栅按设计要求选用,材料的品种、规格、质量应符合设计要求。

（2）施工工具、机具

格栅吊顶工程施工常用工具和机具有电锯、射钉枪、手锯、手刨子、钳子、螺钉旋具、扳手、方尺、钢尺、钢水平尺、冲击电钻、切割机、激光水准仪、注水软管、装饰装修活动脚手架等。

（3）作业条件

① 结构工程全部完工，屋面防水、楼地面防水、墙面抹灰也已完工，且验收合格。

② 顶棚内各种管线及通风管道都应安装完毕，且管道试水、打压已验收合格，并办理隐蔽工程验收手续。

③ 各种材料全部配套备齐，材料进场已验收，并按规定复检且合格。

④ 供吊顶用的材料和机具、工具已到现场或按现场要求加工成型。

⑤ 搭好顶棚施工操作手台架子并验收。

⑥ 熟悉吊顶施工图和设计文件，并向施工人员进行技术安全交底。

3.4.2 格栅吊顶工程施工工艺流程

格栅吊顶工程施工宜按下列工艺流程进行：

弹顶棚标高水平线→划龙骨分档线→安装吊杆→主龙骨安装→弹簧片安装→格栅主副龙骨组装→防腐、防火处理→格栅安装。

3.4.3 格栅吊顶工程施工要点

（1）弹簧片安装

用吊杆与轻钢龙骨连接（如吊顶较低可以将弹簧片直接安装在吊杆上省略掉本工序），间距 900～1000mm，再将弹簧片卡在吊杆上。

（2）格栅主副龙骨组装

将格栅的主副龙骨在地面上按设计图纸的要求预装好。

（3）防腐、防火处理

① 顶棚内所有露明的铁件焊接处，必须刷好防锈漆。

② 木骨架与结构接触面应进行防腐处理，龙骨无需粘胶处，需刷防火涂料 2～3 遍。

（4）格栅安装

合理确定灯位、风口、检查口等的位置，避免与格栅碰撞；将预装好的格栅用吊钩穿在主龙骨孔内吊起，将整栅的吊顶连接后，调整至水平。

3.4.4 格栅吊顶工程施工质量验收

（1）主控项目

① 吊顶标高、尺寸、起拱和造型应符合设计要求。

检验方法：观察；尺量检查。

② 格栅的材质、品种、规格、图案、颜色和性能应符合设计要求及国家现行标准的有关规定。

检验方法：观察；检查产品合格证书、性能检验报告、进场验收记录和复验报告。

③ 吊杆和龙骨的材质、规格、安装间距及连接方式应符合设计要求。金属吊杆和龙骨应进行表面防腐处理；木龙骨应进行防腐、防火处理。

检验方法:观察;尺量检查;检查产品合格证书、性能检验报告、进场验收记录和隐蔽工程验收记录。

④ 格栅吊顶工程的吊杆、龙骨和格栅的安装应牢固。

检验方法:观察;手扳检查;检查隐蔽工程验收记录和施工记录。

(2)一般项目

① 格栅表面应洁净、色泽一致,不得有翘曲、裂缝及缺损。栅条角度应一致,边缘应整齐,接口应无错位。压条应平直、宽窄一致。

检验方法:观察;尺量检查。

② 吊顶的灯具、烟感器、喷淋头、风口箅子和检修口等设备设施的位置应合理、美观,与格栅的套割交接处应吻合、严密。

检验方法:观察。

③ 金属龙骨的接缝应平整、吻合,颜色一致,不得有划伤和擦伤等表面缺陷。木质龙骨应平整、顺直,应无劈裂。

检验方法:观察。

④ 吊顶内填充吸声材料的品种和铺设厚度应符合设计要求,并应有防散落措施。

检验方法:观察;检查隐蔽工程验收记录和施工记录。

⑤ 格栅吊顶内楼板、管线设备等表面处理应符合设计要求,吊顶内各种设备管线布置应合理、美观。

检验方法:观察。

⑥ 格栅吊顶工程安装的允许偏差和检验方法应符合表3.4的规定。

表 3.4　格栅吊顶工程安装的允许偏差和检验方法

项次	项目	允许偏差(mm)		检验方法
		金属格栅	木格栅、塑料格栅、复合材料格栅	
1	表面平整度	2	3	用2m靠尺和塞尺检查
2	格栅直线度	2	3	拉5m线,不足5m拉通线,用钢直尺检查

思　考　题

3.1　吊顶一般由哪几部分组成?

3.2　试述金属板吊顶安装工艺。

3.3　如何使吊顶面保持成一个水平面?

3.4　试述木龙骨吊顶的施工工艺。

3.5　试述开敞式吊顶的安装工艺。

3.6　请实地检测和分析一个已竣工的吊顶安装质量。

4 轻质隔墙工程施工

隔墙是用来分隔建筑物内部空间的,具有自重轻、厚度薄、拆装灵活方便、刚度大、隔声性能好等特点。隔墙按其选用的材料和构造,可分为板材隔墙、骨架隔墙、活动隔墙和玻璃隔墙等。

4.1 板材隔墙工程施工

板材隔墙是指无须设置隔墙龙骨,由隔墙板材自承重,将预制或现制的隔墙板材直接固定于建筑主体结构上的隔墙工程。目前,这类轻质隔墙的应用范围很广,使用的隔墙板材通常分为复合板材、单一材料板材、空心板材等类型。常见的隔墙板材如金属夹心板、预制或现制的钢丝网水泥板、石膏夹心板、石膏水泥板、石膏空心板、泰柏板(舒乐舍板)、增强水泥聚苯板(GRC 板)、加气混凝土条板、水泥陶粒板等。

石膏空心条板(图 4.1)是以建筑石膏为主要原料,掺加适量的粉煤灰、水泥和增强纤维,制浆拌和、浇注成型、抽芯、干燥等工艺制成的轻质板材,具有自重轻、强度高、隔热、隔声、防火等性能,可进行钉、锯、刨、钻等加工,施工简便。

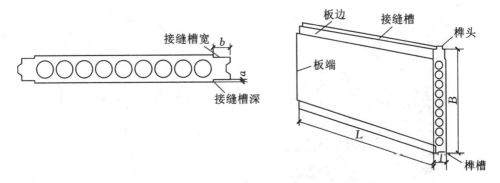

图 4.1 石膏空心条板

泰柏板具有轻质、高强、防火、防水、隔声、保温、隔热等优良的物理性能。除以上优点外,它还具有优良的可加工性能:易于剪裁和拼接,无论是在生产厂内还是在施工现场,均能组装成设计上所需的各种形式的墙体,甚至可在泰柏板内预先设置管道、电气设备、门窗框等,然后在泰柏板上抹(或喷涂)水泥砂浆。

下面主要介绍石膏空心条板隔墙施工、加气混凝土板隔墙施工和钢网泡沫塑料夹心墙板(泰柏板)隔墙施工。

4.1.1 板材隔墙工程施工准备

1) 施工材料

(1) 石膏空心条板隔墙

① 标准板用于一般隔墙,门框板、窗框板、门上板、窗上板及异型板等按照工程设计确定

的规格进行加工。

②石膏空心条板可以用单层板来做隔墙和隔断,也可以用双层空心条板,中间夹设空气层或矿棉、膨胀珍珠岩等保温材料组成隔墙。

③辅助材料包括水泥、胶粘剂、建筑石膏粉、玻纤布条、石膏腻子、钢板卡、射钉等。

(2)加气混凝土板隔墙

①按采用原料划分,主要有三种:a.水泥、石灰、粉煤灰;b.水泥、矿渣、砂;c.水泥、石灰、砂。按制品的干密度来划分,有干密度 500kg/m³(称为 500 级,亦称 30 号)和干密度 700kg/m³(称为 700 级,亦称 50 号)两种。

②按应用形式来划分,有竖向外墙板、横向外墙板和拼装外墙大板三种。

③辅助材料包括膨胀水泥砂浆、胶粘剂、石膏腻子、钢板卡、铝合金钉、铁钉、木楔、玻纤布条、水泥砂浆等。

(3)钢网泡沫塑料夹心墙板(泰柏板)隔墙

泰柏板的常规厚度为76mm,它是由14号钢丝桁条以中心间距为50.8mm排列组成。板的宽度为1.22m,高度以50.8mm为档次增减。墙板的各桁条之间装配断面为50mm×57mm的长条轻质保温、隔声材料(聚苯乙烯或聚氨酯泡沫),然后将钢丝桁条和长条轻质材料压至所要求的墙板宽度,经此一压使得长条轻质材料之间相邻的表面贴紧。然后在宽1.22m的墙体两个表面上,再用14号钢丝横向按中心间距为50.8mm焊接于14号钢丝桁条上,使墙板成为一个牢固的钢丝网笼,如图4.2所示。

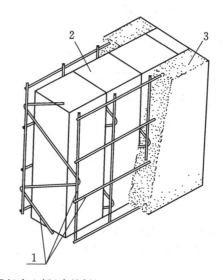

图 4.2　钢丝网架夹心板(泰柏板)

1—钢丝骨架;2—保温芯材;3—抹面砂浆

泰柏板分为两种:一种是普通型泰柏板,各桁条的间距为50.8mm;另一种是轻型泰柏板,各桁条的间距为203mm。

泰柏板在结构上轻质高强,在性能上也具有多种优点,如隔热保温、隔声防火、防潮防冻等。

钢网泡沫塑料夹心墙板(泰柏板)隔墙施工材料应符合下列要求:

①泡沫塑料符合设计要求,并有产品合格证书。

② 水泥:32.5级或42.5级普通硅酸盐水泥,应有出厂合格证和复验合格证(或试验报告单),出厂日期不超过三个月,也不得有结块现象。

③ 砂:中砂,颗粒坚硬、洁净,无杂质,含泥量不得超过3％。

④ 108胶:应有出厂合格证,产品应符合国家现行有关标准的规定。

2) 施工工具、机具

(1) 石膏空心条板隔墙施工

石膏空心条板隔墙施工常用工具和机具有:手电钻、云石切割机、老虎钳、螺钉旋具、气动钳、手锯、钢直尺、靠尺、腻子刀等。

(2) 加气混凝土板隔墙施工

加气混凝土板隔墙施工常用工具和机具有:空气压缩机、切割机、冲击钻、手电钻、电动式台锯、钢锯、木工手锯、射钉枪、窑帚、钢丝刷、小布槽、开刀、2m托线板、橡皮锤、木模、扁铲、固定式摩擦夹具、转动式摩擦夹具、撬棍、镂槽器、铺浆器、灌浆斗、水准仪、2m靠尺、方角尺、水平尺、钢尺等。

(3) 钢网泡沫塑料夹心墙板(泰柏板)隔墙施工

钢网泡沫塑料夹心墙板(泰柏板)隔墙施工常用工具和机具有砂浆搅拌机、钢筋切断机、钢丝冷拔机、钢筋调直机、木抹子、铁抹子、钢抹子、变槽、灰桶、水桶、刷子、喷壶、线坠、墨斗、靠尺、木杠、托线板、钢筋扳手、钢筋钩子、手电钻或电锤等。

3) 作业条件

(1) 结构及屋面防水层已施工完毕并验收,室内已弹出0.5m标高线、墙轴线、墙边控制线、门窗洞口线及排版图。

(2) 施工环境温度不低于5℃。

(3) 按照设计图纸确定了泰柏板高、宽、厚的几何尺寸及加工的数量,向供货厂家提供了委托加工单。

(4) 样板墙已完成,并验收合格。

(5) 熟悉设计文件,施工方案已审批,对操作人员进行了技术安全交底。

4.1.2　板材隔墙工程施工工艺流程

(1) 石膏空心条板隔墙施工工艺流程

石膏空心条板隔墙施工宜按下列工艺流程进行:

找水平、吊垂直线→按标高分格、弹线→安装门框→安装门扇→安装五金配件→水泥砂浆塞缝。

(2) 加气混凝土板隔墙施工工艺流程

加气混凝土板隔墙施工宜按下列工艺流程进行:

加气混凝土板隔墙施工顺序:墙位放线→立墙板→墙底缝隙灌填混凝土→批腻子嵌缝抹平。

(3) 钢网泡沫塑料夹心墙板(泰柏板)隔墙施工工艺流程

钢网泡沫塑料夹心墙板(泰柏板)隔墙施工宜按下列工艺流程进行:

弹线→安装泰柏板→嵌缝处理→隔墙抹灰。

4.1.3　板材隔墙工程施工要点

4.1.3.1　石膏空心条板隔墙施工要点

（1）墙位放线

按照设计图,在楼地面、主体结构墙上及楼板底面弹出隔墙中心等位线和边线,并弹出门窗开口线。

（2）立墙板

当无门洞时,应从一端向另一端安装;当有门洞时,应从门洞口处向两侧依次进行。

（3）墙底缝隙处理

墙板的固定一般常用下楔法,而上部的固定方法有两种:一种为软连接,另一种是直接顶在楼板或梁下,后一种方法因其施工简便,目前常用。即在板的顶面和侧面均匀涂抹水泥素浆胶粘剂,先推紧侧面,再将上部顶紧,板下 1/3 处垫入木楔,用靠尺检查垂直度和平整度合格后,下部灌填干硬性混凝土。墙板的空心部分可穿各种线路,板面上可固定电门、插销,可按需要钻成小孔等。

（4）嵌缝处理

纸面石膏板接缝的嵌缝处理见图 4.3 和表 4.1。

用小刀将嵌缝腻子均匀饱满地嵌入板缝,并在接缝处刮上腻子,随即把穿孔纸带贴上

(a)

用宽为150mm的刮刀将石膏腻子填满楔形边的部分

(b)

再用宽为300mm的刮刀,补一遍石膏腻子,宽约300mm,其厚度不超过石膏板面2mm,待腻子完全干燥后用手动或电动打磨器、2号砂布将嵌缝腻子磨平

(c)

用刨将平缝边缘刨成坡口,以刨刀将嵌缝腻子均匀饱满地嵌入板缝,并在接缝处上宽约60mm、厚约1mm的腻子,随即贴上穿孔纸带,用宽60mm的刮刀顺着穿孔纸带内的嵌缝腻子挤出穿孔纸带

(d)

用150mm宽的刮刀在穿孔纸带上覆盖一薄层腻子

(e)

用300mm宽的刮刀再补一遍腻子,其厚度不超过石膏板面2mm,用抹刀将边缘拉薄,待腻子完全干燥后,用手动或电动打磨器、2号砂布或砂纸打磨,嵌完的接缝平滑,中部略向两边倾斜

(f)

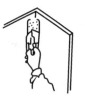

阳角嵌缝

将金属护角按所需长度切断,用12mm圆钉或阳角护角器固定在石膏板上

(g)

用嵌缝腻子将金属护角埋入腻子中,待完全干燥后(12h),用装有2号砂布的磨光器磨光即可

(h)

先将角缝填满嵌缝腻子,然后在内角两侧刮上腻子,贴上穿孔纸带,用滚抹压实纸带

(i)

用阴角抹子再加一薄层石膏腻子

(j)

干燥后用2号砂纸磨平

(k)

将石膏板插入槽内,并用镶边的短脚紧紧钳住,边上不需要再加钉

石膏板　　金属镶边

(l)

图 4.3　纸面石膏板接缝的嵌缝处理

表 4.1 石膏板嵌缝处理施工要点

嵌缝类型	施工要点	示意图
平面缝	① 清理接缝后用小刮刀将嵌缝石膏腻子均匀饱满地嵌入板缝,并在接缝处刮上宽约 60mm、厚约 1mm 的腻子。随即贴上穿孔纸带,用宽为 60mm 的腻子刮刀,顺着穿孔纸带方向,将纸带内的腻子挤出穿孔纸带,并刮平、刮实,不得留有气泡; ② 用宽为 150mm 的刮刀将石膏腻子填满宽约 150mm 的带状接缝部分; ③ 再用宽约 300mm 的刮刀补一道石膏腻子,其厚度不得超过纸面石膏板面 2mm; ④ 待腻子完全干燥后(约 12h),用 2 号砂布或砂纸打磨平滑,中部可略微凸起并向两边平滑过渡	做法参见图 4.3(a)、(b)、(c)、(d)、(e)、(f)
阳角缝	① 将金属护角用 12mm 的圆钉固定在纸面石膏板上; ② 用石膏嵌缝腻子将金属护角埋入腻子中,并压平、压实	做法参见图 4.3(g)、(h)
阴角缝	① 先用嵌缝石膏腻子将缝隙填满,然后在阴角两侧刮上腻子,在腻子上贴穿孔纸带,并压实; ② 用阴角抹子再于穿孔纸带上加一层腻子; ③ 腻子干燥后,处理平滑。 相关做法和腻子带宽窄、厚度可参考前面平面缝的嵌缝做法	做法参见图 4.3(i)、(j)、(k)
膨胀缝	① 先在膨胀缝中装填绝缘材料(纤维状或泡沫状的保温、隔声材料),并且要求其不超出龙骨骨架的平面; ② 用弹性建筑密封膏填平膨胀缝。如果加装盖缝板,则可以填满并凸起一些,然后将盖缝板盖于膨胀缝处,再用螺钉将盖缝板在膨胀缝的一边固定(注意:另一边不要固定,以备将来膨胀或收缩产生位移)	
金属镶边	将石膏板插入槽内,并用镶边的短脚紧紧钳住,边上不需要再加钉	做法参见图 4.3(l)

4.1.3.2 加气混凝土板隔墙施工要点

(1)墙板的布置形式

加气混凝土墙板由于具有良好的综合性能,因此目前常被应用于各种建筑的外墙。加气混凝土板自重小,节省水泥,运输方便,施工操作简单,可锯、可刨、可钉。加气混凝土墙板的平面排列见图 4.4。

① 以竖向墙板为主的布置形式与施工

当建筑物的开间(或柱距)尺寸较大(超过 6m),门窗洞口的形式较为复杂时,一般多采用竖向外墙板的布置形式(参见图 4.4),并且通过在两板之间的板槽内插筋灌砂浆来实现其与上下楼板、梁、钢筋混凝土圈梁的连接。

建筑中采用竖向墙板为主的布置形式,在设计中,应主要考虑窗间墙,山墙尽可能符合600mm 的外墙板的板宽度模数。至于窗过梁,一般为横向放置,窗坎墙横向、竖向放置均可。这种竖向布置形式的优点是应用灵活,缺点是吊装次数较多,灌缝次数较多,而且施工不便,效率较低。

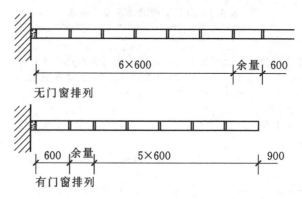

图 4.4　加气混凝土墙板的平面排列

根据设计的布置,画出墙板的安装位置线,并标出门窗的位置。采用单板逐次或双板、多板(预先在地面上粘结好)吊装到所要放置的位置,连接钢筋,灌注砂浆。吊装窗过梁和窗坎墙到预定的位置(必要时要设置支撑),并连接钢筋,灌注砂浆。

② 以横向墙板为主的布置形式与施工

建筑中采用横向墙板为主的布置形式,比较适用于门窗洞口较简单、窗间墙较少或没有窗间墙的建筑。在设计中应注意到符合横向外墙板的规格,特别是宽度较大的,例如 6m 宽的横向外墙板,分布钢筋较多,应尽量避免进行较多的纵向切锯等加工。

这种横向布置的优点是应用灵活,板缝施工较竖向布置易保证质量;缺点是吊装次数较多。根据设计的布置,画出墙板所要安装的位置。采用单板逐次或双板、多板(预先在地面上粘结好)吊装到所要安装的位置,并连接钢筋和灌注砂浆。

(2)隔墙板的平面排列与隔墙构造

① 隔墙为无门窗布置的,且隔墙的宽度与每块板宽度之和不相符时,应当将“余量”安排在靠墙或靠柱那块板的一侧。

② 加气混凝土隔墙一般采用竖直安装法,其连接固定有刚性连接和柔性连接两种方法。柔性连接是在板的上端与结构底面垫弹性材料的做法,但在实际施工中,较多采用刚性连接法,其做法是先做室内地面,将板就位后,上端铺粘结砂浆,然后在板的两侧对打木楔,使板上端与结构层顶紧,并在板下端的木楔间塞填豆石混凝土,待混凝土硬固后取出木楔,最后再做室内地坪,见图 4.5 和图 4.6。

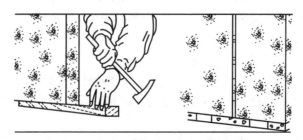

图 4.5　加气混凝土隔墙板下端做法

③ 隔墙的转角连接主要有丁字连接和转角连接,连接固定主要用粘结砂浆和斜向钉入镀锌圆钉或经防锈处理的钢筋,窗钉间距为 700～800mm,如图 4.7 所示。

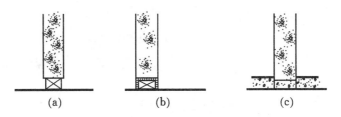

图 4.6　板下端做法

（a）板下木楔固定剖面细部；（b）木楔空隙塞填细石混凝土；（c）细石混凝土凝固后取出土楔做地面

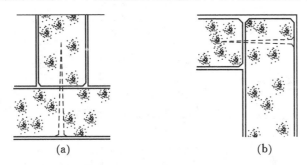

图 4.7　隔墙转角连接方式

（a）丁字连接；（b）转角连接

（3）拼装外墙大板

由于竖向外墙板（或横向外墙板）较窄，故吊装次数较多，为了避免这些缺点，近些年国外已经采取将单板在工厂或现场拼装成比较大型的板材之后再吊装。目前较多的是采用在工地现场拼装的方式，应按设计要求确定拼装外墙大板的规格板型。由于安装部位不同，其构造连接方式也不同。

① 竖向外墙板为主的拼装大板

采用侧拼法，即依靠板的自重，使板间粘牢，然后在板侧灌浆插钢筋，待砂浆达到一定强度后将大板翻转 90°。其优点是工艺简单，亦可重叠拼装，占地较少。

② 横向外墙板为主的拼装大板

该种拼装形式适用于开间、窗户洞口比较单一的设计。但是垂直方向穿钢筋，板侧需打孔（一般应由工厂制作时预留），但不易保证质量，故比较适合于在工厂拼装。此种形式的大板一般可不在侧向打斜孔插钢筋。其优点是粘结后，大板不必翻转，也不必等到粘结剂达到一定强度后再吊装，只要拼装完毕后将板内附加钢筋端头螺栓拧紧，即可吊离拼装架，拼装工艺简单，施工方便，效率较高。

4.1.3.3　钢网泡沫塑料夹心墙板（泰柏板）隔墙施工要点

（1）弹线

安装时，先按设计图弹隔墙位置线，然后用线坠引至墙面及楼顶板。

（2）安装泰柏板

将裁好的隔墙板按弹线位置放好，板与板拼缝用配套箍码连接，再用铅丝绑扎牢固；泰柏板隔墙必须使用配套的连接件进行连接固定。

（3）嵌缝处理

隔墙板之间的所有拼缝须用联结网或"之"字条覆盖。隔墙的阴角、阳角和门窗洞口等也须采取补强措施。阴阳角用网补强,门窗洞口用"之"字条补强,隔墙连接做法见图4.8。

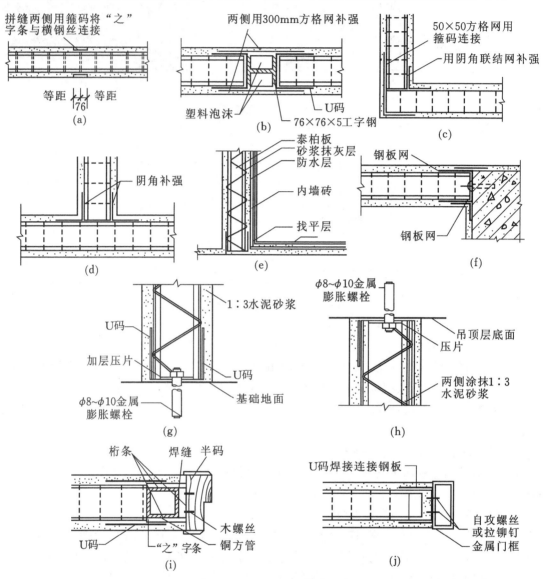

图 4.8　隔墙连接做法

(a) 隔墙拼缝连接;(b) 型材连接;(c) 转角连接;(d) 丁字连接;(e) 厨房、卫生间防水处理;

(f) 隔墙与实体墙连接;(g) 隔墙下部连接;(h) 隔墙顶部连接;(i) 隔墙与木门窗框连接;(j) 隔墙与金属门框连接

（4）隔墙抹灰

泰柏板隔墙安装完成后应按设计要求进行抹灰。抹完砂浆后其厚度应控制在 100mm 左右。

4.1.4　板材隔墙工程施工质量验收

（1）主控项目

① 隔墙板材的品种、规格、颜色和性能应符合设计要求。有隔声、隔热、阻燃和防潮等特殊要求的工程,板材应有相应性能等级的检验报告。

检验方法：观察；检查产品合格证书、进场验收记录和性能检验报告。

② 安装隔墙板材所需预埋件、连接件的位置、数量及连接方法应符合设计要求。

检验方法：观察；尺量检查；检查隐蔽工程验收记录。

③ 隔墙板材安装应牢固。

检验方法：观察；手扳检查。

④ 隔墙板材所用接缝材料的品种及接缝方法应符合设计要求。

检验方法：观察；检查产品合格证书和施工记录。

⑤ 隔墙板材安装应位置正确，板材不应有裂缝或缺损。

检验方法：观察；尺量检查。

（2）一般项目

① 板材隔墙表面应光洁、平顺，色泽一致，接缝应均匀、顺直。

检验方法：观察；手摸检查。

② 隔墙上的孔洞、槽、盒应位置正确，套割方正，边缘整齐。

检验方法：观察。

③ 板材隔墙安装的允许偏差和检验方法应符合表4.2的规定。

表 4.2　板材隔墙安装的允许偏差和检验方法

项次	项目	允许偏差（mm）				检验方法
		复合轻质墙板		石膏空心板	增强水泥板、混凝土轻质板	
		金属夹心板	其他复合板			
1	立面垂直度	2	3	3	3	用2m垂直检测尺检查
2	表面平整度	2	3	3	3	用2m靠尺和塞尺检查
3	阴阳角方正	3	3	3	4	用200mm直角检测尺检查
4	接缝高低差	1	2	2	3	用钢直尺和塞尺检查

4.2　骨架隔墙工程施工

骨架隔墙是指在隔墙龙骨两侧安装墙面板形成墙体的轻质隔墙，骨架中可根据设计要求填充隔声或保温材料、安装设备管线等。隔墙龙骨常用的有轻钢龙骨、其他金属龙骨，以及木龙骨；墙面板常用的有纸面石膏板、人造木板、防火板、金属板、水泥纤维板以及塑料板等。

4.2.1　骨架隔墙工程施工准备

（1）施工材料

① 各类龙骨、配件和罩面板材料以及胶粘剂的材质均应符合现行国家标准和行业标准的规定。木龙骨应干燥，其规格应符合设计要求。

② 轻钢龙骨主件：包括沿顶地龙骨、加强龙骨、竖向龙骨、横撑龙骨等，其规格、型号、表面处理等应符合设计和相关标准的要求，龙骨应有产品质量合格证。龙骨外观应表面平整，棱角挺直，过渡角及切边不允许有裂口和毛刺，表面不得有严重的污染、腐蚀和机械损伤。隔墙龙

骨一般为 C 型系列,以 C50 居多,可用于层高 3.5m 以下的隔墙;C75 系列可用于层高 3.5～6m 的隔墙;C100 系列可用于层高 6m 以上的隔墙。

③ 轻钢骨架配件:包括支撑卡、卡托、角托、连接件、固定件、护墙龙骨和压条等附件,应符合设计和相关标准的要求。

④ 紧固材料:射钉、拉锚钉、膨胀螺栓、镀锌自攻螺钉、木螺钉和粘贴、嵌缝材料应符合设计和相关标准的要求。9.5mm 厚石膏板用 25mm 长螺钉,两层 12mm 厚石膏板用 35mm 长螺钉。

⑤ 填充材料:玻璃棉、岩棉等应符合设计和相关标准的要求。

⑥ 饰面板:包括纸面石膏板、人造木板、水泥纤维板等。饰面板应根据设计要求选用。石膏板表面应平整,边沿应整齐,不应有污垢、裂纹、缺角、翘曲、起皮、色差和图案不完整等缺陷;石膏板场外运输宜采用车厢宽度大于 2m、长度大于板长的车辆;装车时应将两块板正面朝里、成对码放,板间不得夹有杂物,堆置高度不大于 1m,防止碰撞损伤;堆放时应选择平坦的场地搭设平台,距地面空间不小于 30mm,或在地面上放置方木垫块,其间距不大于 60cm,要有防潮防雨措施。

⑦ 嵌缝材料:包括嵌缝腻子、玻璃纤维布、接缝纸带、胶粘剂。嵌缝腻子的抗压强度大于3.0MPa,抗折强度大于 1.5MPa,终凝时间大于 0.5h。

(2) 施工工具、机具

轻钢龙骨纸面石膏板隔墙施工的常用工具和机具有电圆锯、角磨机、电锤、电锯、手电钻、电焊机、砂轮切割机、拉铆枪、手锯、铝合金靠尺、水平尺、扳手、卷尺、线坠、拖线板、胶钳、锤、螺丝刀、钢尺、钢水平尺、铅垂、线斗和墨斗等。

(3) 作业条件

① 主体结构已验收,屋面已做完防水层,顶棚、墙体抹灰已完成。

② 基底含水率已达到装饰要求,并经有关单位、部门验收合格,办理完工种交接手续。

③ 如设计了地枕,地枕应达到设计强度后方可在上面进行隔墙龙骨安装。

④ 各种系统的管、线安装及其他准备工作已到位,电器配件应嵌装牢固。

⑤ 编制轻钢骨架人造板隔墙工程施工方案,并对工人进行技术及安全交底。

4.2.2　骨架隔墙工程施工工艺流程

这里主要介绍轻钢龙骨纸面石膏板隔墙和木骨架轻质罩面板隔墙施工。轻钢龙骨纸面石膏板隔墙是以薄壁轻钢龙骨为支撑骨架,在支撑骨架上安装纸面石膏板而构成,如图 4.9 所示。木骨架轻质罩面板隔墙是以一定规格的木楞为支撑骨架,在支撑骨架上安装轻质罩面板而构成。

(1) 轻钢龙骨纸面石膏板隔墙施工工艺流程

轻钢龙骨纸面石膏板隔墙施工宜按下列工艺流程进行:

墙位放线→墙基(导墙)施工→安装沿地、沿顶、沿墙龙骨→安装竖向龙骨、横撑龙骨或贯通龙骨→粘钉一面石膏板→水暖、电气钻孔,下管穿线→填充隔声保温材料→安装门窗框→粘钉另一面石膏板→两面再粘钉另外两层石膏板(仅对四层石膏板墙)→板缝处理→安装水暖、电气设备预埋件的连接固定件→饰面装修→安装踢脚板。

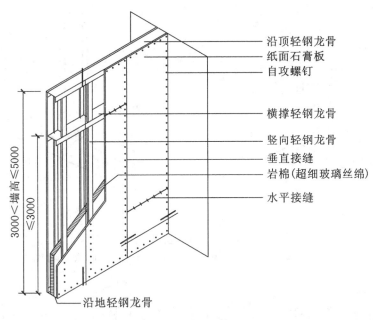

各标注文字：
沿顶轻钢龙骨
纸面石膏板
自攻螺钉
横撑轻钢龙骨
竖向轻钢龙骨
垂直接缝
岩棉(超细玻璃丝绵)
水平接缝
沿地轻钢龙骨
3000<墙高≤5000
≤3000

图4.9　轻钢龙骨石膏板隔墙示意图

（2）木骨架轻质罩面板隔墙施工工艺流程

木骨架轻质罩面板隔墙施工宜按下列工艺流程进行：

墙位放线→墙基(导墙)施工→安装沿地、沿顶、沿墙龙骨→安装竖向龙骨、横撑龙骨→防火处理→粘钉一面罩面板→水暖、电气钻孔,下管穿线→填充隔声保温材料→安装门窗框→粘钉另一面罩面板→板缝处理→安装水暖、电气设备预埋件的连接固定件→饰面装修→安装踢脚板。

4.2.3　骨架隔墙工程施工要点

1）轻钢龙骨纸面石膏板隔墙施工

（1）墙位放线

施工时先弹出轻钢龙骨隔墙的水平位置线和竖向垂直线。在墙体厚度中心线上标出龙骨与墙地面线连接处的固定点,固定点按 500～1000mm 的间距来定,固定点应与竖向龙骨的安装位置错开,并在位置线上标出隔墙上门窗的位置。

轻钢龙骨纸面
石膏板隔墙施工

（2）安装沿地、沿顶及沿墙龙骨

沿弹线位置固定沿顶、沿地、沿墙龙骨,可用射钉与混凝土基体固定,砖砌墙、柱体应采用膨胀螺栓固定。固定间距应不大于 1000mm,龙骨的端部必须固定牢固。边框龙骨与基体之间,应在龙骨接触面粘贴一根通长的橡胶密封条。如图4.10所示。

（3）安装竖向龙骨、横撑龙骨或贯通龙骨

安装竖向龙骨应垂直,龙骨间距按设计要求布置。设计无要求时,其间距可按板宽确定。竖向龙骨可采用焊接、连接件或自攻螺钉等连接方法与沿顶龙骨连接。安装后的竖向龙骨与沿顶、沿地龙骨应在同一个面上。如图4.11所示。

（4）石膏板安装

面板的固定根据龙骨的不同而异。轻钢龙骨石膏板隔墙用自攻螺钉或螺栓固定,螺钉长

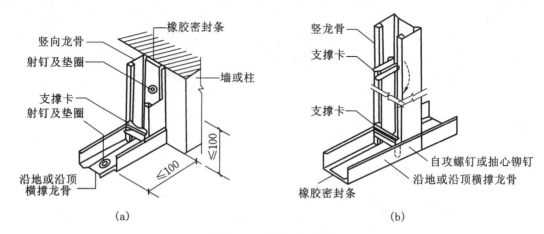

图 4.10　龙骨固定形式

(a) 沿地(顶)及沿墙(柱)龙骨的固定;(b) 竖龙骨与沿地(顶)横龙骨的固定

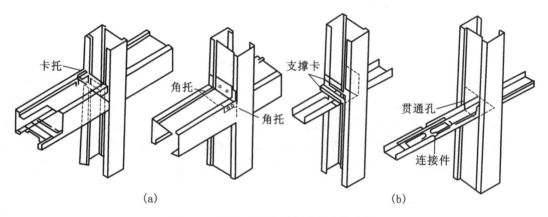

图 4.11　竖向龙骨与贯通横撑龙骨连接

(a) 竖向龙骨与竖向龙骨连接;(b) 贯通横撑龙骨安装

度和间距根据隔墙面积和厚度确定,一般为 200~500mm;固定后的螺钉头要沉入板面 2~3mm,但不得破坏面纸。墙面石膏板之间的接缝有暗缝、嵌缝和凹缝三种做法,如图 4.12、图 4.13 所示。

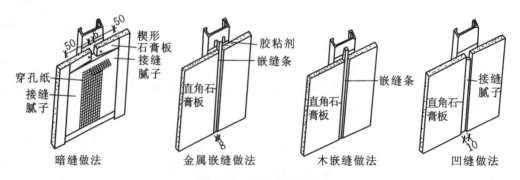

图 4.12　面板嵌缝做法

① 暗缝做法。在板与板的拼缝处,嵌专用胶液调配的石膏腻子与墙面找平,并贴上接缝纸带(5cm 宽),而后再用石膏腻子刮平。这种方法较为简单,板缝处有时会重新出现裂缝,一

般性普通工程较适用。注意选用有倒角的石膏板。

② 嵌缝做法。在接缝处压进木压条、金属压条或塑料压条，这样做对板缝处的开裂可起到掩饰作用，缝内嵌压缝条，装饰效果较好，适用于公共建筑，如宾馆、大礼堂、饭店等。注意选用无倒角的石膏板。

③ 凹缝做法。又称明缝做法，用特制工具（针锉和针锯）将板与板之间的立缝勾成凹缝。

（5）水暖及电器安装、保温隔声材料安装、门窗安装

水暖及电器安装、保温隔声材料安装、门窗安装均应按设计要求进行。施工完成后应组织试验和验收，并完善相关资料。

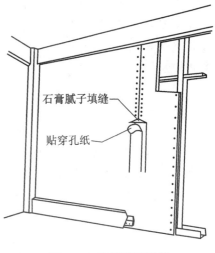

石膏腻子填缝

贴穿孔纸

图 4.13　石膏腻子填缝

2）木骨架轻质罩面板隔墙施工

木龙骨轻质隔墙分为独立的隔墙和靠建筑墙面的单面木墙两种，施工方法有所不同。

（1）防火处理

木骨架均需做防火处理，涂刷 2～3 遍防火漆或防火涂料，或按设计要求进行处理。

（2）靠建筑墙面的木墙身结构施工

木墙身结构通常用 25mm×30mm 的带凹槽木方作龙骨，木龙骨架可在地面上进行拼装。规格通常为 300mm×300mm 或 400mm×400mm 的方框架，可根据墙身的大小选择整体或分片固定在墙面上。用冲击钻在地上弹线的交叉点位置上钻孔，孔距 600mm 左右，深度不小于60mm，在钻出的孔中打入木楔。对校正好的木骨架进行固定，用垂线法和水平线检查、调整骨架的垂直度和平整度。木骨架与墙面间如有缝隙，应用木片或木块垫实。

将木夹板按色差进行挑选，在选好的木夹板正面四边宽约 3mm 处刨出 45°倒角；用枪钉把木夹板固定到木龙骨上，钉距约为 100mm，要把钉枪的嘴压在板上，使钉头埋入板内。

（3）独立木隔墙的施工

木隔墙分为全封隔墙、有门窗隔墙和隔断三种，其结构形式不尽相同。

大木方构架结构的木隔墙，通常用 50mm×80mm 或 50mm×100mm 的大木方作主框架，框体规格为 500mm×500mm 的方框架或 500mm×800mm 的长方框架，再用 4～5mm 厚的木夹板作基面板。

为了使木隔墙有一定的厚度，常用 25mm×30mm 带凹槽木方做成双层骨架的框体，每片规格为 300mm×300mm 或 400mm×400mm，间隔为 150mm，用木方横杆连接。

单层小木方构架常用 25mm×30mm 的带凹槽木方组装，框体 300mm×300mm，多用于3m 以下隔墙或隔断。

在需要固定木隔墙的地面和建筑墙面上弹出隔墙的边缘线和中心线，画出固定点的位置，间距 300～400mm，打孔深度在 45mm 左右，用膨胀螺栓固定。如用木楔固定，则孔深应不小于 50mm。

木骨架的固定通常是在沿墙、沿地和沿顶面处。对隔断来说，主要是靠地面和端头的建筑墙面固定。如端头无法固定，常用铁件来加固端头，加固部位主要是在地面与竖木方之间。对

于木隔墙的门框竖向木方,均应用铁件加固,否则会使木隔墙颤动、门框松动以及木隔墙松动。

如果隔墙的顶端不是建筑结构,而是吊顶,处理方法应视不同情况而定。对于无门隔墙,只需相接缝隙小,平直即可;对于有门的隔墙,考虑到门的启闭振动和人来人往的碰动,所以顶端必须加固,即隔墙的竖向龙骨应穿过吊顶面,再与建筑物的顶面进行固定,常用方法为将木方或角钢做成倒人字形,夹角以 60°为宜,固定于顶面上。

墙面木夹板的安装方式主要有明缝和拼缝两种。明缝固定是在两板之间留一条有一定宽度的缝,图纸无规定时,缝宽以 8~10mm 为宜;明缝如不加垫板,则应将木龙骨面刨光,明缝的上下宽度应一致,锯割木夹板时,应用靠尺来保证锯口的平直度与尺寸的准确性,并用 0 号砂纸修边。拼缝固定时,要对木夹板正面四边进行倒角处理(45°×3mm),以使板缝平整。

木隔墙中的门框是以门洞两侧的竖向木方为基体,配以挡位框、饰边板或饰边线条组合而成;大木方骨架隔墙门洞竖向木方较大,其挡位框可直接固定在竖向木方上;对于小木方双层构架的隔墙,因其木方小,应先在门洞内侧钉上厚夹板或实木板之后,再固定挡位框。

木隔墙中的窗框是在制作时预留的,然后用木夹板和木线条进行压边定位;隔断墙的窗也分为固定窗和活动窗,固定窗是用木压条把玻璃板固定在窗框中,活动窗与普通活动窗一样。

4.2.4　骨架隔墙工程施工质量验收

(1) 主控项目

① 骨架隔墙所用龙骨、配件、墙面板、填充材料及嵌缝材料的品种、规格、性能和木材的含水率应符合设计要求。有隔声、隔热、阻燃和防潮等特殊要求的工程,材料应有相应性能等级的检验报告。

检验方法:观察;检查产品合格证书、进场验收记录、性能检验报告和复验报告。

② 骨架隔墙地梁所用材料、尺寸及位置等应符合设计要求。骨架隔墙的沿地、沿顶及边框龙骨应与基体结构连接牢固。

检验方法:手扳检查;尺量检查;检查隐蔽工程验收记录。

③ 骨架隔墙中龙骨间距和构造连接方法应符合设计要求。骨架内设备管线的安装、门窗洞口等部位加强龙骨的安装应牢固、位置正确。填充材料的品种、厚度及设置应符合设计要求。

检验方法:检查隐蔽工程验收记录。

④ 木龙骨及木墙面板的防火和防腐处理应符合设计要求。

检验方法:检查隐蔽工程验收记录。

⑤ 骨架隔墙的墙面板应安装牢固,无脱层、翘曲、折裂及缺损。

检验方法:观察;手扳检查。

⑥ 墙面板所用接缝材料的接缝方法应符合设计要求。

检验方法:观察。

(2) 一般项目

① 骨架隔墙表面应平整光滑、色泽一致、洁净、无裂缝,接缝应均匀、顺直。

检验方法:观察;手摸检查。

② 骨架隔墙上的孔洞、槽、盒应位置正确,套割吻合,边缘整齐。

检验方法:观察。

③ 骨架隔墙内的填充材料应干燥,填充应密实、均匀、无下坠。

检验方法:轻敲检查;检查隐蔽工程验收记录。

④ 骨架隔墙安装的允许偏差和检验方法应符合表 4.3 的规定。

表 4.3　骨架隔墙安装的允许偏差和检验方法

项次	项目	允许偏差(mm)		检验方法
		纸面石膏板	人造木板、水泥纤维板	
1	立面垂直度	3	4	用 2m 垂直检测尺检查
2	表面平整度	3	3	用 2m 靠尺和塞尺检查
3	阴阳角方正	3	3	用 200mm 直角检测尺检查
4	接缝直线度	—	3	拉 5m 线,不足 5m 拉通线,用钢直尺检查
5	压条直线度	—	3	拉 5m 线,不足 5m 拉通线,用钢直尺检查
6	接缝高低差	1	1	用钢直尺和塞尺检查

4.3　活动隔墙工程施工

活动隔墙是指推拉式活动隔墙、可拆装的活动隔墙等。这一类隔墙大多使用成品板材及其金属框架、附件在现场组装而成,金属框架及饰面板一般无须再做饰面层。也有一些活动隔墙不需要金属框架,完全使用半成品板材在现场加工制作成活动隔墙。

4.3.1　活动隔墙工程施工准备

(1)施工材料

① 钢材:目前使用 Q235 钢材,钢材应有产品质量合格证书,并进行防锈处理。外观应表面平整,棱角挺直,过渡角及切边不允许有裂口。

② 铝制路轨标准材质应为 6063—T6 、7050—T6 、7075—T6,符合现行国家标准《铝及铝合金挤压型材尺寸偏差》(GB/T 14846—2014)之精密型材规定。

③ 紧固材料:射钉、膨胀螺栓、镀锌自攻螺丝(12mm 厚石膏板用 25mm 长螺丝,两层12mm 厚石膏板用 35mm 长螺丝)、木螺钉等,应符合设计要求。

④ 隔墙材料在运输和安装时,不得抛摔碰撞,铝料需分类包装,防止变形和划伤。面板在运输和安装时,不得损坏、擦伤和碰撞,运输时应注意采取措施防止受潮变形。

(2)施工工具、机具

活动隔墙工程施工的常用的工具有:电焊机、电动切割锯、切割机、手枪机、手提磨机、电钻、电锤、直立型线锯、水准仪、扳手、螺丝刀、锤子、线坠、2m 靠尺、墨斗、铅笔、工作台、水平尺、钢尺等。

(3)作业条件

① 室内墙顶地的做法已确定,并已完成相应的工序,经验收合格,使活动隔断的安装与其他装饰工序相互不影响。

② 室内已弹好水平控制线,地面及顶棚标高已确定。

③ 活动隔墙安装所需的预埋件已安装完成,经检查符合要求。

4.3.2　活动隔墙工程施工工艺流程

活动隔墙工程施工宜按下列工艺流程进行:

现场定位→钢架的安装→屏风生产、路轨的安装、路轨的调整→屏风的安装→屏风的调整→清洁→交验。

4.3.3　活动隔墙工程施工要点

(1)现场定位

根据双方已经确认的图纸及现场实际情况,按照屏风走向、摆放的形式在相应的位置放线,以确认钢结构的做法。

(2)钢结构的安装

① 钢结构高度的确定及安装:道轨下表面应比天花板下表面低 5mm;道轨丝杆距道轨上表面的经验数据应在 150~250mm 之间;减除道轨的高度和道轨丝杆长度的尺寸后,剩下的留空尺寸就是钢结构的安装尺寸,钢结构应按现场实际进行安装。

② 普通钢结构的做法如图 4.14 所示。

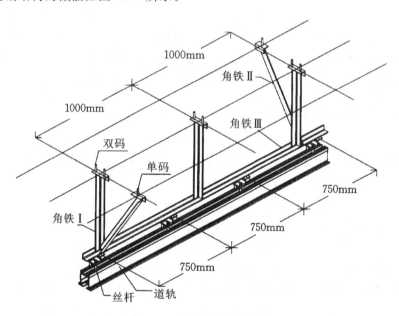

图 4.14　普通钢结构的做法

③ 先将双码、单码按 1000mm 码距沿道轨走向,用膨胀螺栓固定在天花板底,角铁Ⅰ按尺寸裁好垂直焊接在双码上,然后将角铁Ⅱ的两端用大力钳固定在角铁Ⅰ的下端,做适当的调整后依次序将角铁Ⅰ与角铁Ⅱ分别焊牢。

④ 把角铁Ⅱ按图焊接在单码上,然后用大力钳分别固定角铁Ⅰ、角铁Ⅲ,调整角铁Ⅱ到适当的位置后,焊接角铁Ⅰ、角铁Ⅲ。

⑤ 钢结构焊接安装过程中,一定要使用拉绳、水平尺等方法对钢结构的水平进行大致的调整。特殊的钢结构要视现场的实际情况而定。

（3）路轨的安装

① 利用上部钢结构,安装调节丝杆,直径 14mm,长度不大于 200mm,每根丝杆上安装直径 14mm 的螺母 4 个,标准短角铁上面使用平垫和弹垫,路轨上部同样添加平垫和弹垫。如果使用的螺母底部有螺纹,可防止松动,则不需要添加平垫和弹垫。

② 安装路轨至要求高度,调节水平后进行紧固,每个接口处使用驳针和四方铁板进行加强,连接每个转弯驳口处要求至少 2 处有调节丝杆。

（4）道轨的调整

道轨装好后,调节道轨走向水平和横向水平。通过不断调节六角螺母使道轨达到水平,然后把六角螺母往上旋紧丝杆双码。用水平尺在每段道轨上测三点(两端、中间),水平误差不超过 1mm/m。

（5）屏风的安装

把吊轮旋进屏风的轮座,锁紧螺母要处在松动位置。拆下"生口",从预留的位置把屏风(吊轮)装到直轨上,先装波胶板,再装普通板(包括门中门),最后装伸缩板。为确保屏风的使用顺畅,在道轨上适量地添加润滑油。

（6）屏风的调整

调整屏风位置、垂直度。重新把"生口"装好,把所有屏风拉出并排好,调节吊轮的螺栓,使屏风的上铝框面到道轨下表面达到规定尺寸,并且使屏风达到垂直度。检测的方法:用细绳吊线坠固定在适当处(如细绳贴着边框),调节垂直度。确定调节好后,将锁紧螺母往下旋,迫紧轮座。

（7）清洁

将表板上保护胶膜撕下,清扫垃圾,回收所有废料并运离工地现场,擦拭有手纹或灰尘的表板,施工完成。

4.3.4　活动隔墙工程施工质量验收

（1）主控项目

① 活动隔墙所用墙板、道轨、配件等材料的品种、规格、性能和人造木板甲醛释放量、燃烧性能应符合设计要求。

检验方法:观察;检查产品合格证书、进场验收记录、性能检验报告和复验报告。

② 活动隔墙道轨应与基体结构连接牢固,并应位置正确。

检验方法:尺量检查;手扳检查。

③ 活动隔墙用于组装、推拉和制动的构配件应安装牢固、位置正确,推拉应安全、平稳、灵活。

检验方法:尺量检查;手扳检查;推拉检查。

④ 活动隔墙的组合方式、安装方法应符合设计要求。

检验方法:观察。

（2）一般项目

① 活动隔墙表面应色泽一致、平整光滑、洁净,线条应顺直、清晰。

检验方法:观察;手摸检查。

② 活动隔墙上的孔洞、槽、盒应位置正确,套割吻合,边缘整齐。

检验方法:观察;尺量检查。

③ 活动隔墙推拉应无噪声。

检验方法:推拉检查。

④ 活动隔墙安装的允许偏差和检验方法应符合表4.4的规定。

表 4.4　活动隔墙安装的允许偏差和检验方法

项次	项目	允许偏差(mm)	检验方法
1	立面垂直度	3	用2m垂直检测尺检查
2	表面平整度	2	用2m靠尺和塞尺检查
3	接缝直线度	3	拉5m线,不足5m拉通线,用钢直尺检查
4	接缝高低差	2	用钢直尺和塞尺检查
5	接缝宽度	2	用钢直尺检查

4.4　玻璃隔墙工程施工

玻璃隔墙又称为玻璃隔断,其主要作用就是使用玻璃作为隔墙,将空间根据需求划分,更加合理地利用好空间,满足各种居家和办公用途。

玻璃隔墙是以玻璃为主要板材,常用的品种有平板玻璃、磨砂玻璃、压花玻璃和彩色玻璃等。玻璃板隔墙主要用骨架材料来固定和镶装玻璃。玻璃板按骨架材料一般可分为木骨架和金属骨架两种类型,按玻璃所占比例又可分为半玻型和全玻型。这种隔墙视线非常流畅,能创造出特有的内部空间。

4.4.1　玻璃隔墙工程施工准备

1) 玻璃隔墙工程施工材料

(1) 玻璃板隔墙

① 平板玻璃:玻璃的厚度、边长应符合设计要求,表面无划痕、气泡和斑点等缺陷,也不得有裂缝、缺角、爆边等缺陷。玻璃板隔墙中常用的玻璃应分别符合现行国家标准《平板玻璃》(GB 11614—2009)、《钢化玻璃　第2部分:建筑用安全玻璃》(GB 15763.2—2005)、《压花玻璃》(JC/T 511—2002)、《夹丝玻璃》(JC 433—1991)、《夹层玻璃　第3部分:建筑用安全玻璃》(GB 15763.3—2009)、《中空玻璃》(GB/T 11944—2012)等有关规定。

② 玻璃支撑骨架:包括金属材料和木材,目前最常用的是建筑轻钢骨架,其技术性能应符合《建筑用轻钢龙骨》(GB/T 11981—2008)中的要求。

③ 玻璃连接件和转接件:产品进场时应提供产品合格证。产品的外观应平整,不得有裂纹、毛刺、凹坑、变形等缺陷。当采用碳素钢制作的产品时,其表面应进行热浸镀锌处理。

(2) 玻璃砖隔墙

① 玻璃空心砖:玻璃空心砖应透光不透明,具有良好的隔声效果,其产品主要规格及性能如表4.5所列。玻璃空心砖的质量要求为棱角整齐、规格相同、对角线基本一致、表面无裂痕和磕碰。

表 4.5 玻璃空心砖主要规格及性能

规格(mm)			抗压强度 (MPa)	热导率 [W/(m²·K)]	重量 (kg/块)	隔声性能 (dB)	透光率 (%)
长度	宽度	高度					
190	190	80	6.0	2.35	2.40	40	81
240	115	80	4.8	2.50	2.10	45	77
240	240	80	6.0	2.30	4.00	40	85
300	90	100	6.0	2.55	2.40	45	77
300	190	100	6.0	2.50	4.50	45	81
300	300	100	7.5	2.50	6.70	45	85

② 金属型材:用于 80mm 厚的玻璃空心砖的金属型材框,其最小截面应为 90mm×50mm×3.0mm;用于 100mm 厚的玻璃空心砖的金属型材框,其最小截面应为 108mm×50mm×3.0mm。

③ 水泥:应当采用硅酸盐白色水泥,水泥强度等级应不低于 42.5MPa。

④ 砂子:配制砌筑砂浆用的河砂,砂子粒径不得大于 3mm;配制勾缝砂浆用的河砂,砂子粒径不得大于 1mm;配制砌筑砂浆所用河砂的质量应符合现行国家标准《建设用砂》(GB/T 14684—2011)中的规定,不得含泥及其他颜色的杂质;玻璃砖隔墙所用的砌筑砂浆强度等级应为 M5,勾缝砂浆的水泥与河砂的配比应为 1∶1。

⑤ 掺合料:玻璃砖隔墙所用生石灰粉的质量应符合现行行业标准《建筑生石灰粉》(JC/T 480—2013)中的规定。

⑥ 胶粘剂:玻璃砖隔墙所用胶粘剂的质量应符合国家现行相关技术标准的规定。

⑦ 钢筋:用于玻璃砖隔墙的钢筋,应采用 HPB235 级钢筋,其质量应符合现行国家标准《钢筋混凝土用钢 第 1 部分:热轧光圆钢筋》(GB 1499.1—2017)中的规定。

2) 施工工具、机具

(1) 玻璃板隔墙施工

玻璃板隔墙施工常用工具和机具有:工作台、玻璃刀、玻璃吸盘器、直尺、1m 长折尺、粉线包、钢丝钳、毛笔、刨刀、电焊机、冲击电钻、切割机、手枪钻、水平尺、注胶枪等。

(2) 玻璃砖隔墙施工

玻璃砖隔墙施工常用工具和机具有大铲、托线板、线坠、钢卷尺、铁水平尺、皮数杆、小水桶、存灰槽、橡皮锤、笤帚、透明塑料胶带条、电钻、水平尺、靠尺、橡胶榔头等。

3) 作业条件

(1) 玻璃板隔墙施工

① 与玻璃板隔墙相连接的建筑墙面的侧面,已按照设计和施工要求进行修整,垂直度完全符合玻璃砖(板)隔墙施工要求。

② 玻璃板隔墙砌体中埋设的拉结筋、木砖已进行隐蔽工程验收。

(2) 玻璃砖隔墙施工

① 根据玻璃砖的排列已将基础底脚做好,底脚的通常厚度为 40mm 或 70mm,即略小于玻璃砖的厚度。

② 与玻璃砖隔墙相连接的建筑墙面的侧面,已按照设计和施工要求进行修整,垂直度完全符合玻璃砖隔墙施工要求。

③ 玻璃砖隔墙砌体中埋设的拉结筋、木砖已进行隐蔽工程验收。

4.4.2　玻璃隔墙工程施工工艺流程

(1) 玻璃板隔墙施工工艺流程

玻璃板隔墙施工宜按下列工艺流程进行:

弹线放样→木龙骨或金属龙骨下料组装→固定框架→安装玻璃→缝隙注胶→清理墙面。

(2) 玻璃砖隔墙施工工艺流程

玻璃砖隔墙施工宜按下列工艺流程进行:

墙位放线→选砖→基层处理→排砖→砌玻璃砖→勾缝→封口与收边。

4.4.3　玻璃隔墙工程施工要点

4.4.3.1　玻璃板隔墙施工要点

(1) 弹线放样

先按照图纸弹出玻璃板隔墙的地面位置线,再用垂直法弹出墙(柱)上的位置线、高度线和沿顶位置线。墙位放线应清晰,位置应准确。隔墙的基层应平整、牢固。

(2) 木龙骨或金属龙骨下料组装

按照施工图尺寸和实际情况,用专业工具对木龙骨或金属龙骨进行切割与组装。

(3) 固定框架

木质框架与墙和地面的固定,可通过预埋木砖或安装木楔使框架与之固定。铝合金框架与墙和地面的固定,可通过铁脚件完成。固定金属型材框架用的镀锌膨胀螺栓直径不得小于8mm,间距不得大于500mm。

(4) 安装玻璃及固定压条

用玻璃吸盘把玻璃吸牢,并将玻璃插入框架的上框槽口内,然后轻轻地落下,放入下框槽口内。如果为多块玻璃组装,玻璃之间接缝时应留 2～3mm 缝隙,或留出与玻璃肋厚度相同的缝,防止玻璃由于热胀冷缩而开裂。

① 玻璃板与木基架的安装固定

玻璃板与木基架安装时应符合下列要求:用木框安装玻璃板时,在木框上要裁口或挖槽,校正好木框内侧后定出玻璃安装的位置线,并固定好玻璃板靠位线条,木框内玻璃安装方式如图 4.15 所示;把玻璃装入木框内,其两侧距木框的缝隙应相等,并在缝隙中注入玻璃胶,然后钉上固定压条,固定压条宜用钉枪钉;对于面积较大的玻璃板,安装时应用玻璃吸盘将玻璃提起来安装,大面积玻璃用吸盘安装,如图 4.16 所示。

② 玻璃板与金属方框架的安装固定

玻璃板与金属方框架的安装固定应符合下列要求:玻璃板与金属方框架安装时,先要安装玻璃靠位线条,靠位线条可以是金属角线或金属槽线,固定靠位线条通常采用自攻螺钉;根据金属框架的尺寸裁割玻璃,玻璃与金属框架的结合不宜太紧密,应当按小于金属框架 3～5mm 的尺寸裁割玻璃;在玻璃安装前,应在框架下部的玻璃放置面上涂一层 2mm 厚的玻璃胶,玻璃靠位线条及底边涂玻璃胶,如图 4.17 所示;玻璃安装后,玻璃的底边就压在玻璃胶层上;也可放置一层橡胶垫,玻璃安装后,底边就压在橡胶垫上;把玻璃放入金属方框内,并靠在靠位线条上。如果玻璃面积比较大,应用玻璃吸盘器安装。玻璃板距两侧的缝隙应相等,并在缝隙中注入玻璃胶,然后安装封边压条。

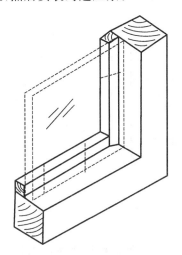 

图 4.15 木框内玻璃安装方式　　　　图 4.16 大面积玻璃用吸盘安装

　　如果封边压条是金属槽条,且要求不得直接用自攻螺钉固定时,可先在金属框上固定木条,然后在木条上涂环氧树脂胶(万能胶),把不锈钢槽条或铝合金槽条卡在木条上。如果无特殊要求,可用自攻螺钉直接将压条固定在框架上,常用的自攻螺钉为 M4 或 M5。在进行安装时,先在槽条上打孔,然后通过此孔在框架上打孔。打孔的钻头直径要小于自攻螺钉直径(为 0.8mm)。当全部槽条的安装孔位都打好后,再进行玻璃的安装。金属框架上的玻璃安装如图 4.18 所示。

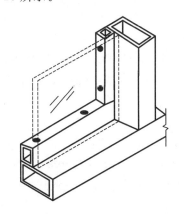 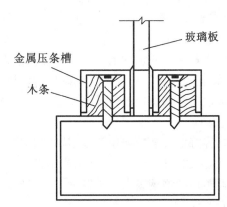

图 4.17 玻璃靠位线条及底边涂玻璃胶　　图 4.18 金属框架上的玻璃安装

　　③ 玻璃板与不锈钢圆柱框的安装固定

　　玻璃板与不锈钢圆柱框的安装固定应符合下列要求:

　　玻璃板四周是不锈钢槽,其两边为不锈钢圆柱,如图 4.19(a)所示;先在内径宽度略大于玻璃厚度的不锈钢槽上画线,并在角位处开出对角口,对角口用专用的剪刀剪出,并用什锦锉进行修边,使对角口合缝严密;在对好角位的不锈钢槽框两侧,相隔 200～300 mm 的间距钻孔。钻头直径要小于自攻螺钉直径(为 0.8mm),在不锈钢圆柱上面画出定位线和孔位线,并用同一钻头在不锈钢圆柱上的孔位处钻孔;用平头自攻螺钉把不锈钢槽框固定在不锈钢圆柱上。

玻璃板的两侧是不锈钢槽与柱,上下是不锈钢管,且玻璃的底边由不锈钢管托住,如图4.19(b)所示。这种组合形式的安装方法与以上基本相同。

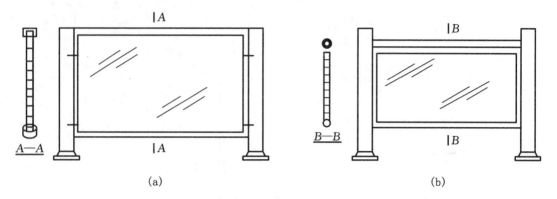

图 4.19　玻璃板与不锈钢圆柱的安装形式

(5)嵌缝打胶、清理墙面

玻璃就位后,应校正其平整度、垂直度,同时用聚苯乙烯泡沫条嵌入槽口内,使玻璃与金属沟槽结合平顺、紧密,然后在缝隙处打硅酮结构胶。当注入的结构胶具有一定强度后,应将玻璃表面的杂物清除干净。

4.4.3.2　玻璃砖隔墙施工要点

(1)弹线定位

按图在玻璃砖墙四周弹好垂直线,在地坪上弹玻璃砖墙位置线。

(2)选砖

挑选并比较每块玻璃砖的色泽深浅、尺寸大小,分开存放、铺贴,以免同片墙面上颜色不均,且要求表面无裂痕、无磕碰。

(3)基层处理

在要砌玻璃砖的地坪上清除表面浮灰或杂物,打扫干净,用素混凝土或垫木找平,并控制好标高,根据玻璃砖的排列做出基础底脚。底脚厚度通常为 40mm 或 70mm,即略小于玻璃砖厚度。玻璃砖隔墙相接的建筑墙面的侧边应整修平整、垂直。

(4)排砖

根据弹好的玻璃砖墙位置线,认真核对玻璃砖墙长度尺寸是否符合排砖模数。如不符合排砖模数,可调整砖墙两端的槽钢或木框的厚度及砖缝的厚度。砖墙两端调整的宽度以及砖墙两端调整后的槽钢或木框的宽度,应与砖墙上部槽钢调整后的宽度保持一致。

(5)砌砖

砌筑之前,应双面挂线。砌玻璃砖采用整跨度分皮立砌。应以 1.5m 作为一个施工段,待下部施工段胶结材料达到设计强度后再进行上部施工。首皮摺底玻璃砖要按弹好的墙线砌筑。在砌筑墙两端的第一块玻璃砖时,将玻璃纤维毡或聚苯乙烯放入两端的边框内,以起到缓冲和弹性的作用。玻璃纤维毡或聚苯乙烯随砌筑高度的增加而放置,一直到顶对接。

用配合比为 1∶1 的白水泥石英彩砂浆砌筑空心玻璃砖。面积过大时,玻璃砖墙皮与皮之间应放置 φ6 双排钢筋梯网,钢筋搭接位置选在玻璃砖墙中央,钢筋与外部结构要连接牢固,每砌完一层,需用湿布将空心玻璃砖面上所粘的水泥彩砂浆擦拭干净。

（6）勾缝

水平灰缝和竖直灰缝厚度一般为 8～10mm，划缝要深浅一致，清扫干净。划缝 2～3h 后，即可勾缝，勾缝砂浆内掺入水泥质量 2% 的石膏粉。砌筑砂浆应根据砌筑量随时拌和，且其存放时间不得超过 3h。勾缝也可用胶枪直接打入密封胶，如图 4.20 所示。

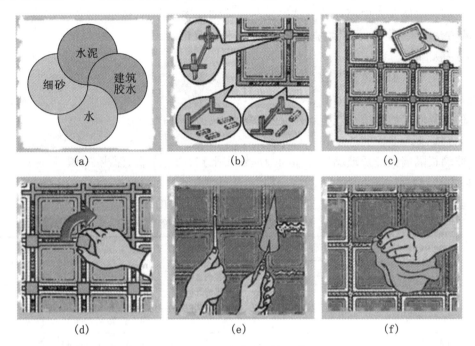

图 4.20　玻璃砖隔墙安装

（a）白水泥、细砂、建筑胶水、水，按 10∶10∶0.3∶3 比例拌匀成砂浆；（b）安装"＋"形或"T"形定位支架；
（c）用砖浆砌玻璃砖，自上而下，逐层叠加；（d）砌完后，去掉定位支架上多余的板块；
（e）用腻子勾缝，并去除多余的砂浆；（f）及时用潮湿的抹布擦去玻璃砖上的砂浆

（7）封口与收边

封口与收边是关系到装饰效果的一道工序，当玻璃砖墙有独立的饰边时，在砖墙砌筑完成后即可进行饰边处理，饰边通常有木饰边或金属饰边等。

4.4.4　玻璃隔墙工程施工质量验收

（1）主控项目

① 玻璃隔墙工程所用材料的品种、规格、图案、颜色和性能应符合设计要求。玻璃板隔墙应使用安全玻璃。

检验方法：观察；检查产品合格证书、进场验收记录和性能检验报告。

② 玻璃板安装及玻璃砖砌筑方法应符合设计要求。

检验方法：观察。

③ 有框玻璃板隔墙的受力杆件应与基体结构连接牢固，玻璃板安装橡胶垫位置应正确。玻璃板安装应牢固，受力应均匀。

检验方法：观察；手推检查；检查施工记录。

④ 无框玻璃板隔墙的受力爪件应与基体结构连接牢固，爪件的数量、位置应正确，爪件与

玻璃板的连接应牢固。

检验方法:观察;手推检查;检查施工记录。

⑤ 玻璃门与玻璃墙板的连接、地弹簧的安装位置应符合设计要求。

检验方法:观察;开启检查;检查施工记录。

⑥ 玻璃砖隔墙砌筑中埋设的拉结筋应与基体结构连接牢固,数量、位置应正确。

检验方法:手扳检查;尺量检查;检查隐蔽工程验收记录。

(2)一般项目

① 玻璃隔墙表面应色泽一致、平整洁净、清晰美观。

检验方法:观察。

② 玻璃隔墙接缝应横平竖直,玻璃应无裂痕、缺损和划痕。

检验方法:观察。

③ 玻璃板隔墙嵌缝及玻璃砖隔墙勾缝应密实平整、均匀顺直、深浅一致。

检验方法:观察。

④ 玻璃隔墙安装的允许偏差和检验方法应符合表 4.6 的规定。

表 4.6 玻璃隔墙安装的允许偏差和检验方法

| 项次 | 项目 | 允许偏差(mm) | | 检验方法 |
		玻璃板	玻璃砖	
1	立面垂直度	2	3	用 2m 垂直检测尺检查
2	表面平整度	—	3	用 2m 靠尺和塞尺检查
3	阴阳角方正	2	—	用 200mm 直角检测尺检查
4	接缝直线度	2	—	拉 5m 线,不足 5m 拉通线,用钢直尺检查
5	接缝高低差	2	3	用钢直尺和塞尺检查
6	接缝宽度	1	—	用钢直尺检查

思 考 题

4.1 骨架轻质隔墙有哪些?试述几种骨架隔墙的安装方法。

4.2 板材隔墙有哪些?试述几种板材隔墙的安装方法。

4.3 活动隔断的构造是怎样的?应怎样安装?

4.4 玻璃隔断怎样安装?

5 饰面板工程施工

5.1 石板安装工程施工

饰面板工程采用的石板有花岗石、大理石、板石和人造石材（实体面材）。采用花岗岩和大理石等天然石材装饰板镶贴安装于建筑内外墙（柱）面的装饰形式，能够有效提高建筑物及其空间环境的艺术质量与文化品位，给人以高贵典雅或庄重肃穆之感。随着建筑业的发展，也可以选用新型材料仿制天然石材饰面而达到同样的艺术效果，且能克服天然石材的性能缺陷，增强石材饰面工程的使用安全性，例如微晶玻璃仿天然石装饰板、CIMIC 全玻化（陶瓷）石幕墙板等，不仅可以达到天然石材的外观效果，且质轻高强、耐久耐候、色彩丰富，尤其符合节约自然资源和实现建筑装饰装修健康环保的时代要求。

石板安装工程的施工方式，可以有以下做法：

（1）直接粘结固定：采用水泥浆、聚合物水泥浆及新型粘结材料（建筑胶粘剂，如环氧系结构胶）等将天然石材饰面板直接镶贴于建筑结构基体表面。薄质板材的直接粘贴施工工艺，与内、外墙面砖粘贴工艺相同。

（2）金属扣件挂板安装：在建筑墙体施工时预埋铁件，或采用金属膨胀螺栓固定不锈钢连接扣件（挂件），再通过不锈钢连接扣件（挂件）以及扣件上的不锈钢销或钢板来固定石板。

（3）背挂法：在建筑结构表面固定金属型材骨架，采用专用锚栓连接石板和金属骨架。

（4）薄型石板简易安装法：新型的天然石材装饰板产品，其厚度仅有 8.0～8.5mm，安装时可以采用螺钉固定、粘结固定、卡槽或龙骨吊挂以及磁性条复合固定等方法。

5.1.1 石板安装工程施工准备

（1）施工材料

① 金属基层材料

钢龙骨一般采用碳素结构钢或低合金结构钢，种类、牌号、质量等级应符合设计要求，其规格应按设计图纸加工，并做好防腐处理，锌膜或涂膜厚度应符合国家相关规范的技术标准；铝合金龙骨一般采用 6061、6063、6063A 等铝合金热挤压型材，合金牌号、供应状态应符合设计要求，型材尺寸允许偏差应达到国家标准高精级，型材质量、表面处理层厚度应符合国家相关规范的技术标准。

② 石板面层材料

花岗岩、大理石、石灰石、石英砂岩及其他石材面料，其材质、品种、色泽、花纹必须符合设计要求，最小厚度≥20mm（采用粗面板材时增加 3mm），最大单块面积≤1.5m²，抗冻系数≥80%（严寒与寒冷地区）。天然放射性核素镭-226、钍-232、钾-40 的放射性比活度应同时满足 I_{ra}≤1.0 和 I_r≤1.3 的要求（Ⅰ类民用建筑），或同时满足 I_{ra}≤1.3 和 I_r≤1.9 的要求（Ⅱ类民用建筑）；花岗岩面料物理性能应符合：抗弯强度（干燥水饱和）≥ 8.0MPa，吸水率≤0.6%，抗剪强度≥4.0MPa;大理石面料物理性能应符合:抗弯强度(干燥水饱和)≥7.0MPa,吸水率≤0.5%,抗剪强度≥3.5MPa;石灰石面料物理性能应符合:抗弯强度(干燥水饱和)≥3.4MPa,吸水率≤3.0%,抗剪强度≥1.7MPa;石英砂岩面料物理性能应符合:抗弯强度(干燥水饱和)≥6.9MPa,吸水率≤3.0%,抗剪强度≥3.5MPa。

③ 建筑密封材料

幕墙宜采用三元乙丙橡胶、氯丁橡胶等橡胶制品,密封胶条应为挤出成型,橡胶块应为压模成型。密封胶条应符合国家现行行业标准《金属与石材幕墙工程技术规范》(JGJ 133)的规定。硅酮密封胶应有保质年限的质量证书和证明无污染的试验报告,且应在有效期内使用。

④ 其他材料

不锈钢或铝合金等金属转接件;背栓、背卡等金属挂装件;化学锚栓、膨胀螺栓、螺栓、螺母等五金配件;以上材料的材质、机械性能、品种、规格、质量必须符合设计要求。石材防护剂、双组分环氧型胶粘剂等,应有出厂合格证。

(2) 施工工具、机具

石板安装工程施工的常用工具和机具有台式石材切割机、云石机、磨光机、角磨机、手提切割机、曲线锯、直线锯、台式电钻、电焊机、冲击钻、手电钻、电动螺钉枪、气泵、各种扳手、拉铆枪、注胶枪、射钉枪、螺丝刀、多用刀、剪刀、锤子、钳子、铅丝、钉子、粉线包、小线、红蓝铅笔、墨斗、砂纸、吸盘器、手推车、铁锹、擦布或棉丝、排笔、笤帚、经纬仪、水准仪、激光投线仪、钢卷尺、钢板尺、靠尺、方角尺、水平尺、塞尺、托线板、线坠、安全帽、安全带、护目镜、口罩、耳塞、电焊面罩、防护手套等。

(3) 作业条件

① 施工现场的水源、电源已满足施工的需要。作业面上基层的外形尺寸已经复核,其误差保证在本工艺能调节的范围之内,作业面上已弹好水平线、轴线、出入线、标高等控制线,作业面的环境已清理完毕。

② 基体为混凝土浇筑、砖砌体或钢结构的墙柱面上的水、电、暖通、消防、智能化专业预留、预埋已经全部完成,且电气穿线、测试完成并合格,各种管路打压、试水完成并合格。

③ 作业面操作位置的临边设施(棚架、临时操作平台、脚手架等)已满足操作要求和符合安全的规定。作业面相接位置的其他专业进度已满足饰面板施工的需要,如外墙门窗、幕墙工程已完成骨架安装,并经验收合格;消火栓箱已完成埋设定位,机电设备门等出入口已完成门扇安装。

④ 各种机具设备已齐备和完好,各种专项方案已获得批准,作业面焊接动火申请已获得批准。

⑤ 大面积装修前已按设计要求先做样板间,经检查验收合格后,可大面积施工。

⑥ 施工方案已审批,在操作前已进行技术、安全交底;特殊情况下应进行必要的技术培训。

5.1.2　石板安装工程施工工艺流程

(1) 金属件锚固灌浆法施工工艺流程

金属件锚固灌浆法施工宜按下列工艺流程进行:

基层处理→板块钻孔、开槽→弹线分块、预拼编号→基体钻斜孔→固定校正→灌浆→清理→嵌缝。

（2）不锈钢连接件干挂法施工工艺流程

不锈钢连接件干挂法施工宜按下列工艺流程进行：

基层处理→弹线→打孔或开槽→固定连接件→镶装板块→嵌缝→清理。

5.1.3 石板安装工程施工要点

5.1.3.1 金属件锚固灌浆法施工

金属件锚固灌浆法也称U形钉锚固灌浆法，是对传统安装方法（即钢筋网挂贴湿作业法）的改进，可以免除传统安装方法中绑扎钢筋网的工序，根据工程实际以及板材的品种、规格等情况确定锚固件形式，如圆杆锚固件、扁条锚固件和线形锚固件等，按锚固件与板块的连接方法确定板材的钻孔、开槽及板端开口方式。

（1）板块钻孔、开槽

在距板两端 1/4～1/3 处的板厚中心钻直孔，孔径 6mm，孔深 40～50mm（与 U 形钉折弯部分的长度一致）。板宽≤600mm 时钻 2 个孔，板宽＞600mm 时钻 3 个孔，板宽＞800mm 时钻 4 个孔。然后将板调转 90°，在板块两侧边分别各钻直孔 1 个，孔位距板下端 100mm，孔径 6mm，孔深 40～50mm。上、下直孔孔口至板背剔出深 5mm 的凹槽，以便于固定板块时卧入 U 形钉圆杆，而不影响板材饰面的严密接缝。

（2）弹线

在墙面上吊垂线及拉水平线，控制饰面的垂直度、水平度，根据设计要求和施工放样图弹出安装板块的位置线和分块线，最好用经纬仪打出大角两个面的竖向控制线，确保安装顺利。放线时注意板与板之间应留缝隙，磨光板材的缝隙除镶嵌有金属条等装饰外，一般可留 1～2mm，火爆花岗岩板与板间的缝隙要大些，粗磨面、麻面、条纹面留缝隙 5mm，天然面留缝隙 10mm。放线必须准确，一般由墙中心向两边弹放使墙面误差均匀地分布在板缝中。

将准备好的板块按弹线位置进行预拼，根据效果调整缝隙，最后确认后可进行位置编号。

（3）基体钻斜孔

将钻孔剔槽后的石板按基体表面的放线分格位置临时就位，对应于板块上、下孔位，用冲击电钻在建筑基体上钻斜孔，斜孔与基体表面呈 45°，孔径 5mm，孔深 40～50mm。

（4）固定板材

根据板材与基体之间的灌浆层厚度及 U 形钉折弯部分的尺寸，制备好直径 5mm 的不锈钢 U 形钉。板材到位后将 U 形钉一端勾进石板直孔，另一端插入基体上的斜孔，拉线、吊线坠，或用靠尺板等校正板块上下口及板面平整度与水平度，并注意与相临板块接缝严密，即可将 U 形钉插入部分用硬木小楔塞紧或注入环氧树脂胶固定，同时用大木楔在石板与基体之间的空隙中塞稳。

（5）灌浆

将基体表面和板块背面用水湿润，用 1：2.5 水泥砂浆（稠度 10～15cm）分层灌浆，灌浆时不要碰动板块，同时要检查板块是否因灌浆而外移，否则应重新安装；每层灌浆高度一般为 150～200mm，并不超过板块高度的 1/3，为防止空鼓，灌浆时可轻轻地钎插捣实砂浆。待第一层砂浆灌好后，稍停 1～2h，经检查板块无位移，可进行第二层灌浆，灌至板块高度 1/2 处，第三层灌浆灌至低于板块上口 80～100mm 处,所留余量待上一层板块灌浆时完成,以便上下连成整体。每排板块灌浆完毕后,应养护不少于 24h,再进行上一排板块安装。

安装白色或浅色板块时,灌浆应用白水泥,以免透底而影响美观。

(6) 清理、嵌缝

完成全部安装后,清理饰面,每一施工段镶装后经检查无误,即按设计要求进行嵌缝处理。对于较深、较宽的缝隙,应先向缝底填入发泡聚乙烯圆棒条,外层注入石材专用的耐候硅酮密封胶。一般情况下,硅胶只封平接缝表面或比板面稍凹少许即可。雨天或板材受潮时,不宜涂硅胶。

5.1.3.2　不锈钢连接件干挂法施工要点

干挂工艺是利用高强度螺栓和耐腐蚀、强度高的金属挂件(扣件、连接件)或利用金属骨架,将饰面石板固定于建筑物的外表面的做法,石材饰面与结构之间留有 40～50mm 的空腔。此法免除了灌浆湿作业,可缩短施工周期,减轻建筑物自重,提高抗震性能,提高了石材饰面安装的灵活性和装饰质量。

干挂法安装石板的方法有数种,主要区别在于所用连接件的形式不同,常用的有销针式和板销式两种。

销针式也称钢销式。在板材上下端面打孔,插入 5 mm 或 6mm(长度宜为 20～30mm)不锈钢销,同时连接不锈钢舌板连接件,并与建筑结构基体固定。其 L 形连接件可与舌板为同一构件,即所谓"一次连接"法;亦可将舌板与连接件分开并设置调节螺栓,从而成为能够灵活调节进出尺寸的所谓"二次连接"法,如图 5.1 所示。

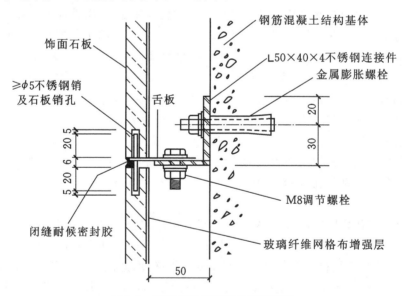

图 5.1　石板干挂销针式做法示意图

板销式是将上述销针式勾挂石板的不锈钢销改为不小于 3mm 厚(由设计经计算确定)的不锈钢板条式挂件(扣件),施工时插入石板的预开槽内,用不锈钢连接件(或本身即呈 L 形的成品不锈钢挂件)与建筑结构体固定,如图 5.2 所示。

干挂法施工石板与建筑结构的连接较为流行的做法是利用金属骨架进行连接。先在建筑结构外侧形成一层金属骨架(一般为型钢钢骨架,钢骨架需由有相应资质的设计单位进行设

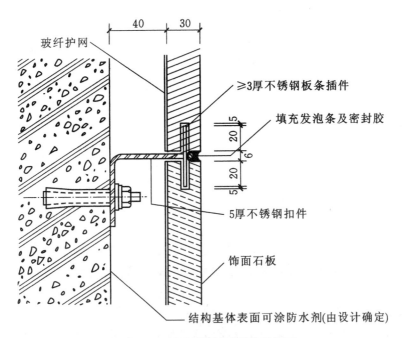

图 5.2 石板干挂板销式做法示意图

计),再通过专用连接件将石板固定于金属骨架上。施工中金属骨架及其焊接接点必须做好防腐处理。

(1)基面处理

对于适用于金属扣件干挂石板工程的混凝土墙体,当其表面有影响板材安装的凸出部位时,应予以凿削修整,墙面平整度一般控制在 4mm/2m,墙面垂直偏差在 $H/1000$ 或 20mm 以内,必要时做出灰饼标志以控制板块安装时的平整度。将基面清洁后进行放线。设计有要求时,在建筑基层表面涂刷一层防水剂,或采用其他方法增强外墙体的防渗漏性能。

(2)弹线

同第 5.1.3.1 节(2)。

(3)打孔或开槽

根据设计尺寸在板块上下端面钻孔,孔径 7mm 或 8mm,孔深 22～33mm,与所用不锈钢销的尺寸相适应并留适当空隙余量,打孔的平面应与钻头垂直,钻孔位置要准确无误;采用板销固定石材时,可使用手磨机开出槽位。孔槽部位的石屑和尘埃应用气动枪清理干净。

(4)固定连接件

根据施工放样图及饰面石板的钻孔位置,用冲击钻在结构对应位置上打孔,要求成孔与结构表面垂直。然后打入膨胀螺栓,同时镶装 L 形不锈钢连接件,将扣件固定后,用扳手拧紧。连接板上的孔洞均呈椭圆形,以便于调节。

(5)镶装板块

利用托架、垫楔或其他方法将底层石板准确就位并用夹具作临时固定,用环氧树脂类结构胶粘剂(符合性能要求的石材干挂胶有多种选择,由设计确定)灌入下排板块上端的孔眼(或开槽),插入不小于 5mm 的不锈钢销或厚度不小于 3mm 的不锈钢挂件插舌,再于上排板材的下孔、槽内注入胶粘剂后对准不锈钢销或不锈钢舌板插入,然后调整面板水平度和垂直度,校正板块,拧紧调节螺栓。如此自下而上逐排操作,直至完成石板干挂饰面。对于较大规格的重型板材安装,除采用此法安装外,尚需在板块中部端面开槽加设承托扣件,进一步支承板材的自重,以确保使用安全。干挂做法饰面构造见图5.1、图5.2。

应拉水平通线控制板块上、下口的水平度。板材从最下一排的中间或一端开始,先安装好第一块石板作基准,平整度以灰饼标志块或垫块控制,垂直度应吊线坠或用仪器检测一排板安装完毕后,再进行上一块板的安装。

(6)嵌缝

同第5.1.3.1节(6)。

5.1.4 石板安装工程施工质量验收

(1)主控项目

① 石板的品种、规格、颜色和性能应符合设计要求及现行国家标准的有关规定。

检验方法:观察;检查产品合格证书、进场验收记录、性能检验报告和复验报告。

② 石板孔、槽的数量、位置和尺寸应符合设计要求。

检验方法:检查进场验收记录和施工记录。

③ 石板安装工程的预埋件(或后置埋件)、连接件的材质、数量、规格、位置、连接方法和防腐处理应符合设计要求。后置埋件的现场拉拔力应符合设计要求。石板安装应牢固。

检验方法:手扳检查;检查进场验收记录、现场拉拔检验报告、隐蔽工程验收记录和施工记录。

④ 采用满粘法施工的石板工程,石板与基层之间的粘结料应饱满、无空鼓。石板粘结应牢固。

检验方法:用小锤轻击检查;检查施工记录;检查外墙石板粘结强度检验报告。

(2)一般项目

① 石板表面应平整、洁净、色泽一致,应无裂痕和缺损。石板表面应无泛碱等污染。

检验方法:观察。

② 石板填缝应密实、平直,宽度和深度应符合设计要求,填缝材料色泽应一致。

检验方法:观察;尺量检查。

③ 采用湿作业法施工的石板安装工程,石板应进行防碱封闭处理。石板与基体之间的灌注材料应饱满、密实。

检验方法:用小锤轻击检查;检查施工记录。

④ 石板上的孔洞应套割吻合,边缘应整齐。

检验方法:观察。

⑤ 石板安装的允许偏差和检验方法应符合表5.1的规定。

表 5.1 石板安装的允许偏差和检验方法

项次	项目	允许偏差(mm)			检验方法
		光面	剁斧石	蘑菇石	
1	立面垂直度	2	3	3	用2m垂直检测尺检查
2	表面平整度	2	3	—	用2m靠尺和塞尺检查

项次	项目	允许偏差(mm)			检验方法
		光面	剁斧石	蘑菇石	
3	阴阳角方正	2	4	4	用 200mm 直角检测尺检查
4	接缝直线度	2	4	4	拉 5m 线,不足 5m 拉通线,用钢直尺检查
5	墙裙、勒脚上口直线度	2	3	3	
6	接缝高低差	1	3	—	用钢直尺和塞尺检查
7	接缝宽度	1	2	2	用钢直尺检查

5.2 陶瓷板安装工程施工

陶瓷板采用的瓷板有抛光板和磨边板两种,单块面积不大于 $1.2m^2$ 且不小于 $0.5m^2$;陶瓷板主要包括陶板、异型陶板、陶土百叶。

5.2.1 陶瓷板安装工程施工准备

1)施工材料

(1)金属基层材料:①钢龙骨一般用碳素结构钢或低合金结构钢,种类、牌号、质量等级应符合相关设计要求,其规格尺寸应按设计图纸加工,并做好防腐处理,锌膜或涂膜厚度应符合国家相关规范的技术标准。②铝合金龙骨一般采用 6061 、6063 、6063A 等铝合金热挤压型材,合金牌号、供应状态应符合设计要求,型材尺寸允许偏差应达到国家标准高精级,型材质量、表面处理层厚度应符合国家相关规范的技术标准。

(2)陶瓷板面层材料:陶板、瓷板天然放射性核素镭-226、钍-232、钾-40 的放射性比活度应同时满足 $I_{ra} \leqslant 1.0$ 和 $I_r \leqslant 1.3$ 的要求(Ⅰ类民用建筑),或同时满足 $I_{ra} \leqslant 1.3$ 和 $I_r \leqslant 1.9$ 的要求(Ⅱ类民用建筑)。

陶板面料的材质、品种、颜色、规格尺寸、表面处理必须符合设计要求。

(3)其他材料:不锈钢或铝合金等金属转接件,背栓、背卡等金属挂装件,化学锚栓、膨胀螺栓、螺栓、螺母等五金配件,其材质、机械性能、品种、规格、质量必须符合设计要求,双组分环氧型胶粘剂、中性硅酮耐候密封胶、嵌缝胶或嵌缝胶条,应有出厂合格证并满足环保要求。

2)施工工具、机具

同第 5.1.1 节。

3)作业条件

同第 5.1.1 节。

5.2.2 陶瓷板安装工程施工工艺流程

陶瓷板安装施工宜按下列工艺流程进行:

测量放线→龙骨及五金配件采购→龙骨制作加工、基层处理及后置埋件→龙骨安装→连接点满焊或紧固,面板及嵌缝材料采购→体系防腐处理,陶瓷板加工→龙骨结构验收→陶瓷板安装→嵌缝及收口处理→立面清洁,现场清理。

5.2.3 陶瓷板安装工程施工要点

(1)测量放线

从所安装饰面部位的两端,由上至下吊出垂直线,投点在地面上或固定点上。找垂直时,一般按板背与基层面的空隙(即架空)以 50～70mm 为宜。按吊出的垂直线,连接两点作为起始层挂装板材的基准,根据设计图纸在基层面上按板材的大小和缝隙的宽度,弹出横平竖直的分格墨线。

(2)安装后置埋件

根据设计要求选用膨胀螺栓或化学锚栓,按位置在基层面上安装后置埋件,后置埋件应经过防腐处理。

(3)安装骨架

根据骨架设计图纸安装骨架,用连接件与金属骨架进行连接,骨架立面整体安装、校正后,连接点要焊接或用螺丝紧固。焊接时焊缝、焊接点要饱满,用螺丝紧固时螺丝旋紧力度要达到要求,整个体系须进行防腐处理。

(4)陶瓷板加工

按照排板设计图选择板块,非标准规格板块须在车间内进行切割,注意控制板块尺寸和形状偏差;根据设计要求及锚固挂件安装方法选择合适的开槽或钻孔方案,加工好通槽、月牙槽、背栓孔等安装槽口。

(5)转接件安装(背栓挂装专用)

按放出的墨线和设计的规格、数量的要求安装转接件,校正后必须以测力扳手检测螺栓和螺母的旋紧力度,使之达到设计质量的要求。

(6)陶瓷板安装

安装板块的顺序一般是自下而上进行的,在墙面最低一层板材安装位置的上下口拉两条水平控制线,板材以中间主要观赏面或墙面阳角开始就位安装。先安装好第一块作为基准,其平整度以事先设置的点为依据,用线坠吊直,经校准后固定金属挂装件并灌入适量的胶粘剂;一层板材安装完毕后,再进行上一层板材的安装和固定;尽量避免交叉作业,以减少偏差,并注意板材色泽的一致性,板材安装要求四角平整、纵横对缝;每层安装完成,应做一次外形误差的调校,并以测力扳手对挂装件螺栓旋紧力进行抽检复验。

(7)接缝处理

每一施工段安装后经检查无误,可清扫拼接缝,填入橡胶条,然后用打胶机进行涂封,一般只封平接缝表面或比板面稍凹少许即可。

(8)清场

每次操作结束要清理操作现场,安装完工后不允许留下杂物,以防硬物跌落损坏饰面板。

5.2.4 陶瓷板安装工程施工质量验收

(1)主控项目

① 陶瓷板的品种、规格、颜色和性能应符合设计要求及现行国家标准的有关规定。

检验方法:观察;检查产品合格证书、进场验收记录和性能检验报告。

② 陶瓷板孔、槽的数量、位置和尺寸应符合设计要求。

检验方法:检查进场验收记录和施工记录。

③ 陶瓷板安装工程的预埋件(或后置埋件)、连接件的材质、数量、规格、位置、连接方法和防腐处理应符合设计要求。后置埋件的现场拉拔力应符合设计要求。陶瓷板安装应牢固。

检验方法:手扳检查;检查进场验收记录、现场拉拔检验报告、隐蔽工程验收记录和施工记录。

④ 采用满粘法施工的陶瓷板工程,陶瓷板与基层之间的粘结料应饱满、无空鼓。陶瓷板粘结应牢固。

检验方法:用小锤轻击检查;检查施工记录;检查外墙陶瓷板粘结强度检验报告。

(2) 一般项目

① 陶瓷板表面应平整、洁净、色泽一致,应无裂痕和缺损。

检验方法:观察。

② 陶瓷板填缝应密实、平直,宽度和深度应符合设计要求,填缝材料应色泽一致。

检验方法:观察;尺量检查。

③ 陶瓷板安装的允许偏差和检验方法应符合表 5.2 的规定。

表 5.2 陶瓷板安装的允许偏差和检验方法

项次	项目	允许偏差(mm)	检验方法
1	立面垂直度	2	用 2m 垂直检测尺检查
2	表面平整度	2	用 2m 靠尺和塞尺检查
3	阴阳角方正	2	用 200mm 直角检测尺检查
4	接缝直线度	2	拉 5m 线,不足 5m 拉通线,用钢直尺检查
5	墙裙、勒脚上口直线度	2	
6	接缝高低差	1	用钢直尺和塞尺检查
7	接缝宽度	1	用钢直尺检查

5.3 木板安装工程施工

5.3.1 木板安装工程施工准备

(1) 施工材料

① 木基层材料

木龙骨、木基层板、木条等木材的树种、规格、等级、防潮、防腐蚀等处理,均应符合设计图纸要求和国家有关规范的规定;木龙骨料一般用红、白松烘干料,含水率≤12%,不得有腐朽、节疤、劈裂、扭曲等疵病。其规格应按设计要求加工,并预先经过防腐、防火、防蛀处理;木基层板一般采用胶合板(七合板或九合板),颜色、花纹要尽量相似或对称,含水率≤12%,厚度≤20mm,要求纹理顺直、颜色均匀、花纹近似,不得有节疤、扭曲、裂缝、变色等疵病。胶合板进场后必须抽样复验,其游离甲醛释放量≤1.5mg/L(干燥器法)。

② 面层材料

饰面板的防火性能必须符合设计要求及建筑内装修设计防火的有关规定;饰面用的木压条、压角木线、木贴脸(或木线)等,采用工厂加工的成品,含水率≤12%,厚度及质量应符合设计要求。

③ 其他材料

螺丝、钉子、木螺钉等五金配件,其材质、品种、规格、质量必须符合设计要求,胶粘剂、防火涂料、防腐剂应有出厂合格证并满足环保要求。

(2) 施工工具、机具

木板安装工程施工常用工具和机具有气泵、气钉枪、蚊钉枪、马钉枪、电锯、曲线锯、台式电刨、手提电刨、冲击钻、手枪钻、开刀、毛刷、排笔、擦布或棉丝、砂纸、锤子、各种形状的木工凿子、多用刀、粉线包、墨斗、小线、笤帚、托线板、线坠、铅笔、剪刀、划粉饼、经纬仪、水准仪、激光投线仪、钢卷尺、钢板尺、靠尺、方角尺、水平尺、塞尺、安全帽、安全带、护目镜、口罩、耳塞、电焊面罩、防护手套等。

(3) 作业条件

① 施工现场的水源、电源已满足施工的需要。作业面上基层的外形尺寸已经复核,其误差保证在本工艺能调节的范围之内,作业面上已弹好水平线、轴线、出入线、标高等控制线,作业面的环境已清理完毕。

② 基体为混凝土浇筑、砖砌体或钢结构的墙柱面上的水、电、暖通、消防、智能化专业预留、预埋已经全部完成,且电气穿线、测试完成并检验合格,各种管路打压、试水完成并检验合格。

③ 作业面操作位置的临边设施(棚架、临时操作平台、脚手架等)已满足操作要求和符合安全的规定。作业面相接位置的其他专业进度已满足饰面板施工的需要,如外墙门窗、幕墙工程已完成骨架安装,并经验收合格;消火栓箱已完成埋设定位,机电设备门等出入口已完成门扇安装。

④ 各种机具设备已齐备和完好,各种专项方案已获得批准,作业面焊接动火申请已获得批准。

⑤ 大面积装修前已按设计要求先做样板间,经检查鉴定合格后,可大面积施工。

⑥ 在操作前已进行技术、安全交底,强调技术措施和质量标准要求。

5.3.2　木板安装工程施工工艺流程

木板墙板安装分为两种(图 5.3),一种是在墙的下半部做局部墙裙,另一种是在整个墙面做全护墙板。其面板有微薄木板、胶合板、实木板等,木板安装工程施工宜按下列工艺流程进行:

基层处理→吊直、套方、找规矩、弹线→计算用料、套裁填充料和面料→粘贴面料→安装贴脸或装饰边线→修整木饰面墙面→立面清洁,现场清理。

5.3.3　木板安装工程施工要点

(1) 基层处理

① 在需做木饰面的墙面上,按设计要求的纵横龙骨间距进行弹线,固定防腐木模。设计无要求时,龙骨间距控制在 400～600mm,防腐木模间距一般为 200～300mm。

② 墙面为抹灰基层或临近房间较潮湿时,做完木砖后应对墙面进行防潮处理。

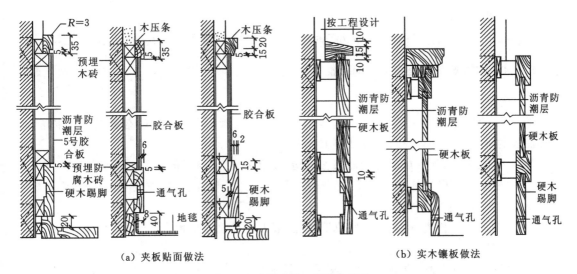

（a）夹板贴面做法　　　　　　　　　　　　（b）实木镶板做法

图 5.3　木板安装工程施工做法

③ 木饰面门扇的基层表面涂刷不少于两道底油。门锁和其他五金件的安装孔全部开好，并经试安装无误。明插销、拉手及门锁等拆下，表面不得有毛刺、钉子或其他尖锐凸出物。

（2）龙骨、底板施工

① 在已经设置好的防腐木模上安装木龙骨，一般固定螺钉长度大于龙骨高度＋40mm。木龙骨贴墙面应先做防腐处理，其他几个面做防火处理。安装龙骨时，一边安装一边用不小于 2m 的靠尺进行调平，龙骨与墙面的间隙，用经过防腐处理的方型木楔塞实，木楔间隔应不大于 200mm，龙骨表面平整。

② 在木龙骨上铺钉底板，底板宜采用细木工板。钉的长度≥底板厚＋20mm。墙体为轻钢龙骨时，可直接将底板用自攻螺钉固定到墙体的轻钢龙骨上，自攻螺钉长度≥底板厚＋墙体面层板＋10mm。

③ 门扇木饰面板无须做底板，直接进行下道工序。

（3）定位、弹线

根据设计要求的装饰分格、造型、图案等尺寸，在墙、柱面的底板或门扇上弹出定位线。

（4）面层施工

① 施工前，应确定面板的正、反面和纹理方向。同一场所应使用同一批面板，并保证纹理方向一致。

② 直接铺贴和门扇木饰面面层施工：按已弹好的分格线、图案和设计造型，确定出面板分缝定位点，把面板按定位尺寸进行切割，切割时要注意相邻两块面板的花纹和图案应吻合。将切割好的面板铺到门扇或墙面上，把下端和两侧位置调整合适后，用压条先将上端固定好，然后固定下部和两侧。压条分为木压条、铜压条、铝合金压条和不锈钢压条几种，按设计要求选用。四周固定好之后，若中间有压条或装饰钉，按设计要求钉好压条或装饰钉。采用木压条时，应先将压条进行打磨、涂油漆，达到成活要求后，再将木压条上墙安装。

（5）理边、修整

清理接缝、边沿露出的面板碎料，调整、修理接缝不顺直处。开设、修整各设备安装孔，安装镶边条，安装表面贴脸及装饰物，修补各压条上钉眼的油漆，最后擦拭、清扫浮灰。

（6）完成其他涂饰

木饰面施工完成后，修刷压条、镶边条时应对木质边框、墙面及门的其他面做最后一道涂饰。

5.3.4　木板安装工程施工质量验收

（1）主控项目

① 木板的品种、规格、颜色和性能应符合设计要求及现行国家标准的有关规定。木龙骨、木饰面板的燃烧性能等级应符合设计要求。

检验方法：观察；检查产品合格证书、进场验收记录、性能检验报告和复验报告。

② 木板安装工程的龙骨和连接件的材质、数量、规格、位置、连接方法及防腐处理应符合设计要求。木板安装应牢固。

检验方法：手扳检查；检查进场验收记录、隐蔽工程验收记录和施工记录。

（2）一般项目

① 木板表面应平整、洁净、色泽一致，应无缺损。

检验方法：观察。

② 木板接缝应平直，宽度应符合设计要求。

检验方法：观察；尺量检查。

③ 木板上的孔洞应套割吻合，边缘应整齐。

检验方法：观察。

④ 木板安装的允许偏差和检验方法应符合表 5.3 的规定。

表 5.3　木板安装的允许偏差和检验方法

项次	项目	允许偏差（mm）	检验方法
1	立面垂直度	2	用 2m 垂直检测尺检查
2	表面平整度	1	用 2m 靠尺和塞尺检查
3	阴阳角方正	2	用 200mm 直角检测尺检查
4	接缝直线度	2	拉 5m 线，不足 5m 拉通线，用钢直尺检查
5	墙裙、勒脚上口直线度	2	
6	接缝高低差	1	用钢直尺和塞尺检查
7	接缝宽度	1	用钢直尺检查

5.4　金属板安装工程施工

金属板安装施工

5.4.1　金属板安装工程施工准备

（1）施工材料

① 金属饰面板：包括钢板、铝板等。

彩色涂层钢板：原板多为热轧钢板和镀锌钢板。为提高钢板的防腐蚀性能和表面性能，须涂覆有机、无机或复合涂层，其中以有机涂层钢板发展较快,常用的有机涂层为聚氯乙烯,此外还有聚丙烯酸酯、环氧树脂、醇酸树脂等。涂层与钢板的结合方法有薄膜层压法和涂料涂覆法。彩色涂层钢板主要可作屋面板和墙板等。上钢三厂生产的塑料复合钢板,长度为 1800mm、2000mm,宽度为 450mm、500mm、1000mm,厚度有 0.35～2.0mm 等多种,具有耐腐蚀、耐磨、绝缘等性能。塑料与钢板的剥离强度 ≥ 20N/cm。

铝合金板:用于装饰工程的铝合金板,其品种和规格较多。按表面处理方法分,有阳极氧化处理和喷涂处理。按常用的色彩分,有银白色、古铜色、金色等。按几何尺寸分,有条形板和方形板,条形板的宽度多为 80～100mm,厚度多为 0.5～1.5mm,长度 6m 左右;方形板包括正方形、长方形等。用于高层建筑的外墙板,单块面积一般较大,对刚度和耐久性要求高,因而板要适当厚一些,甚至要加设肋条。按装饰效果分,有铝合金花纹板、铝质浅花纹板、铝及铝合金波纹板、铝及铝合金压型板等。

② 骨架材料:由横竖杆件拼成,主要材质为铝合金型材或型钢等。因型钢较便宜,强度高,安装方便,所以多数工程采用角钢或槽钢。但骨架应预先进行防腐处理,严禁黑铁进楼。

③ 固定骨架的连接件:主要是膨胀螺栓、铁垫板、垫圈、螺帽等,其质量必须符合设计要求。

(2) 施工工具、机具

金属板安装工程施工的常用工具和机具有裁割、加工、组装金属板等所需的工作台、切割机、成型机、弯边机具、砂轮机、连接金属板的手提电钻、混凝土墙打眼电钻、钢板尺(1m 长)、长卷尺、盒尺、锤子、各种形状(圆、扁)的钢凿子、铅丝、弹线用的粉线包、墨斗、小白线、手提砂轮、钳子、铁制水平尺、棉丝、笤帚、铁锹、开刀、灰槽、灰桶、工具袋、手套、红铅笔等。

(3) 作业条件

① 混凝土和墙面抹灰已完成,且经过干燥,含水率不高于 8%;木材制品含水率不得大于 12%。

水电及设备、顶墙上预留预埋件已完成。垂直运输的机具均事先准备好。

② 要事先检查安装饰面板工程的基层,并做好隐预检记录,合格后方可进行安装工序。

③ 外架子(高层多用吊篮或吊架子)应提前支搭和安装好,多层房屋宜选用双排架子或桥架,其横竖杆件及拉杆等应离开墙面和门窗口角 150～200mm。架子的步高和支搭要符合施工要求和安全操作规程。

④ 对施工人员进行技术交底时,应强调技术措施、质量要求和成品保护。大面积施工前应先做样板间,经检查验收合格后,方可组织班组施工。

5.4.2 金属板安装工程施工工艺流程

金属板安装工程施工宜按下列工艺流程进行:

基层处理→吊直、套方、找规矩、弹线→固定骨架的连接件→固定骨架→金属饰面板安装→收口处理。

5.4.3 金属板安装工程施工要点

(1) 吊直、套方、找规矩、弹线

根据设计图纸的要求和几何尺寸,要对镶贴金属饰面板的墙面进行吊直、套方、找规矩并一次实测和弹线,确定饰面墙板的尺寸和数量。

（2）固定骨架的连接件

骨架的横竖杆件是通过连接件与结构固定的,而连接件与结构之间,可以与结构的预埋件焊牢,也可以在墙上打膨胀螺栓。因后一种方法比较灵活,尺寸误差较小,容易保证位置的准确性,因而实际施工中采用得比较多。须在螺栓位置画线,按线开孔。

（3）固定骨架

固定骨架的构造如图 5.4、图 5.5 所示。骨架应预先进行防腐处理。安装骨架位置要准确,结合要牢固。安装后应全面检查中心线、表面标高等。对高层建筑外墙,为了保证饰面板的安装精度,宜用经纬仪对横竖杆件进行贯通。变形缝、沉降缝等应妥善处理。

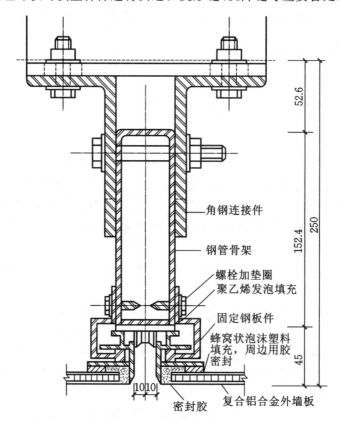

图 5.4　固定骨架节点大样

（4）金属饰面安装

墙板的安装顺序是从每面墙的边部竖向第一排下部的第一块板开始,自下而上安装。安装完该面墙的第一排再安装第二排。每安装铺设 10 排墙板后,应吊线检查一次,以便及时消除误差。为了保证墙面外观质量,螺栓位置必须准确,并采用单面施工的钩形螺栓固定,使螺栓的位置横平竖直。固定金属饰面板的方法,常用的主要有两种:一种是将板条或方板用螺丝拧到型钢或木架上,这种方法耐久性较好,多用于外墙;另一种是将板条卡在特制的龙骨上,此法多用于室内。

板与板之间的缝隙一般为 10～20mm,多用橡胶条或密封胶弹性材料处理。当饰面板安装完毕,要注意在易被污染的部位用塑料薄膜覆盖保护,易被划、碰的部位应设安全栏杆

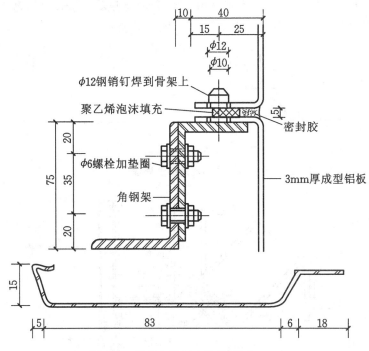

图 5.5   铝合金板固定示意(单位:mm)

保护。

(5) 收口处理

收口构造如图 5.6 所示。水平部位的压顶、端部的收口、伸缩缝的处理、两种不同材料的交接处理等,不仅关系到装饰效果,而且对使用功能也有较大的影响。因此,一般多用特制的两种材质性能相似的成型金属板进行妥善处理。

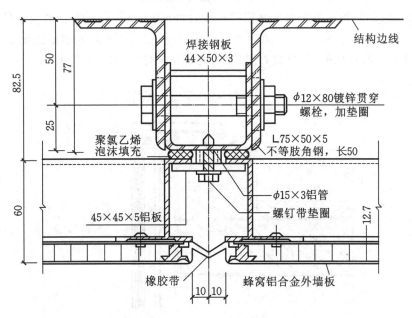

图 5.6   收口构造示意

　　构造比较简单的转角处理方法,大多是用一条较厚(厚度为 1.5mm)的直角形金属板与外墙板用螺栓连接固定牢。转角部位处理如图 5.7、图 5.8 所示。

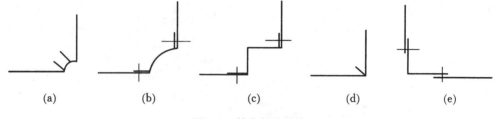

图 5.7　转角部位处理

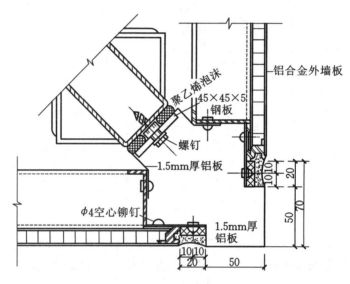

图 5.8　转角部位节点大样

　　窗台、女儿墙的上部均属于水平部位的压顶处理(图 5.9),即用铝合金板盖住,使之能阻挡风雨浸透。水平板的固定,一般先在基层焊上钢骨架,然后用螺栓将盖板固定在骨架上。盖板之间的连接宜采取搭接的方法(高处压低处,搭接宽度符合设计要求,并用胶密封)。

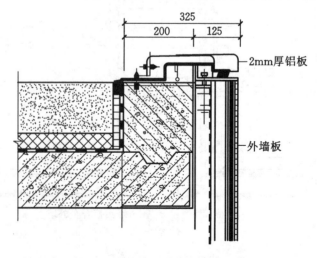

图 5.9　水平部位的盖板构造大样

　　墙面边缘部位的收口处理(图 5.10),是用颜色相似的铝合金成型板将墙板端部及龙骨部位封住。

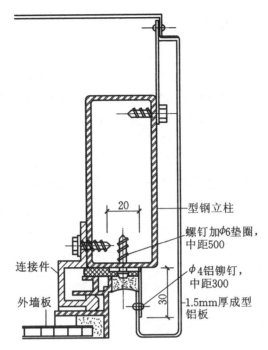

图 5.10　边缘部位的收口处理

　　墙面下端的收口处是用一条特制的披水板,将板的下端封住,同时将板与墙之间的缝隙盖住,防止雨水渗入室内,如图 5.11 所示。

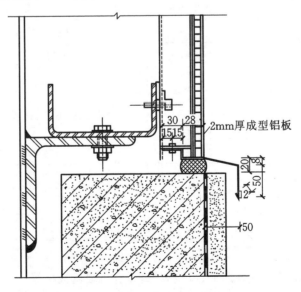

图 5.11　铝合金板墙面下端处理

　　(6)伸缩缝、沉降缝的处理

　　首先要满足建筑物伸缩、沉降的需要,同时也应考虑装饰效果。另外,此部位也是防水的薄弱环节,其构造节点应周密考虑。一般可用氯丁橡胶带起到连接、密封作用。

墙板的外、内包角及钢窗周围的泛水板等须为在现场加工的异型件,应参考图纸,对安装好的墙面进行实测套足尺,确定其形状、尺寸,使其加工准确、便于安装。

5.4.4　金属板安装工程施工质量验收

(1)主控项目

① 金属板的品种、规格、颜色和性能应符合设计要求及现行国家标准的有关规定。

检验方法:观察;检查产品合格证书、进场验收记录和性能检验报告。

② 金属板安装工程的龙骨和连接件的材质、数量、规格、位置、连接方法及防腐处理应符合设计要求。金属板安装应牢固。

检验方法:手扳检查;检查进场验收记录、隐蔽工程验收记录和施工记录。

③ 外墙金属板的防雷装置应与主体结构防雷装置可靠接通。

检验方法:检查隐蔽工程验收记录。

(2)一般项目

① 金属板表面应平整、洁净,色泽一致。

检验方法:观察。

② 金属板接缝应平直,宽度应符合设计要求。

检验方法:观察;尺量检查。

③ 金属板上的孔洞应套割吻合,边缘应整齐。

检验方法:观察。

④ 金属板安装的允许偏差和检验方法应符合表5.4的规定。

表5.4　金属板安装的允许偏差和检验方法

项次	项目	允许偏差(mm)	检验方法
1	立面垂直度	2	用2m垂直检测尺检查
2	表面平整度	3	用2m靠尺和塞尺检查
3	阴阳角方正	3	用200mm直角检测尺检查
4	接缝直线度	2	拉5m线,不足5m拉通线,用钢直尺检查
5	墙裙、勒脚上口直线度	2	
6	接缝高低差	1	用钢直尺和塞尺检查
7	接缝宽度	1	用钢直尺检查

5.5　塑料板安装工程施工

塑料板主要包括塑料贴面装饰板、覆塑装饰板、有机玻璃板材等。

5.5.1　塑料板安装工程施工准备

1)施工材料

(1)塑料饰面板:塑料饰面板的品种、规格、图案、颜色和性能应符合设计要求及国家现行标准、规范的有关规定。表面应平整、光滑,无裂缝和皱褶,颜色一致,边角整齐。

(2) 骨架材料:参见第 5.3、第 5.4 节。

(3) 固定骨架的连接件:参见第 5.3、第 5.4 节。

(4) 三聚氰胺塑料板常用材料

① 镶贴用胶液:粘贴塑料板用的胶类,一般多用强力万能胶和环氧树脂胶。环氧树脂胶的质量配合比为:6101 环氧树脂:邻苯二甲酸二丁酯:甲苯:二乙烯三胺＝100:5:10:10。

② 镶嵌材料。塑料贴面板板缝间和塑料板周边压条(线)镶嵌材料要有一定的强度和耐化学腐蚀性,并且耐水冲洗,还应考虑与面板的整体效果。

③ 嵌缝材料。作嵌缝材料的环氧树脂腻子质量配合比如下:

6101 环氧树脂:邻苯二甲酸二丁酯:二乙烯三胺:二甲苯:滑石粉(或用石膏粉)＝100:10:10:20:20。

④ 罩面材料。环氧清漆罩面材料质量配合比如下:

6101 环氧树脂:乙二胺:二甲苯:丁醇＝100:5:25:25。

嵌缝腻子和清漆可掺入适量的色浆,做成与塑料板接近的颜色。

2) 施工工具、机具

参见第 5.3、第 5.4 节。

3) 作业条件

参见第 5.3、第 5.4 节。

5.5.2 塑料板安装工程施工工艺流程

基层处理→吊直、套方、找规矩、弹线→固定骨架的连接件→固定骨架→塑料饰面板安装→收口处理。

5.5.3 塑料板安装工程施工要点

1) 聚氯乙烯塑料板安装施工

聚氯乙烯塑料板的特点是板面光滑、光亮,色泽鲜艳,可有多种花纹图案;质轻、耐磨、防火、防水、吸水性小、硬度大;耐化学腐蚀,易于二次成型。可用于各种建筑物室内墙面、柱面、家具台面、吊面的装修铺设。

(1) 基层处理

木质板基层处理:在木板或木胶合板上粘贴时,应将木质板与基体连接牢固,基体为钢结构时,可用钻打孔,然后用自攻螺钉拧紧;木质板必须平整,如有翘卷、凸凹等,应进行表面处理。

砂浆面基层处理:基体必须垂直平整,如基体的平整度不符合要求,应进行二次抹灰找平;在水泥砂浆基层上粘贴时,基层表面不能有水泥浮浆,也不可太光亮,防止滑动;水泥砂浆基层应洁净、坚硬,有麻面时,先采用乳胶腻子修补平整,再用乳胶水溶液涂刷一遍,可增加粘结力。

(2) 粘贴方法

基层表面应先按板材尺寸弹线,再粘贴。应同时在基层表面和罩面板背面涂刷胶,胶液不能太稠或太稀,涂刷时要按方向均匀进行。

胶粘剂采用聚醋酸乙烯、脲醛、环氧树脂、氯丁胶粘剂等,确保粘结强度。用手触试胶液,感到黏性较大时,再去粘贴。

粘贴完,应采取临时措施固定,将板缝中多余的胶液刮除,不能使胶完全干结,否则清除困难,清刮胶液时,应注意不要损伤塑料板面层。

如果安装硬厚型的硬聚氯乙烯装饰板,由于自重大、厚度大,不宜采用胶粘法,宜用木螺钉加垫圈或金属压条固定,木螺钉的钉距应该比胶合板、纤维板大一些。固定金属压条时,先用钉在板的四角将装饰板临时固定,后加盖金属压条。

2) 三聚氰胺塑料板安装施工

三聚氰胺塑料板是一种硬质薄板,具有硬度高、耐磨、耐寒、耐热、耐腐蚀、耐污染、易清洗等特点。板面平整、洁净、光滑,色调丰富多彩,有各种花纹图案。三聚氰胺塑料板适用于室内墙面、吊顶、柱面等部位,特别适用于商店灯箱、牌匾的展示,用作装饰面层板或粘贴的刨花板、胶合板、纤维板、细木工板等基层板。板的背面需经机械加工、砂毛,以便于粘合。如需用在室外橱窗、广告栏等处,则应考虑尽量避免阳光直晒。

(1) 如果在墙面基层粘贴塑料板,抹灰基层的表面垂直度和平整度必须符合要求,否则对工程质量有直接影响;先对基层表面进行清理,清除残灰、污垢,砖砌体不平处,需用水准仪、经纬仪定出水平和垂直基线,确定抹灰层厚度及水平和垂直位置;采用 32.5 级以上的普通硅酸盐水泥,用 1∶2～1∶3(厚 2.0～2.5cm)的水泥砂浆,分 3～4 遍抹成,待水泥砂浆基层初凝后,用砂轮磨去表面浮浆,特别是凸凹不平部分,凹面处应涂胶补平。应使室内通风良好,保持干燥,以利于墙面砂浆养护。

(2) 根据图纸要求尺寸,精确地在墙面上画出分格线,若墙面尺寸确有误差,应调整到两侧。对墙面划分的尺寸和锯裁的贴面板进行编号,裁切的塑料板要用刨刀修边,达到四边平直,无掉皮、飞边。

(3) 不能直接在墙面粘贴塑料板时,应做木质结合层。其做法是:先在混凝土或砖墙上钉木筋(木龙骨)。木筋间距为 400～500mm,根据施工需要可以垂直方向钉木筋,也可水平方向钉木筋,还可水平和垂直交叉形成木方格,然后封钉木胶合板。

(4) 使用环氧树脂时,如环氧树脂流动性差,应将其装瓶放入热水进行"热浴",使其融化,并注意在加入溶剂搅拌均匀后,再加入邻苯二甲酸二丁酯增塑剂,处理完后放入密闭容器中备用。

(5) 根据需要,准备施工用的支架以及压板用的立柱、支撑、木楔等物。

(6) 粘贴饰面板应注意以下方面:

① 用短毛板刷或橡皮刮板在墙面和贴面板背面同时涂胶,涂胶时应检查墙面、塑料板的平整度及洁净情况,涂胶应厚薄适度、均匀,如有砂粒、碎屑等杂物,应及时清除。涂好胶后让其挥发约 15min,用手触胶不粘手时,即可铺贴。

② 按墙面饰面板号序粘贴,先由一边向另一边粘贴,用木槌轻轻锤击板面,使其与墙面粘结牢固。如用粘结周期较长的胶,应用木压板压在贴面板上,然后用支架和横撑支紧。为保证压力均匀,用力必须均匀,木压板与墙面垂直压在饰面板上。最好每块板间隔进行粘贴,防止在压板或卸压过程中触伤损坏已贴好的板。粘贴时,须将板内空气排尽,最好在常温下(15℃左右时)粘贴。

③ 粘贴基本完成后应铲除贴面板上余留的胶液,污痕用甲苯擦洗掉,清理板面时一定不要影响面层的装饰效果,用钢刨刀除去板缝的多余胶液。中间缺胶空鼓部分,将稀释的环氧树

脂胶灌入医用注射器,用大号注射针注满鼓泡,注射前在离鼓泡边缘处钻直径约 1mm 小孔两个,胶液从一孔注入,从另一孔排气,最后垫板加压。将板面小孔用环氧树脂腻子堵上并在表面涂上与饰面板颜色相同的环氧清漆。压板应事先在相应位置钻两个小孔,加压时对准贴面板小孔,以便横撑顶紧时空气和多余胶液从小孔排出。

④ 塑料板粘贴完后,应及时检查,对有质量问题的地方应进行局部修整。边缘粗糙不直、板缝不正,应及时进行修整。修整时,应注意不要碰损边角。

⑤ 粘贴、修整全部完成后,应进行扫尾清理工作,用环氧树脂腻子嵌缝及不平处,再用砂纸打磨,不平处再补腻子,用排笔蘸环氧清漆涂刷罩面和嵌缝。

3) 塑料贴面板安装施工

塑料贴面装饰板具有强度高、硬度大、耐磨、耐烫、耐燃烧,耐一般酸、碱、油脂等特点,表面光滑或略带凹凸,极易清洗。颜色、花纹、图案品种丰富多彩,多数为高光泽。板材的表面较之木材耐久性好,装饰效果好,可仿制各种名贵树种的木纹、质感、色泽等,从而可以达到节约工程费用的目的,也可节约优质木材。常用作室内墙面、柱面、门面、台面、桌面等一般中档装饰工程,特别适用于餐厅、饭店及厨房等易被油污污染的场所,也可用于车辆、飞机、船舶及家具制作。

(1) 板材粘贴施工前,先对基层表面进行清理,清除残灰、污垢,砖砌体不平处,需定出水平和垂直基线,确定抹灰层厚度及水平和垂直位置;贴面板的加工也可用木工锯、刨、钻加工,但宜用较细的锯齿,防止出现花边、毛边。应正面向上锯裁,以避免板面磨损和板边裂劈,板的毛刺边应用刨子刨光或者用砂纸磨光。为确保质量,可留 3～5mm 余量,胶贴到其他基材上后,再用刨子加以修整。需在板面穿入螺钉或钉子时,应先钻孔,钻孔应从正面钻入,孔径应与钉子直径相吻合;在加工时,表面不能有砂子、铁屑等硬杂物,以免将表面划伤。

(2) 如果塑料贴面板厚度小于 2mm,必须在墙上用胶合板、碎木屑板、细木工板、纤维板或刨花板等板材做结合层,以增大幅面强度。若用厚度为 9～16mm 细木工板、碎木屑板等厚度大的板材,可直接与墙面结合,不必再做木龙骨。对于厚度很薄的贴面板,除采用做木结合层这一方法外,也可进行板材再加工,即将超薄贴面板先直接镶贴在木质板上(如胶合板、刨花板、细木工板等)做成复合板,再将加工好的复合板板材直接安装在墙体上。加工板材时应注意:被胶贴的板材要求具有一定的厚度,胀缩性小,厚度不应小于 3mm;当胶贴后的板材直接使用时,最小厚度为 9mm,一般用的厚度为 15～22mm。

(3) 胶粘时,须将塑料装饰板背面预先砂毛,再进行涂胶,这是因为塑料贴面板质硬、渗透性小、不易吃胶。同时,为易于胶合,被贴面的板材表面也要加工砂毛;胶粘剂一般为脲醛树脂或在脲醛树脂中加入适量的聚醋酸乙烯树脂制成,涂胶量一般应均匀适量。胶剂涂完后,应进行胶压,胶压方法主要为:在两面各加木垫板,用卡子夹紧。加压时室内温度需保持在 15℃ 以上,加压持续 12h 以后才能解除压力,并放置 24h 时后再行加工,以免影响胶粘强度。

(4) 塑料贴面板用于室内墙面做壁板的安装方法如下:

① 压条法:厚度较薄的胶贴板的安装,应采用压条法,较薄的贴面板,其硬度较小,压条用特制的木条、铝条或塑料板条固定,板面牢,稳度较好。

② 对缝法:只适用于底板厚度在 16mm 以上的塑料胶贴板材,因为拼板没有明显的接缝,因此其适用于高级装饰装修。由于采用钉子和木螺丝与木结构连接,也便于拆修改装。

塑料贴面板粘贴安装完毕后,为防止和避免边缘碰伤和开胶,要进行封边处理,封边一般有三种做法:木镶边——将镶边木条封压贴面板的四边,在接合面涂胶,用扁帽钉将镶边钉于板框上;贴边——用塑料装饰条或刨制的单板条在板框的周边胶贴,注意四角均需 45°对角收口;金属镶边——用铝质或薄钢片压制成槽形装饰压条,按尺寸裁好,并在对角处切成 45°的斜角,用钉子或木螺丝安装在板边上。

（5）施工注意事项:基层表面粘贴前应画线分块预排。要同时在基层表面和罩面板背面涂胶,胶液稠度应适宜,涂刷应均匀,如有砂粒应及时清除;粘贴后要撑压一段时间,除尽板缝中多余的胶液,胶粘剂宜用脲醛树脂、环氧树脂、聚醋酸乙烯酯等;为保证罩面板质量,基体须竖直平整,在水泥砂浆基层上粘贴时,基层表面不可有水泥浮浆,表面也不应太光亮,以防止胶液滑移。如果基层是木质板结合层,要求坚实、洁净、平整,麻面要用乳胶腻子修补平整,为增加粘结力再用乳胶水溶液涂刷一遍;木螺钉或金属压条固定较厚的塑料贴面复合板,贴面板的钉距应比胶合板、纤维板的大一些(为 400～500mm)。先用钉将塑料贴面板临时固定,再用金属压条固定;搬动、施工、储存和运输时,要注意防止其碎裂、撞击,并防止板材被淋雨,严禁高温、暴晒。

4）有机玻璃装饰板安装施工

有机玻璃装饰板具有极好的透光率,耐热性、抗寒性及耐候性较好,质地较脆,易溶于脂类、低级酮及苯、甲苯、四氯化碳、氯仿、二氯乙烷、二氯乙烯、丙酮等有机溶剂,耐腐蚀性及绝缘性能良好;可透过光线的 99%,透过紫外线的 73.3%,容易加工成型,表面强度不大,稍有摩擦易起毛等。

有机玻璃具有广泛的用途,可用于机械、电子、航空、车船及日用品等,在建筑装饰中主要用作室内装饰,如灯箱吊顶、透明壁板、楼梯护板、隔断以及大型豪华吸顶灯具。另外,有机玻璃用于室外时,应避免阳光直射,以免老化变形。

（1）有机玻璃与人造板和塑料基层的普通粘贴,采用的胶粘剂为白胶(聚醋酸乙烯酯)和脲醛树脂胶。脲醛树脂胶使用时需加入相当于树脂固体含量 1%～2% 的氯化铵。上述两种胶都可以单独使用,白胶在粘合时,两面的涂量为 $150～220g/m^2$,脲醛树脂胶为 $200～300g/m^2$。在胶合时板面受压需 $0.49～0.78MPa$,在常温下需放置 12～24h。胶粘前,用砂纸找磨基层表面。

（2）中高级装修工程有机玻璃的粘贴施工,多采用高级万能胶、立得牢、立时得等胶粘剂。这些胶粘剂适用于木基层、塑料基层、金属基层、石材和混凝土基层。基层要清洁干燥、无污物时方可施工。粘贴时,基层和有机玻璃底板应同时刷胶,晾 15～30min,手触无黏性后再粘贴。

（3）有机玻璃与有机玻璃的粘结通常采用氯仿、502 胶进行粘贴,这类胶可使有机玻璃表面溶解,以达到粘合的目的,要求粘结面清洁、无灰尘。

（4）有机玻璃板可以采用钉固法,一般采用框架、镶嵌、压条及圆钉或螺钉固定,但必须用电钻打孔,因为有机玻璃质地较脆,易破裂。

5.5.4　塑料板安装工程施工质量验收

（1）主控项目

① 塑料板的品种、规格、颜色和性能应符合设计要求及现行国家标准的有关规定。塑料饰面板的燃烧性能等级应符合设计要求。

检验方法:观察;检查产品合格证书、进场验收记录和性能检验报告。

② 塑料板安装工程的龙骨和连接件的材质、数量、规格、位置、连接方法及防腐处理应符

合设计要求。塑料板安装应牢固。

检验方法：手扳检查；检查进场验收记录、隐蔽工程验收记录和施工记录。

（2）一般项目

① 塑料板表面应平整、洁净、色泽一致，应无缺损。

检验方法：观察。

② 塑料板接缝应平直，宽度应符合设计要求。

检验方法：观察；尺量检查。

③ 塑料板上的孔洞应套割吻合，边缘应整齐。

检验方法：观察。

④ 塑料板安装的允许偏差和检验方法应符合表 5.5 的规定。

表 5.5　塑料板安装的允许偏差和检验方法

项次	项目	允许偏差（mm）	检验方法
1	立面垂直度	2	用 2m 垂直检测尺检查
2	表面平整度	3	用 2m 靠尺和塞尺检查
3	阴阳角方正	3	用 200mm 直角检测尺检查
4	接缝直线度	2	拉 5m 线，不足 5m 拉通线，用钢直尺检查
5	墙裙、勒脚上口直线度	2	
6	接缝高低差	1	用钢直尺和塞尺检查
7	接缝宽度	1	用钢直尺检查

思 考 题

5.1　如何进行釉面砖的质量检查？其通病是如何防治的？

5.2　木板安装工程施工工艺是什么？

5.3　墙面镶贴石材板块的湿作业有什么缺点？施工操作要点有哪些？

5.4　墙面安装石材板块的质量要求有哪些？

5.5　木质护墙板应怎样安装？

5.6　试述几种塑料板的安装方法。

5.7　金属板安装工程施工工艺是什么？

6 饰面砖工程施工

6.1 内墙饰面砖粘贴工程施工

6.1.1 内墙饰面砖粘贴工程施工准备

（1）施工材料

① 瓷砖

陶瓷内墙
饰面砖施工

瓷砖也称瓷片、釉面砖，品种和规格很多，应根据设计要求选择瓷砖。除了要求瓷砖的物理力学性能应符合标准外，外观上要挑选规格一致、形状平整方正、颜色均匀、边缘整齐、棱角完好、不开裂、不脱釉露底、无凹凸扭曲的主件块和各种配件砖（也称异型体砖，包括腰线砖、压顶条、阴阳角等）。选择标准瓷砖时，对平面尺寸可用自制的简易套模或用尺进行检查，尽可能减少误差，以保证同房间或同一墙面的装饰贴面接缝均匀一致。

② 粘结材料

强度等级为 32.5 级或 42.5 级的普通水泥（或矿渣水泥）、白水泥、中砂，并应过筛；其他材料如石灰膏等应符合国家相关标准的质量要求。

③ 民用建筑工程所使用的无机非金属装修材料，其放射性指标限量应符合国家相关标准的规定。

（2）施工工具、机具

内墙饰面砖水泥砂浆粘贴施工常用工具和机具有砂浆搅拌机、手提切割机、橡皮锤（木槌）、手锤、水平尺、靠尺、开刀、托线板、硬木拍板、刮杠、方尺、墨斗、铁铲、拌灰桶、尼龙线、薄钢片、手动切割器、细砂轮片、棉丝、擦布、胡桃钳等。部分常用工具如图 6.1 所示。

内墙饰面砖强力胶粘贴施工常用工具和机具有调胶抹子、调胶板、线坠、水平尺、弦线、手提式石材切割机、角磨机、电钻等。

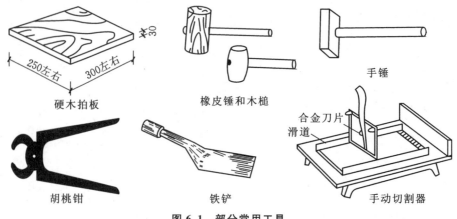

图 6.1 部分常用工具

（3）作业条件

① 施工现场的水源、电源已满足施工的需要。作业面上基层的外形尺寸已经复核,其误差保证在本工艺能调节的范围之内,作业面上已弹好水平线、轴线、出入线、标高等控制线,作业面的清理已完毕。

② 基体为混凝土浇筑、砖砌体或钢结构的墙柱面上的水、电、暖通、消防、智能化专业预留、预埋已经全部完成,且电气穿线、测试完成并合格,各种管路打压、试水完成并合格。

③ 作业面操作位置的临边设施（棚架、临时操作平台、脚手架等）已满足操作要求和符合安全的规定,作业面相接位置的其他专业进度已满足饰面板施工的需要并经验收合格;消火栓箱已完成埋设定位,机电设备门等出入口已完成门扇安装。

④ 大面积装修前已按设计要求先做样板间,经检查鉴定合格后,可大面积施工。

⑤ 在操作前已进行技术、安全交底,强调技术措施和质量标准要求。

6.1.2　内墙饰面砖粘贴工程施工工艺流程

（1）内墙饰面砖水泥砂浆粘贴工程施工工艺流程

内墙饰面砖粘贴工程施工宜按下列工艺流程进行:

基层处理→抹底子灰→弹线、排砖→浸砖→贴标准点→镶贴→嵌缝。

（2）内墙饰面砖强力胶粘贴工程施工工艺流程

内墙饰面砖强力胶粘贴施工宜按下列工艺流程进行:

基层处理→抹底子灰→墙面修整→弹线、排砖→贴标准点→安装锚件（如需要）→瓷砖背面清理→调胶→瓷砖粘贴点涂胶→粘贴→嵌缝→清理。

6.1.3　内墙饰面砖粘贴工程施工要点

6.1.3.1　内墙饰面砖水泥砂浆粘贴工程施工

（1）基层处理

镶贴瓷砖的基层表面必须平整和粗糙,如果是光滑基层,应进行凿毛处理;基层表面砂浆、灰尘及油渍等,应用钢丝刷或清洗剂清洗干净;基层表面凸凹明显部位,要事先剔平或用水泥砂浆补平。

在抹底子灰前,应根据不同的基体进行不同的处理,以解决找平层与基层的粘结问题。如墙面基体,应将基层清理干净后,洒水润湿;纸面石膏板或其他轻质墙体材料基体,应将板缝按具体产品及设计要求做好嵌填密实处理,并在表面用接缝带（穿孔纸带或玻璃纤维网格布等防裂带）粘覆补强,使之形成稳固的墙面整体。对于混凝土基体,可选用下述三种方法之一:一是将混凝土表面凿毛后用水润湿,刷一道聚合物水泥浆。二是将1:1水泥细砂浆（内掺适量胶粘剂）喷或甩到混凝土基体表面做毛化处理。三是采用界面处理剂处理基体表面,加气混凝土基体要用水润湿表面,在缺棱掉角处刷聚合物水泥浆一道,用1:3:9水泥石膏混合砂浆分层找平,待干燥后,钉机制镀锌钢丝网一层并绷紧,使基层表面达到净、干、平、实的要求。

（2）抹底子灰

基体基层处理好后,用1:3水泥砂浆或1:1:4混合砂浆打底。打底时要分层进行,每层厚度宜为5~7mm,并用木抹子搓出粗糙面或划出纹路,用刮杠和托线板检查其平整度和垂直度,隔日浇水养护。

（3）弹线排砖

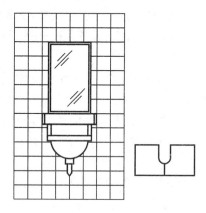

图 6.2　墙面装饰物处铺贴示意

待底层灰六七成干时,按图纸要求,结合瓷砖规格进行弹线、排砖。先量出镶贴瓷砖的尺寸,立好皮数杆,在墙面上从上到下弹出若干条水平线,控制水平皮数,再按整块瓷砖的尺寸弹出竖直方向的控制线。此时要考虑排砖形式和接缝宽度应符合设计要求,接缝宽度应注意水平方向和垂直方向的砖缝一致,排砖形式主要有直缝和错缝(俗称"骑马缝")两种。在同一墙面上的横竖排列,不宜有一行以上的非整砖,且非整砖要排在次要位置或阴角处。当遇有墙面盥洗镜等装饰物时,应以装饰物中心线为准向两边对称排砖,排砖过程中在边角、洞口和凸出物周围常常出现非整砖或半砖,应将整块瓷砖切割成适宜小块进行预排,并注意对称和美观,如图 6.2 所示。

（4）浸砖

瓷砖在镶贴前应在水中充分浸泡,以保证镶贴后不致因吸灰浆中的水分而粘贴不牢或砖面浮滑。一般浸水时间少于 2h,取出阴干备用,阴干时间通常为 3~5h,以手摸无水感为宜。

（5）镶贴

瓷砖铺贴的方式有离缝式和无缝式两种。无缝式铺贴要求阳角转角铺贴时要倒角,即将瓷砖的阳角边厚度用瓷砖切割机打磨成 30°~40°,以便对缝。依据砖的位置,排砖有矩形长边水平排列和竖直排列两种。

正式镶贴前应贴标准点,即用水泥砂浆将废瓷砖按粘贴厚度粘贴在基层上作标志块,用托线板上下挂直,横向拉通,用以控制整个镶贴瓷砖表面的平整度。在地面水平线嵌上一根八字尺或直靠尺,这样可防止瓷砖因自重或灰浆未硬结而向下滑移,以确保其横平竖直。

铺贴瓷砖宜从阳角开始,先大面,后阴阳角和凹槽部位,并自下向上粘贴。用铲刀在瓷砖背面刮满刀灰,贴于墙面用力按压,用铲刀木柄轻轻敲击,使瓷砖紧密粘于墙面,再用靠尺按标志块将其校正平直。取用瓷砖及贴砖时要注意浅花色瓷砖的顺反方向,不要粘颠倒,以免影响整体效果。铺贴要求砂浆饱满,厚度 6~10mm;若亏灰时,要取下重贴,不得在砖口处塞灰,防止空鼓。一般每贴 6~8 块应用靠尺检查平整度,随贴随检查,有高出标志块者,可用铲刀木柄或木槌轻捶使之平整;如有低于标志块者,则应取下重贴,同时要保证缝隙宽窄一致。当贴到最上一行时,上口要成一直线,上口如没有压条,则应镶贴一面有圆弧的瓷砖。其他设计要求的收口、转角等部位,以及腰线、组合拼花等均应采用相应的砖块(条)适时就位镶贴。

铺贴时粘结料宜用 1:2 的水泥砂浆,为改善和易性,可掺 15% 的石膏灰;亦可用聚合物水泥砂浆,当用聚合物水泥砂浆时,其配合比应由试验确定。

水管处应先铺周围的整块砖,后铺异型砖,如图 6.3 所示。此时,水管顶部镶贴的瓷砖应用胡桃钳钳掉多余的部分,一次不要钳得太多,以免瓷砖碎裂。对整块瓷砖打预留孔,可先用打孔器钻孔,再用胡桃钳加工至所需孔径。

切割非整块砖时,应根据所需要的尺寸在瓷砖背面划

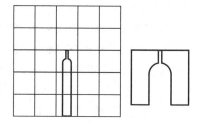

图 6.3　水管处异型砖铺贴示意

痕,用专用瓷片刀沿木尺切割出较深的割痕,将瓷砖放在台面边沿处,用手将切割的部分掰下,再把断口不平和切割下的尺寸稍大的瓷砖放在磨石上磨平。

室内墙面采用釉面内墙砖镶贴的基本构造做法见图6.4。

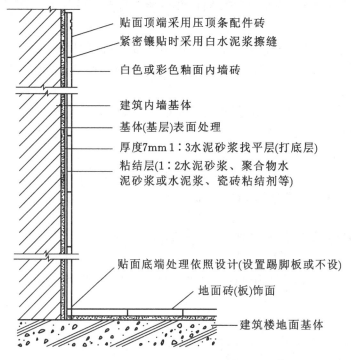

图6.4　釉面内墙砖镶贴装饰的基本构造做法

（6）嵌缝

① 传统方法。镶贴完毕,自检无空鼓、不平、不直后,用棉丝擦净。然后把白水泥加水调成糊状,用长毛刷蘸白水泥浆在墙砖缝上刷,待水泥浆变稠,用布将缝里的素浆擦匀,砖面擦净,不得漏擦或形成虚缝。对于离缝的饰面,宜用与釉面砖颜色相同的水泥浆嵌缝或按设计要求处理。若砖面污染严重,可用稀盐酸刷洗后,再用清水刷洗干净。

② 按使用说明直接用勾缝剂进行嵌缝。

6.1.3.2　强力胶直接粘贴法施工要点

（1）胶料选用

强力胶粘施工一般采用进口胶料,分为快干型、慢干型两类。一般为A、B双组分,现场调制使用。由于胶的粘贴质量是施工质量的根本保证,因此要严格按产品说明书进行配比,均匀混合调制,调制一般在木板上进行,随调随用。通常胶的有效时间在常温下为45min。

（2）安装锚件

当镶贴高度较高时,应根据说明书要求采用部分锚件,增强安全可靠性能,锚件安装应牢固。

（3）粘贴方法

粘贴时,瓷砖与墙面的间距不宜大于8mm。将调好的胶料分为点状（五点）或条状（三条）在瓷砖背面涂抹均匀,厚度10mm,根据已弹好的定位线将板材直接粘贴到墙面上,随后检查粘贴点、线是否粘贴得可靠,必要时加胶补强。

6.1.4　内墙饰面砖粘贴工程施工质量验收

（1）主控项目

① 内墙饰面砖的品种、规格、图案、颜色和性能应符合设计要求及现行国家标准的有关规定。

检验方法：观察；检查产品合格证书、进场验收记录、性能检验报告和复验报告。

② 内墙饰面砖粘贴工程的找平、防水、粘结和填缝材料及施工方法应符合设计要求及现行国家标准的有关规定。

检验方法：检查产品合格证书、复验报告和隐蔽工程验收记录。

③ 内墙饰面砖粘贴应牢固。

检验方法：手拍检查，检查施工记录。

④ 满粘法施工的内墙饰面砖应无裂缝，大面和阳角应无空鼓。

检验方法：观察；用小锤轻击检查。

（2）一般项目

① 内墙饰面砖表面应平整、洁净，色泽一致，应无裂痕和缺损。

检验方法：观察。

② 内墙面凸出物周围的饰面砖应整砖套割吻合，边缘应整齐。墙裙、贴脸凸出墙面的厚度应一致。

检验方法：观察；尺量检查。

③ 内墙饰面砖接缝应平直、光滑，填嵌应连续、密实；宽度和深度应符合设计要求。

检验方法：观察；尺量检查。

④ 内墙饰面砖粘贴的允许偏差和检验方法应符合表 6.1 的规定。

表 6.1　内墙饰面砖粘贴的允许偏差和检验方法

项次	项目	允许偏差（mm）	检验方法
1	立面垂直度	2	用 2m 垂直检测尺检查
2	表面平整度	3	用 2m 靠尺和塞尺检查
3	阴阳角方正	3	用 200mm 直角检测尺检查
4	接缝直线度	2	拉 5m 线，不足 5m 拉通线，用钢直尺检查
5	接缝高低差	1	用钢直尺和塞尺检查
6	接缝宽度	1	用钢直尺检查

6.2　外墙饰面砖粘贴工程施工

6.2.1　外墙饰面砖粘贴工程施工准备

（1）施工材料

① 锦砖的品种、规格、花色按设计规定选用，并应有产品合格证书。

② 其他参见 6.1.1 节。

（2）施工工具、机具

① 锦砖（马赛克）贴面工程施工常用工具和机具有砂浆搅拌机、手提切割机、角磨机、手电钻、砂轮机、橡皮锤、筛子、钢丝刷、毛刷、铁抹子、木抹子、硬木拍板、手推车、托线板、开刀、大水桶、棉抹布、光学水准仪、水平尺、钢尺、塞尺、铝合金靠尺、方尺、线坠、墨斗等。

② 其他参见第 6.1.1 节。

（3）作业条件

① 外墙门窗框已安装,周边缝隙填塞已按设计要求完成并已采取相应的保护措施。

② 其他作业条件参见第 6.1.1 节。

6.2.2　外墙饰面砖粘贴工程施工工艺流程

（1）外墙饰面砖粘贴工程施工工艺流程

外墙饰面砖粘贴工程施工宜按下列工艺流程进行:

基层处理→抹底子灰→弹线、分格、排砖→浸砖→贴标准点→刷结合层→镶贴面砖→勾缝→清理表面。

（2）锦砖（马赛克）贴面工程施工工艺流程

锦砖（马赛克）贴面工程施工宜按下列工艺流程进行:

基层处理→抹底子灰→弹线、分格、排砖→镶贴→揭纸、拨缝→检查调整→闭缝刮浆→清洗→喷水养护。

6.2.3　外墙饰面砖粘贴工程施工要点

6.2.3.1　外墙饰面砖粘贴工程施工

（1）基层处理

清理墙、柱面,将浮灰和残余砂浆及油渍冲刷干净,再充分浇水润湿,并按设计要求涂刷结合层(采用聚合物水泥砂浆或其他界面处理剂),再根据不同基体进行基层处理,处理方法同内墙饰面砖工程。

（2）抹底子灰

打底时应分层进行,每层厚度不应大于 7mm,以防空鼓。第一遍抹后扫毛,待六七成干时可抹第二遍,随即用木杠刮平,木抹子搓毛,终凝后浇水养护。

多雨地区,找平层宜选用防水、抗渗性水泥砂浆,以满足抗渗漏要求。

（3）弹线分格、排砖

按设计要求和施工样板进行排砖,确定接缝宽度及分格,同时弹出控制线,做出标记。排砖须用整砖,对于必须用非整砖的部位,非整砖的宽度不宜小于整砖宽度的 1/3。一般要求阳角、窗口都是整砖。若按块分格,应采取调整砖缝大小的方法排砖、分格。外墙镶贴的饰面砖的外形有矩形和方形两种,矩形饰面砖可以采用密缝、疏缝,按水平、竖直方向相互排列,其排列方式有 8 种,如图 6.5 所示。密缝排列时,缝宽控制在 1~3mm;疏缝排列时,砖缝宽一般控制在 4~20mm。

凸出墙面部位,如窗台、腰线、阳角及滴水线等的饰面层排砖方法,可按图 6.6 所示处理,其正面砖要往下凸出 3~5mm,底面砖要做出流水坡度。

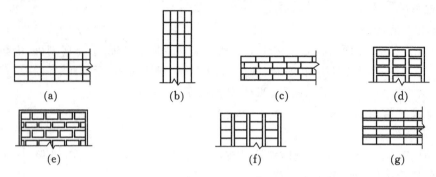

图 6.5 外墙面镶贴矩形面砖排列方式
(a) 长边水平密缝;(b) 长边竖直密缝;(c) 密缝错缝;(d) 水平、竖直疏缝;
(e) 疏缝错缝;(f) 水平密缝、竖直疏缝;(g) 水平疏缝、竖直密缝

（4）浸砖

与第 6.1.3 节内墙饰面砖粘贴工程施工要点中内墙瓷砖相同。

（5）贴标准点

在镶贴前,应先贴若干块废面砖作为标志块,上下用托线板吊直,作为粘贴厚度的依据。横向每隔 1.5～2.0m 做一个标志块,用拉线或靠尺校正平整度。靠阳角的侧面也要挂直,称为双面挂直,如图 6.7 所示。

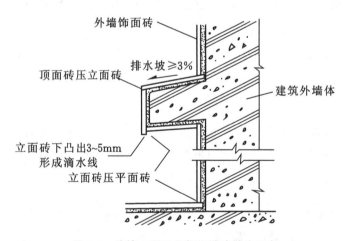

图 6.6 外墙立面凹凸部位排砖做法示意

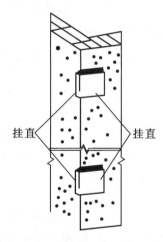

图 6.7 阳角处双面挂直

（6）刷结合层

找平层经检验合格并养护后,宜在表面涂刷结合层,这样有利于满足强度要求,提高外墙饰面砖粘贴质量。

（7）镶贴面砖

外墙饰面砖宜按自上而下顺序镶贴,并先贴墙柱,后贴墙面,再贴窗间墙。铺贴用砂浆一般为 1∶2 水泥砂浆或掺入不大于水泥质量 15% 的石膏的水泥混合砂浆。粘贴时,先按水平线垫平八字尺或直靠尺,再在面砖背面满铺粘结砂浆,粘贴层厚度宜在 4～8mm。粘贴后,用小铲柄轻轻敲击,使之与基层粘牢,并随时用直尺找平找方,贴完一行后,需将面砖上的灰浆刮净。对于有设缝要求的饰面,可按设计规定的砖缝宽度制备小十字架,临时卡在每四块砖相邻的十字缝间,以保证缝隙精确;单元式的横缝或竖缝,则可用分隔条,一般情况下只需挂线贴砖。分隔条在使用前应用水充分浸泡,以防胀缩变形,在粘贴面砖次日(或当日)取出,取条时应轻巧,避免碰动面砖。

外墙饰面砖贴面装饰常见构造及外墙、柱镶贴饰面砖,阴、阳角处理如图 6.8、图 6.9 所示。

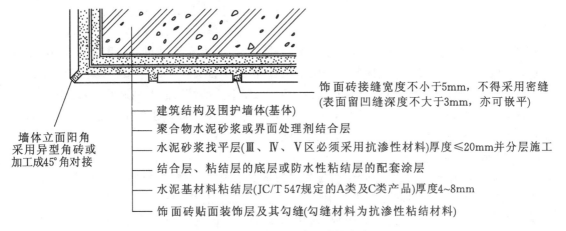

墙体立面阳角
采用异型角砖或
加工成45°角对接

饰面砖接缝宽度不小于5mm,不得采用密缝
(表面留凹缝深度不大于3mm,亦可嵌平)
—— 建筑结构及围护墙体(基体)
—— 聚合物水泥砂浆或界面处理剂结合层
—— 水泥砂浆找平层(Ⅲ、Ⅳ、Ⅴ区必须采用抗渗性材料)厚度≤20mm并分层施工
—— 结合层、粘结层的底层或防水性粘结层的配套涂层
—— 水泥基材料粘结层(JC/T 547规定的A类及C类产品)厚度4~8mm
—— 饰面砖贴面装饰层及其勾缝(勾缝材料为抗渗性粘结材料)

图 6.8　外墙饰面砖贴面装饰构造

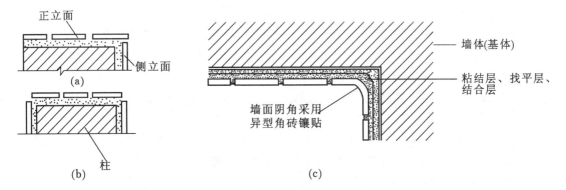

正立面
侧立面
(a)

(b)
柱

墙体(基体)

粘结层、找平层、
结合层

墙面阴角采用
异型角砖镶贴

(c)

图 6.9　外墙、柱镶贴饰面砖阴、阳角处理示意

有抹灰与面砖相接的墙、柱面,应先在抹灰面上打好底,贴好面砖后再抹灰。

(8)勾缝、清理表面

贴完一个墙面或全部墙面并检查合格后进行勾缝。勾缝应用水泥砂浆分皮嵌实,并宜先勾水平缝,后勾竖直缝。勾缝一般分两遍,第一遍用1∶1水泥细砂浆,第二遍用与面砖同色的彩色水泥砂浆擦成凹缝,凹进深度为 3mm。勾缝应连续、平直、光滑、无裂纹、无空鼓。勾缝处残留的砂浆,必须清除干净。同时用 3%～5% 的稀盐酸清洗表面,并用清水冲洗干净。

6.2.3.2　锦砖(马赛克)贴面工程施工

(1)弹线、分格、排砖

根据设计、建筑物墙面总高度、横竖装饰线条的布置、门窗洞口和锦砖品种规格定出分格缝宽,弹出若干水平线、垂直线,同时加工好分格条。注意同一墙面上应采用同一种排列方式,预排中应注意阳角、窗口处必须是整砖,而且是立面压侧面。

(2)镶贴

每一分格内粘贴锦砖一般自下而上进行。按已弹好的水平线安放八字尺或直靠尺,并用水平尺校正垫平。一般两人协同操作,一人在前面洒水润湿墙面,先刮一道素水泥浆,随即抹上 2～5mm 厚的水泥浆为粘结层,并用靠尺刮平;另一人将锦砖铺在木垫板上,纸面朝下,锦转背面朝上,先用湿抹布把底面擦净,用水刷一遍,再刮白水泥浆。如果设计对缝格的颜色有特殊要求,也可用普通水泥或彩色水泥。一边刮浆一边用铁抹子往下挤压,将素水泥浆挤满锦砖的缝格,砖面不要留砂浆。清理四边余灰,将刮浆的纸交给镶贴操作者进行粘贴。

另一种操作方法是在抹粘结层之前,在湿润的墙面上抹 1：3 水泥砂浆或混合砂浆,分层抹平,同时将锦砖铺在木板上(锦砖背面朝上)。缝中灌 1：2 干水泥砂,并用软毛刷刷净底面浮砂,再用刷子稍蘸一点水,刮抹薄薄一层水泥浆(水泥：石灰膏＝1：0.3),随即进行粘贴。

到位镶贴操作时,操作者双手执在锦砖的上方,使下口粘贴线向上粘贴砖联,缝要对齐,并且要注意每一大张之间的距离,以保持整个墙面的缝格一致。准确附位后随之压实,并将硬木垫板放在已贴好的锦砖面上,用小木槌敲击垫板,使其平整。

(3)揭纸、拨缝

一个单元的锦砖铺完后,在砂浆初凝前达到基本稳固时,用软毛刷蘸水润透护面纸(或其他护面材料),用双手轻轻将纸揭下。揭纸宜从上往下撕,用力方向应尽量与墙面平行。

揭纸后检查缝的大小,用金属拨板(或开刀)调整弯扭的缝隙,并用粘结材料将未填实的缝隙嵌实,使之间距均匀。拨缝后再在锦砖上放好垫板轻拍一遍,以增强粘结。

(4)闭缝刮浆、清洗、养护

待全部墙面铺贴完,粘结层终凝后,将白水泥稠浆(或与锦砖颜色相近的色浆)用橡胶刮板往锦砖缝里刮满、刮实、刮严,再用麻丝和抹布将表面擦净。遗留在缝里的浮砂可用干净潮湿的软毛刷轻轻带出。超出的米粒条分格缝要用 1：1 水泥砂浆勾严、勾平,再用布擦净。清洗墙面应在粘结层和勾缝砂浆终凝后进行,全面清理并擦净后,次日喷水养护。

(5)注意事项

① 大面积粘贴锦砖的墙面在排砖时,若窗间墙尺寸排完整联后的尾数不能被 20 整除,意味着最后一块锦砖放不进去,此时可改变分格缝大小来调整。

② 玻璃锦砖的颜色不易一致,不宜采用单色。

③ 玻璃锦砖表面粗糙多孔,在揭纸后应及时清洗,否则易造成表面污染。

④ 玻璃锦砖呈半透明状,因此结合层以及闭缝水泥浆应用白水泥调配。

6.2.4 外墙饰面砖粘贴工程施工质量验收

(1)主控项目

① 外墙饰面砖的品种、规格、图案、颜色和性能应符合设计要求及现行国家标准的有关规定。

检验方法:观察;检查产品合格证书、进场验收记录、性能检验报告和复验报告。

② 外墙饰面砖粘贴工程的找平、防水、粘结、填缝材料及施工方法应符合设计要求和现行行业标准《外墙饰面砖工程施工及验收规程》(JGJ 126)的规定。

检验方法:检查产品合格证书、复验报告和隐蔽工程验收记录。

③ 外墙饰面砖粘贴工程的伸缩缝设置应符合设计要求。

检验方法:观察;尺量检查。

④ 外墙饰面砖粘贴应牢固。

检验方法:检查外墙饰面砖粘结强度检验报告和施工记录。

⑤ 外墙饰面砖工程应无空鼓、裂缝。

检验方法:观察;用小锤轻击检查。

(2) 一般项目

① 外墙饰面砖表面应平整、洁净、色泽一致,应无裂痕和缺损。

检验方法:观察。

② 外墙饰面砖阴阳角构造应符合设计要求。

检验方法:观察。

③ 墙面凸出物周围的外墙饰面砖应整砖套割吻合,边缘应整齐。墙裙、贴脸凸出墙面的厚度应一致。

检验方法:观察;尺量检查。

④ 外墙饰面砖接缝应平直、光滑,填嵌应连续、密实;宽度和深度应符合设计要求。

检验方法:观察;尺量检查。

⑤ 有排水要求的部位应做滴水线(槽)。滴水线(槽)应顺直,流水坡向应正确,坡度应符合设计要求。

检验方法:观察;用水平尺检查。

⑥ 外墙饰面砖粘贴的允许偏差和检验方法应符合表 6.2 的规定。

表 6.2　外墙饰面砖粘贴的允许偏差和检验方法

项次	项目	允许偏差(mm)	检验方法
1	立面垂直度	3	用 2m 垂直检测尺检查
2	表面平整度	4	用 2m 靠尺和塞尺检查
3	阴阳角方正	3	用 200mm 直角检测尺检查
4	接缝直线度	3	拉 5m 线,不足 5m 拉通线,用钢直尺检查
5	接缝高低差	1	用钢直尺和塞尺检查
6	接缝宽度	1	用钢直尺检查

思　考　题

6.1　内墙饰面砖粘贴工程施工工艺流程和施工要点分别是什么?

6.2　简述外墙饰面砖粘贴工程的施工要点。

6.3　简述锦砖(马赛克)贴面工程的施工要点。

7 幕墙工程施工

幕墙工程包括玻璃幕墙工程、金属幕墙工程、石材幕墙工程和人造板材幕墙工程等。

7.1 玻璃幕墙工程施工

玻璃幕墙一般由固定玻璃的骨架、连接件、嵌缝密封材料、填衬材料和幕墙玻璃等组成。其结构体系有露骨架(明框)结构体系、不露骨架(隐框)结构体系和无骨架结构体系。骨架可以采用型钢骨架、铝合金骨架、不锈钢骨架等。

(1) 按支承方式分

玻璃幕墙按支承方式分为有框玻璃幕墙、全玻璃幕墙和点支承玻璃幕墙。

① 有框玻璃幕墙:又分为明框玻璃幕墙、半隐框玻璃幕墙和全隐框玻璃幕墙。

明框玻璃幕墙:金属框架显露于面板外表面的框支承玻璃幕墙。

半隐框玻璃幕墙:金属框架的竖向或横向构件显露于面板外表面的框支承玻璃幕墙。

全隐框玻璃幕墙:金属框架完全不显露于面板外表面的框支承玻璃幕墙。

② 全玻璃幕墙:由玻璃板和玻璃肋构成的玻璃幕墙。全玻璃幕墙根据构造方式又分为坐落式和吊挂式两种。

坐落式全玻璃幕墙:适用于较低高度的幕墙,其通高玻璃板和玻璃肋上下均镶嵌在槽内,玻璃直接支承在下部槽内支座上,上部镶嵌玻璃的槽顶与玻璃之间留有空隙,使玻璃有伸缩的余地。该做法构造简单、造价较低。

吊挂式全玻璃幕墙:当建筑物层高很大,采用通高玻璃的坐落式幕墙时,因玻璃变得细长,其平面外刚度和稳定性相对很差,在自重作用下很容易压曲破坏,不可能再抵抗各种水平力的作用。为了提高玻璃的刚度和安全性,避免压曲破坏,在超过一定高度的通高玻璃上部设置专用的金属夹具,将玻璃板和玻璃肋吊挂起来形成玻璃墙面。此做法下部须镶嵌在槽口内,以利于玻璃板的伸缩变形。吊挂式全玻璃幕墙的玻璃尺寸和厚度都比坐落式的大,且构造复杂、工序多,故造价较高。下列情况可采用吊挂式玻璃幕墙:玻璃厚度 10mm,幕墙高度在 4~5m 时;玻璃厚度 12mm,幕墙高度在 5~6m 时;玻璃厚度 15mm,幕墙高度在 6~8m 时;玻璃厚度 19mm,幕墙高度在 8~10m 时。

③ 点支承玻璃幕墙:由玻璃面板、点支承装置和支承结构组成的玻璃幕墙。点支承玻璃幕墙分为玻璃肋支承的点支承玻璃幕墙、单根型钢或钢管支承的点支承玻璃幕墙、钢桁架支承的点支承玻璃幕墙、拉索式支承的点支承玻璃幕墙。

(2) 按安装方式分

玻璃幕墙按照安装方式分为单元式玻璃幕墙和构件式玻璃幕墙。

① 单元式玻璃幕墙:将面板与金属框架(横梁、立柱)在工厂组装为幕墙单元,以幕墙单元形式在现场完成安装施工的框支承建筑幕墙。一般的单元板块高度为一个楼层的高度。

② 构件式玻璃幕墙:在现场依次安装立柱、横梁和面板的框支承建筑幕墙。各种玻璃幕

墙如图 7.1 所示。

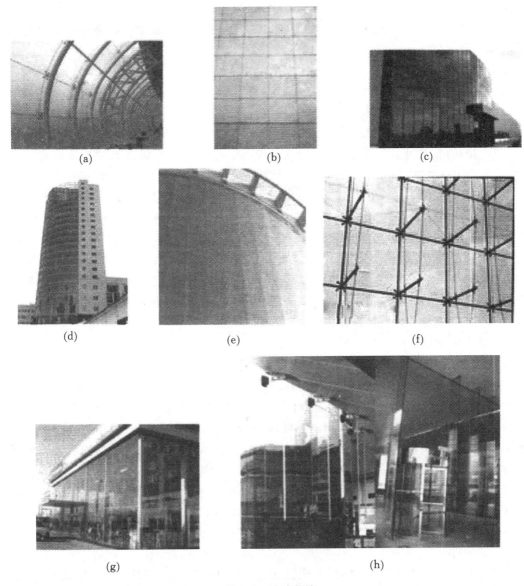

图 7.1 玻璃幕墙

（a）点支承玻璃幕墙；（b）、（c）明框玻璃幕墙；（d）半隐框玻璃幕墙；（e）全隐框玻璃幕墙；

（f）拉索式点支承玻璃幕墙；（g）吊挂式全玻璃幕墙；（h）坐落式全玻璃幕墙

7.1.1 玻璃幕墙工程施工准备

1）施工材料

对于进入工厂制作和进入建筑安装现场的材料（成品部件、构件），其材质、规格、型号、尺寸、外观、颜色等应符合国家相关的规定和幕墙设计的特殊功能要求。

（1）钢材

碳素结构钢和低合金结构钢的技术要求应符合《玻璃幕墙工程技术规范》（JGJ 102—

2003)的要求。钢材、钢制品的表面不得有裂纹、气泡、节疤、泛锈、夹渣等,其牌号、规格、化学成分、力学性能、质量等级应符合现行国家标准的规定。幕墙使用的钢材应采用 Q235 钢或 Q345 钢,并具有抗拉强度、伸长率、屈服强度和碳、锰、硅、硫、磷含量的合格保证。焊接结构应具有碳含量的合格保证,焊接承重结构以及重要的非焊接承重结构所采用的钢材还应具有冷弯或冲击试验的合格保证。对耐腐蚀有特殊要求或用于腐蚀性环境中的幕墙结构钢材、钢制品宜采用不锈钢材质。如采用耐候钢,其质量指标应符合《耐候结构钢》(GB/T 4171—2008)的规定。冷弯薄壁型钢构件应符合《冷弯薄壁型钢结构技术规范》(GB 50018—2002)有关规定,其壁厚不得小于 4.0mm,表面处理应符合《钢结构工程施工质量验收规范》(GB 50205—2020)的有关规定。钢型材表面除锈等级不宜低于 Sa2.5 级,表面防腐处理应符合下列要求:①采用热浸镀锌时,锌膜厚度应符合《金属覆盖层钢铁制件热浸镀锌层技术要求及试验方法》(GB/T 13912—2002)的规定;②采用氟碳或聚氨酯漆喷涂时,涂膜厚度不宜小于 35μm,在空气污染及海滨地区,涂膜厚度不宜小于 45μm;③采用防腐涂料进行表面处理时,除密闭的闭口型材内表面外,涂层应完全覆盖钢材表面。不锈钢材料宜采用奥氏体不锈钢,镍铬总含量宜不小于 25%,且镍含量应不小于 8%;暴露于室外或处于高湿度环境的不锈钢构件镍铬总含量宜不小于 29%,且镍含量应不小于 12%。不锈钢钢绞线在使用前必须提供预张拉试验报告、破断力试验报告,其质量和性能应符合《玻璃幕墙工程技术规范》(JGJ 102—2003)的要求。不锈钢钢绞线护层材料宜选用高密度聚乙烯。

(2)铝合金材料

幕墙所使用的铝合金材料,包括铝合金建筑型材、铝及铝合金轧制板材的材料牌号与状态、化学成分、机械性能、表面处理、尺寸允许偏差、精度等级,均应符合现行国家标准的规定。铝合金型材应符合《铝合金建筑型材　第 1 部分:基材》(GB/T 5237.1—2017)对型材尺寸及允许偏差的规定。幕墙铝型材应采用高精度级,其阳极氧化膜厚度不低于 15μm。采用穿条工艺生产的隔热铝型材,以及采用浇注工艺生产的隔热铝型材,其隔热材料应符合现行国家和行业标准、规范的相关要求。铝合金型材表面应清洁、色泽均匀,不应有皱纹、裂纹、起皮、腐蚀斑点、气泡、电灼伤、流痕、发黏以及膜(涂)层脱落等缺陷。铝合金结构焊接应符合《铝合金结构设计规范》(GB 50429—2007)和《铝及铝合金焊丝》(GB/T 10858—2008)的规定,焊丝宜选用 SAlMg-3 焊丝(Eur5356)或 SAlSi-1 焊丝(Eur4043)。

(3)紧固件

幕墙所使用的各类紧固件,如螺栓、螺钉、螺柱、螺母和抽芯铆钉等紧固件机械性能,应符合《紧固件机械性能》(GB/T 3098.1—2010~3098.21—2014)的规定。锚栓应符合《混凝土用膨胀型、扩孔型建筑锚栓》(JG 160—2004)、《混凝土结构后锚固技术规程》(JGJ 145—2013)的规定,可采用碳素钢、不锈钢或合金钢材料。化学螺栓和锚固胶的化学成分、力学性能应符合设计要求,药剂必须在有效期内使用。背栓的材料性质和力学性能应满足设计要求,并由有相应资质的检测机构出具检测报告。幕墙采用的非标准五金件、金属连接件应符合设计要求,并应有出厂合格证书,同时其各项性能应符合现行国家标准的规定。

(4)密封胶、衬垫材料

幕墙所采用的结构密封胶、建筑耐候密封胶、中空玻璃二道密封胶、防火密封胶等均应符合现行国家标准的规定。硅酮结构胶及密封、衬垫材料应符合下列要求:

① 硅酮结构密封胶的性能应符合《建筑用硅酮结构密封胶》(GB 16776—2005)和《中空玻

璃用硅酮结构密封胶》(GB 24266—2009)的规定。

② 硅酮建筑密封胶应符合《硅酮建筑密封胶》(GB/T 14683—2003)的规定,密封胶的位移能力应符合设计要求,且不小于20%。宜采用中性硅酮建筑密封胶。

③ 聚氨酯建筑密封胶的物理力学性能应符合《聚氨酯建筑密封胶》(JC/T 482—2003)的规定。

④ 橡胶材料应符合《建筑门窗、幕墙用密封胶条》(GB/T 24498—2009)、《工业用橡胶板》(GB/T 5574—2008)、《建筑橡胶密封垫——预成型实心硫化的结构密封垫用材料规范》(HG/T 3099—2004)的规定,宜采用三元乙丙橡胶、硅橡胶、氯丁橡胶。

⑤ 玻璃支承垫块宜采用邵氏硬度为80~90的氯丁橡胶等材料,不得使用硫化再生橡胶、木片或其他吸水性材料。不同金属材料接触面设置的绝缘隔离垫片,宜采用尼龙、聚氯乙烯(PVC)等制品。

硅酮结构密封胶使用前,应经国家认可的检测机构进行与其相接触材料的相容性和剥离粘结性试验,并应对其邵氏硬度、标准状态拉伸粘结性能进行复验。硅酮结构密封胶不应与聚硫密封胶接触使用。

同一幕墙工程应采用同一品牌的硅酮结构密封胶和硅酮建筑密封胶,任何情况下,硅酮结构密封胶和硅酮建筑密封胶必须在有效期内使用,不允许使用过期产品。隐框和半隐框玻璃幕墙,其幕墙组件严禁在施工现场打注硅酮结构密封胶。

(5) 玻璃

幕墙玻璃的机械性能、光学性能及热工性能、尺寸允许偏差等,均应符合现行国家标准规定。玻璃幕墙使用的玻璃,应进行厚度、边长、外观质量、应力和边缘处理情况的检验。

玻璃幕墙使用的玻璃必须采用安全玻璃,钢化玻璃宜经过均化处理。玻璃幕墙的中空玻璃应采用双道密封。隐框及半隐框玻璃幕墙的中空玻璃的二道密封必须采用硅酮结构密封胶。

(6) 保温隔热材料

幕墙宜采用岩棉、矿棉、玻璃棉等符合防火设计要求的材料作为隔热保温材料,并符合《绝热用岩棉、矿渣棉及其制品》(GB/T 11835—2007)、《绝热用玻璃棉及其制品》(GB/T 13350—2008)的规定。

(7) 防火材料

防火材料应符合设计要求,具备产品合格证书和耐火测试报告;幕墙的隔热、保温材料的性能分级应符合《建筑材料及制品燃烧性能分级》(GB 8624—2012)的规定;幕墙的层间防火、防烟封堵材料应符合《防火封堵材料》(GB 23864—2009)的要求;防火铝塑板的燃烧性能应符合《建筑材料及制品燃烧性能分级》(GB 8624—2012)的规定,防火铝塑板不得作为防火分隔材料使用;防火密封胶应符合《建筑用阻燃密封胶》(GB/T 24267—2009)的规定;幕墙钢结构用防火涂料的技术性能应符合《钢结构防火涂料》(GB 14907—2018)的规定。

2) 施工工具、机具

(1) 幕墙安装应配备足够数量的转运运输车辆、装卸吊运起重机械、工序间专用的工位工装器具。

(2) 幕墙安装机具主要有:垂直与水平运输机具(含脚手架或吊篮)、电动或手动吸盘、电焊机、砂轮切割机、电钻、螺丝刀、钳子、扳手、线坠、注胶机具、清洗机具、扭矩扳手、普通扳手、测厚仪、铅垂仪、全站仪、激光经纬仪、水平仪、钢卷尺、水平尺、靠尺、角尺等。

（3）幕墙组件的转运，应设计配置专用的，能防止碰撞、防挤压的包装转运吊架。幕墙组件的装卸，应采用行吊、汽车吊、塔吊、龙门吊、卷扬机等起重机具进行作业，所使用的绳具应安全可靠。

（4）组件的搬运、吊装，应设置专用的可移动钢平台、运送车、存放架、简易龙门架、定位卷扬机等搬运工位机具。每个操作班应设专人对设备机具进行保养检查，并填写保养检查记录。

（5）幕墙安装放线、定位、检测所使用的全站仪、激光经纬仪、经纬仪、水平仪、水平尺等测量器具，应经计量监督检测部门鉴定合格，并在有效期内使用。

（6）幕墙安装所使用的电动（手动）测力扳手等手动工具应设专人校核检测，并填写校核记录，量值不准确的器具不可使用。其他紧固工具和一般检测尺表均应处于良好状态，并有专人保管。

（7）幕墙安装应配置对讲通信设备，对不同职能人员设置不同的频率，以便更好地指挥安装作业。

3）作业条件

（1）安装幕墙的主体结构（钢结构、钢筋混凝土结构和楼面工程等）已完工，并按国家有关规范验收合格。

（2）预埋件在主体结构施工时，已按设计要求埋设牢固，位置准确。

（3）幕墙安装所用的吊装机具、工位转运器具、脚手架、吊篮等设置完好，障碍物已拆除。

（4）对幕墙可能造成污染或损伤的分项工程，应在幕墙安装施工前完成，或采取了安全可靠的保护措施。

（5）设置的幕墙单元部件和安装附件存放的临时库房应能防风雨、防日晒，所有器材入场后均能定置、定位摆放，不得直接落地堆放。

（6）幕墙安装施工队伍建立了明确的安全生产、文明生产管理责任制；安全、技术交底已完成。

（7）幕墙安装施工计划和施工技术方案已得到总承包单位技术部门、监理单位的审批。对各分项工程进行协调，将幕墙安装纳入建筑工程施工总计划之中。

（8）在幕墙安装作业面楼板边沿清理出 5～8m 宽的作业面，作业面内不允许存在任何可移动的障碍物，并在幕墙安装作业面楼层底部楼层架好安全防护网。

7.1.2　玻璃幕墙工程施工工艺流程

玻璃幕墙工程施工工艺适用于非抗震设计或 6～8 度抗震设计的玻璃幕墙工程的安装施工。

（1）隐框和半隐框玻璃幕墙

隐框和半隐框玻璃幕墙施工宜按下列工艺流程进行：

测量放线→复查预埋件及安装后置埋件→立柱和横梁加工→立柱安装→横梁安装→防雷装置安装→保温层、防火隔离带安装→玻璃安装→注胶及变形缝密封→擦洗玻璃。

（2）明框玻璃幕墙

明框玻璃幕墙施工宜按下列工艺流程进行：

测量放线→复查预埋件及安装后置埋件→立柱和横梁加工→立柱安装→横梁安装→防雷装置安装→保温、防火材料安装→玻璃安装→压座及扣盖安装→注胶及变形缝密封→擦洗玻璃→检查验收。

（3）全玻璃幕墙及点支承玻璃幕墙

① 全玻璃幕墙施工宜按下列工艺流程进行：

测量放线→复查预埋件及后置埋件→结构梁钢架焊接→吊夹安装→保温层安装→玻璃安装→防火隔离带安装→注胶及变形缝密封→擦洗玻璃。

② 点支承玻璃幕墙施工宜按下列工艺流程进行：

测量放线→复查预埋件及后置埋件→立柱安装→横梁安装→驳接爪安装→保温层安装→玻璃安装→防火隔离带安装→注胶及变形缝密封→擦洗玻璃。

7.1.3 玻璃幕墙工程施工要点

玻璃幕墙
施工

7.1.3.1 隐框和半隐框玻璃幕墙施工要点

（1）测量放线

① 根据建筑的主要轴线控制线，对照主体结构上的竖向轴线，用经纬仪和钢尺复核后，在各楼板边或墙面上弹出立柱中心线和控制线并标识。

② 用水准仪和钢尺，从水准基点复测各楼层标高，并在楼板边或柱、墙上弹出控制标高线并标识。

③ 用经纬仪测量出玻璃幕墙外立面的控制线，在楼板或柱面、墙面上弹线并标识。

④ 当建筑较高时，竖向测量应定时进行。竖向测量时，风力不宜大于四级。

⑤ 当实际位置和标高与设计要求相差较大时，应制定处理方案或修改设计。

（2）复查预埋件及后置埋件

① 玻璃幕墙的三向控制线，对预埋件的位置、标高进行复测，并弹出立柱紧固件的位置控制线、标高控制线，做出标识。同时，对预埋件的规格、尺寸进行复查，并做好预埋件的防腐处理。当与设计要求相差较大时，应制定处理方案。

② 后置埋件应按设计要求做好防腐处理。后置埋件用膨胀螺栓、化学螺栓应固定在强度等级不低于C30的混凝土结构上；后加螺栓应采用不锈钢或镀锌碳素钢，直径不得小于10mm；每个埋件的后加螺栓不得少于两个，螺栓间距和螺栓到构件边缘的距离不应小于70mm。对后置埋件进行现场拉拔检验，应符合设计要求。在后置埋件上弹出立柱紧固件的位置控制线、标高控制线，做出标识。

③ 预埋件的标高偏差不应大于10mm，位置偏差不应大于20mm。

（3）立柱和横梁加工

立柱和横梁下料前先校直调整，车间用切割机下料，现场用砂轮切割机下料；立柱和横梁用钻床钻孔，开榫机开槽、开榫。按设计规定预留加工通气槽孔、冷凝水排出口及雨水排出口。立柱长度的允许偏差为±1.0mm，横梁长度的允许偏差为±0.5mm，端头斜度的允许偏差为15′；下料端头不得因加工而变形，并不应有毛刺；孔位的允许偏差为±0.5mm，孔距的允许偏差为±0.5mm，累计偏差不得大于±1.0mm。

（4）立柱安装

① 安装各楼层紧固件，一般采用镀锌碳素不等边钢紧固件。紧固件与埋件采用焊接连

接,按设计规定的位置、标高和连接方法,均应连接牢固。紧固件安装时,应先点焊固定,检查复核符合要求后,再满焊固定。

② 立柱一般由下往上安装。当立柱一层为一根时,上端悬挂固定,下端滑动;当立柱两层为一根时,上端悬挂固定,中间简支,下端滑动。根据立柱长度,每安装完一层或两层后,再安装上一层或两层。

③ 立柱安装前,应在地面先装配好连接件和绝缘垫片。立柱上端连接件和中间连接件一般为不等边角钢紧固件,紧固件用不锈钢螺栓连接,连接螺栓应进行承载力计算,且螺栓直径不应小于10mm;芯柱在上、下立柱内插入的长度不小于150mm,总长度不应小于400mm,芯柱与立柱应紧密接触,芯柱下部用螺栓固定在下立柱上,且上、下立柱间应留置不小于15mm的间隙;连接件上的螺栓孔均开长孔,以便调整立柱的位置和标高;当立柱与连接件采用不同金属材料时,立柱与连接件采用绝缘垫片分隔。固定件与连接件的接触面,应采用刻纹等防滑措施,未刻纹时,可用非受力短焊缝定位,但不得采用连接焊缝形成受力连接。

④ 立柱安装时,竖起立柱,立柱下端套在下部立柱芯柱上,上端连接件和中间连接件与紧固件用不锈钢螺栓临时固定,用经纬仪和钢尺检查,并调整立柱的位置、标高、垂直度等,符合要求后将螺栓紧固,上、下立柱间间隙用耐候密封胶嵌填。立柱的安装标高偏差不应大于3mm,轴线前后偏差不应大于2mm,轴线左右偏差不应大于3mm;相邻两根立柱安装标高偏差不应大于3mm,同层立柱的最大标高偏差不应大于5mm,相邻两根立柱的距离偏差不应大于2mm。

⑤ 立柱全部或分区域安装完后,应对立柱的整体垂直度、外立面水平度进行检查。当不符合要求时,应及时调整处理。

(5) 横梁安装

① 横梁通过角码、螺钉或螺栓与立柱连接,角码应能承受横梁的剪力。螺钉直径不得小于4mm,每处连接螺钉数量不应少于三个,螺栓不应少于两个。横梁端部与立柱间应留1～2mm的空隙,设置防噪声浅色弹性橡胶垫片或石棉垫片。

② 在立柱上用水准仪和钢尺量测标出横梁的安装位置线。

③ 同一层横梁的安装,应由下向上进行。安装时,将横梁两端的连接件和弹性橡胶垫安装在立柱的预定位置,再按顺序安装同一标高的横梁。横梁应安装牢固,接缝应严密。相邻两根横梁的水平标高偏差不应大于1mm。同层标高偏差:幕墙宽度不大于35m时,不应大于5mm;幕墙宽度大于35m时,不应大于7mm。

④ 当安装完一层的横梁后,应进行检查、调整、固定,符合要求后再安装另一层。

(6) 防雷装置安装

① 幕墙防雷接地安装应符合设计要求。幕墙高度超过200m或幕墙构造复杂、有特殊要求时,宜在设计初期进行雷击风险评估。

② 玻璃幕墙高度在30m以上的立柱和横梁应做电气连接,构成约10m×10m防侧击雷的防雷网。通常上下立柱连接处,用螺栓固定铝排或铜编织线连接。幕墙防雷网与主体结构的均压环防雷体系,通过建筑主体柱主筋用扁钢或钢筋焊接连接。

③ 幕墙顶部女儿墙金属盖板可作为接闪器,每隔10m与主体结构防雷网连接一次,接收雷电流。金属接闪器的厚度不宜小于3mm,当建筑高度低于150m时,截面不宜小于50mm^2;当建筑高度在150m以上时,截面不宜小于70mm^2。

④ 连接应在材料表面保护膜除掉后的部位进行。测试的接地电阻值应符合设计规定,一般情况下,接地电阻应小于 1Ω。

(7) 保温、防火材料安装

① 有热工要求的幕墙,应安装保温材料。保温部分宜从内向外安装,保温材料的安装固定应符合设计规定:板块状保温材料可粘贴和钉接在结构外墙面上;保温棉块也可用镀锌细铁丝网和镀锌细铁丝固定在立柱和横梁形成的框架内;或在保温材料两边用内、外衬板固定;或铺填在焊有钢钉的内衬板上用螺钉固定。内衬板应采用镀锌薄钢板或经防腐处理的钢板。内衬板四周应套装弹性橡胶密封条,与构件接缝应严密;内衬板就位后,用密封胶密封处理。保温材料应铺设平整,拼缝处不留缝隙。

② 幕墙的四周、窗间墙和窗槛墙,均应用防火材料填充,填充厚度不小于 100mm,在楼板处及防火分区间形成防火带。防火材料的衬板应用镀锌钢板,或经防腐处理且厚度不小于 1.5mm 的钢板,不得使用铝板。应先安装衬板,衬板应与横梁或立柱固定牢靠,并用防火密封胶密封;防火材料与玻璃不得直接接触;防火材料用胶粘剂粘贴在衬板上,并用钢钉和不锈钢片固定。防火材料应铺设平整,拼缝处不留缝隙,并注意一块玻璃不能跨越两个防火分区。

③ 按设计要求安装冷凝水排出管及其附件,应与水平构件的预留孔连接严密,与内衬板出水孔连接处应设橡胶密封条。

(8) 玻璃安装

① 玻璃应在车间加工制作。中空玻璃间及隐框、半隐框玻璃与金属副框间,硅酮结构密封胶应在温度 15~30℃、相对湿度 50% 以上洁净的室内打注,且应打注饱满,不得使用过期的硅酮结构密封胶。

② 玻璃安装前,应将玻璃表面污物擦拭干净。玻璃应从上向下、顺一个方向连续安装。热反射玻璃的镀膜面应朝向室内,非镀膜面朝向室外。大块玻璃用电动真空吸盘机抬运,中块玻璃用手动真空吸盘机抬运,小块玻璃用牛皮带或直接用手抬运。

③ 隐框或横向半隐框玻璃幕墙,每块玻璃的下端应先设两个铝合金或不锈钢托条,其长度不应小于 100mm,厚度不应小于 2mm,托条外端应比玻璃外表面缩回 2mm。托条上应设置弹性垫块。

④ 隐框边的金属副框与立柱、横梁的联结有夹片、压片或挂钩等方式。夹片、压片均用螺栓固定,与金属副框接触处衬防震橡胶垫;挂钩连接是将金属副框上和通长挂钩直接卡入立柱、横梁的通长挂钩上,挂钩接触处衬防震橡胶条。安装时应控制好接缝宽度。

⑤ 半隐框玻璃幕墙,明框边的玻璃与立柱、横梁凹槽底部应保持一定的间隙,用橡胶条等弹性材料填充。安装前,先将立柱、横梁的凹槽清理干净;安装时,一般先置入垫块,再嵌入内胶条,然后装入玻璃,最后嵌入外胶条。橡胶条长度宜比边框内槽口长 1.5%~2.5%,其断口应留在四角,橡胶条应沿斜面断开,用粘结剂粘结牢固。嵌入胶条时,先间隔分点塞入,再分边塞入。室外一侧根据设计要求可嵌入耐候密封胶。玻璃在立柱、横梁槽内的嵌入量应符合设计规定。

(9) 注胶及变形缝密封

① 玻璃与立柱、横梁间的接缝用耐候硅酮密封胶密封,密封胶的施工厚度应大于3.5mm,胶缝宽度不小于厚度的 2 倍,密封胶在接缝内应形成相对两面粘结,不得形成三面粘结。注胶前,接缝的密封胶接触面上附着的油污等,用工业乙醇等清洁剂清理干净,潮湿表面应充分干

燥。接缝内用聚氯乙烯泡沫圆棒充填,保持平直,并预留注胶厚度;在玻璃上沿接缝两侧贴防护胶带纸,使胶带纸边与缝边齐直;注胶顺序为从上向下,先平缝,后竖缝,注胶应持续均匀,用注胶枪把胶注入缝内,并立即用胶筒或刮刀刮平;隔日注胶时,先清理胶缝连接处的胶头,切除圆弧头部分,使两次注胶连接紧密;确认注胶合格后,取掉防护胶带纸,清洁接缝周围。注意避免在雨天、高温和气温低于5℃时进行注胶作业。

② 变形缝处幕墙与幕墙的间隙,应根据变形缝设计图纸进行施工。

(10)擦洗玻璃

玻璃幕墙安装完后,玻璃、金属框和其他配件用擦窗机清洗或乘吊篮人工清洗干净。擦洗用清洗剂应为中性清洗剂,清洗剂清洗完后及时用清水冲洗干净。

7.1.3.2　明框玻璃幕墙施工要点

(1)压座及扣盖安装

当明框玻璃边采用压座及扣盖时,先用自攻螺丝或螺栓将压座固定在立柱、横梁上,再将扣盖用橡皮锤敲击固定在压座上,且压座与立柱、横梁间,压座与扣盖间均应衬防震橡胶垫。当压座或扣盖与玻璃相邻时,压座、扣盖与玻璃间填塞泡沫圆棒、嵌橡胶条或硅酮耐候密封胶。

(2)其余部分参考隐框和半隐框玻璃幕墙施工。

7.1.3.3　全玻璃幕墙及点支承玻璃幕墙施工要点

(1)点支承玻璃幕墙立柱安装及全玻璃幕墙结构梁钢架焊接

① 安装各楼层紧固件,一般采用镀锌碳素不等边钢紧固件。紧固件与埋件采用焊接连接,按设计规定的位置、标高和连接方法连接牢固。紧固件安装时,应先点焊固定,检查复核符合要求后,再满焊固定。

② 点支承玻璃幕墙立柱一般采用碳素钢方管和圆管,一般由下往上安装。当立柱一层为一根时,上端悬挂固定,下端滑动;当立柱两层为一根时,上端悬挂固定,中间简支,下端滑动。根据立柱长度,每安装完一层或两层后,再安装上一层或两层。

③ 点支承玻璃幕墙立柱安装前,应在地面用钻床钻孔,开榫机开槽、开榫,按设计规定预留加工通气槽孔、冷凝水排出口及雨水排出口。立柱上端连接件和中间连接件一般为不等边角钢,一般采用满焊固定,滑动端头用不锈钢螺栓连接,连接螺栓应进行承载力计算,且螺栓直径不应小于10mm;芯柱或夹板在上、下立柱连接的长度不小于150mm,总长度不应小于400mm,芯柱或夹板与立柱应紧密接触,芯柱或夹板和下部立柱满焊,用螺栓固定上部立柱的下端,且上、下立柱间应留置不小于10mm的间隙;芯柱或夹板上的螺栓孔均开竖长孔,以便滑动立柱下端消除热胀冷缩的影响;当立柱与连接件采用不同金属材料时,立柱与连接件采用绝缘垫片分隔。固定件与连接件的接触面,应采用刻纹等防滑措施,未刻纹时,可用非受力短焊缝定位,但不得采用连接焊缝形成受力连接。

④ 点支承玻璃幕墙立柱安装时,竖起立柱,立柱下端套在下部立柱芯柱或夹板上,上端连接件和中间连接件与紧固件临时固定,用经纬仪和钢尺检查,并调整立柱的位置、标高、垂直度等,符合要求后将螺栓紧固,上端连接件和中间连接件与紧固件满焊固定,上、下立柱间间隙用耐候密封胶嵌填。立柱的安装标高偏差不应大于3mm,轴线前后偏差不应大于2mm,轴线左右偏差不应大于3mm;相邻两根立柱安装标高偏差不应大于3mm,同层立柱的最大标高偏差不应大于5mm,相邻两根立柱的距离偏差不应大于2mm。

⑤ 点支承玻璃幕墙立柱全部或分区域安装完后,应对立柱的整体垂直度、外立面水平度进行检查。当不符合要求时,应及时调整处理。

⑥ 全玻璃幕墙结构梁钢架安装,最好在加工场地按图纸加工主受力方向钢架,再吊装到预埋板位置,通过转接件进行焊接连接,再将主受力钢架进行横向焊接连接,使之受力成为一体,再按照放线尺寸焊接安置吊夹所在的钢龙骨,先点焊固定后,进行尺寸校对,符合要求后全部满焊固定。

(2) 点支承玻璃幕墙横梁安装

① 横梁通过焊接与立柱连接,焊缝应能承受横梁的剪力。

② 用水准仪和钢尺量测,在立柱上标出横梁的安装位置线。

③ 同一层横梁的安装,应由下向上进行。横梁应安装牢固,接缝应严密。相邻两根横梁的水平标高偏差不应大于 1mm。同层标高偏差:当一幅幕墙宽度不大于 35m 时,不应大于 5mm;当一幅幕墙宽度大于 35m 时,不应大于 7mm。

④ 当安装完一层高度的横梁后,应进行检查、调整、校正、固定,符合要求后再安装另一层。

(3) 全玻璃幕墙吊夹安装及点支承玻璃幕墙驳接爪安装

① 全玻璃幕墙的吊夹材质一般是镀锌碳素钢、不锈钢、铸铜和铝合金等金属材料,按构造可分为活动式、固定式和穿孔式,按夹数可分为单夹和双夹;其性能必须符合相应的国家标准。单吊夹的承载力应不小于 2kN,双吊夹的承载力应不小于 4kN。单个吊夹每侧夹板与玻璃间的接触面积不得小于 20mm×100mm。高度超过 4m 的全玻璃幕墙应吊挂在主体结构上,吊夹具应符合设计要求,玻璃与玻璃、玻璃与玻璃肋之间的缝隙应采用硅酮结构密封胶填嵌严密;吊夹通过可调节螺杆螺帽和受力钢骨连接,除玻璃肋可采用一个吊夹外,单块吊挂玻璃不得少于两个吊夹。上部悬挂的同时,下部放置玻璃的槽口应先设置不少于两块弹性定位垫块,垫块的宽度与槽口宽度相同,长度不小于 100mm。

② 点支承玻璃幕墙驳接爪材质一般是镀锌碳素钢、不锈钢和铝合金等金属材料,按构造可分为活动式和固定式,连接件按外形可分为浮头式和沉头式,按固定点数和外形可分为单点爪、双点爪、三点爪、四点爪和多点爪,其性能必须符合相应的国家标准。驳接爪通过焊接和栓接立柱、横梁进行固定连接。点支承玻璃幕墙应采用带万向头的活动不锈钢爪,其钢爪间的中心距离应大于 250mm。

(4) 层间防火隔离带安装

幕墙的层间防火隔离带,防火材料的衬板应用镀锌钢板,或经防腐处理且厚度不小于 1.5mm 的钢板,不得用铝板。应先安装衬板,衬板应与横梁或立柱紧密接触,用防火密封胶密封,并防止防火材料与玻璃直接接触;防火材料用胶粘剂粘贴在衬板上,填充厚度不小于 100mm,并用钢钉及不锈钢片固定。防火材料应铺设平整,拼缝处不留缝隙,并注意一块玻璃不能跨越两个防火分区。对外观要求非常高的全玻璃幕墙及点承式玻璃幕墙,要求通透性和完成后晶莹剔透,应采用满足防火时限的钾防火玻璃进行层间防火处理,接缝处应采用防火密封胶密封。

7.1.4 玻璃幕墙工程施工质量验收

(1) 主控项目

① 幕墙工程所用材料、构件和组件应符合设计要求及现行国家产品标准和行业标准《玻

璃幕墙工程技术规范》(JGJ 102)的规定。

② 玻璃幕墙的造型和立面分格应符合设计要求。

③ 玻璃幕墙与主体结构的预埋件和后置埋件位置、数量、规格尺寸及后置埋件、槽式预埋件的拉拔力应符合设计要求。

④ 构件之间的连接、玻璃面板的安装应符合设计要求,安装应牢固。

⑤ 隐框或半隐框玻璃幕墙,每块玻璃下端应设置两个铝合金或不锈钢托条,其长度不应小于 100mm,厚度不应小于 2mm,托条外端应低于玻璃外表面 2mm;托条上部不少于两块弹性垫块,垫块的宽度与槽口宽度相同,长度不小于 100mm,厚度不小于 2mm。

⑥ 明框玻璃幕墙的玻璃安装应符合:玻璃槽口与玻璃的配合尺寸应符合设计要求和技术标准的规定;玻璃与构件不得直接接触,玻璃四周与构件凹槽底部应保持一定的空隙,每块玻璃下部至少放置两块与槽口宽度相同、长度不小于 100mm 的弹性定位垫块;玻璃两边嵌入量及空隙应符合设计要求;玻璃四周橡胶条的材质、型号应符合设计要求,镶嵌应平整,橡胶条长度应比边框内槽长 1.5%～2.0%,橡胶条在转角处应沿斜面断开,并应用胶粘剂粘结牢固后嵌入槽内。

⑦ 高度超过 4m 的全玻璃幕墙应吊挂在主体结构上,吊夹具应符合设计要求,玻璃与玻璃、玻璃与玻璃肋之间的缝隙,应采用硅酮结构密封胶填嵌严密;点支承玻璃幕墙应采用带万向头的活动不锈钢爪,其钢爪间的中心距离应大于 250mm。全玻璃幕墙及点承式玻璃幕墙使用的玻璃应符合:幕墙应使用安全玻璃,玻璃的品种、规格、颜色、光学性能及安装方向应符合设计要求;全玻璃幕墙肋玻璃的厚度不应小于 12mm,且宽度不宜小于 100mm;全玻璃幕墙的中空玻璃应采用双道密封;幕墙的夹层玻璃应采用聚乙烯醇缩丁醛(PVB)胶片干法加工合成的夹层玻璃。幕墙夹层玻璃的夹层胶片(PVB)厚度不应小于 0.76mm;钢化玻璃表面不得有损伤,钢化玻璃应进行引爆处理;所有幕墙玻璃均应进行边缘处理。

⑧ 玻璃幕墙节点、各种变形缝、墙角的连接节点应符合设计要求。

⑨ 玻璃幕墙的防火、保温、防潮材料的设置应符合设计要求,填充应密实、均匀,厚度一致。

⑩ 玻璃幕墙应无渗漏。

⑪ 金属框架和连接件的防腐处理应符合设计要求。

⑫ 玻璃幕墙开启窗的配件应齐全,安装应牢固,安装位置和开启方向、角度应正确;开启应灵活,关闭应严密。

⑬ 玻璃幕墙的金属构架应与主体结构防雷装置可靠接通,并应符合设计要求。

(2) 一般项目

① 玻璃幕墙表面应平整、洁净;整幅玻璃的色泽应均匀一致,不得有污染和镀膜损坏。

② 每平方米玻璃的表面质量应符合表 7.1 的要求。

表 7.1　玻璃的表面质量和检验方法

项次	项目	质量要求	方法
1	明显划伤和长度＞100mm 的轻微划伤	不允许	观察
2	长度≤100mm 的轻微划伤	≤8 条	用钢尺检查
3	擦伤总面积	≤500mm²	用钢尺检查

③ 一个分格铝合金型材的表面质量应符合表 7.2 的要求。

表 7.2　分格铝合金型材的表面质量和检验方法

项次	项目	质量要求	方法
1	明显划伤和长度＞100mm 的轻微划伤	不允许	观察
2	长度≤100mm 的轻微划伤	≤2 条	用钢尺检查
3	擦伤总面积	≤500mm²	用钢尺检查

④ 明框玻璃幕墙的外露框或压条应横平竖直,颜色、规格应符合设计要求,压条安装应牢固。

⑤ 点支承玻璃幕墙拉杆和拉索的预应力应符合设计要求。

⑥ 玻璃幕墙板缝注胶应饱满、密实、连续、深浅一致、宽窄均匀、光滑顺直、无气泡,胶缝的宽度和厚度应符合设计要求。

⑦ 玻璃幕墙隐蔽节点的遮封装修应牢固、整齐、美观。

⑧ 隐框、半隐框玻璃幕墙安装的允许偏差见表 7.3。

表 7.3　隐框、半隐框玻璃幕墙安装的允许偏差（mm）

项次	项目		偏差（mm）
1	幕墙垂直度	幕墙高度≤30m	10
		30m＜幕墙高度≤60m	15
		60m＜幕墙高度≤90m	20
		幕墙高度＞90m	25
2	幕墙横向构件水平度	幕墙幅宽≤35m	3
		幕墙幅宽＞35m	5
3	幕墙表面平整度		2
4	板材立面垂直度		2
5	板材上沿水平度		2
6	相邻板材板角错位		1
7	阳角方正		2
8	接缝直线度		3
9	接缝高低差		1
10	接缝宽度		1

⑨ 明框玻璃幕墙安装的允许偏差应符合表 7.4 的规定。

表 7.4　明框玻璃幕墙安装的允许偏差（mm）

项次	项目		偏差（mm）
1	幕墙垂直度	幕墙高度≤30m	10
		30m＜幕墙高度≤60m	15
		60m＜幕墙高度≤90m	20
		幕墙高度＞90m	25
2	幕墙横向构件水平度	幕墙幅宽≤35m	5
		幕墙幅宽＞35m	7
3	构件直线度		2
4	构件水平度	构件长度≤2m	2
		构件长度＞2m	3
5	相邻构件错位		1
6	分格框对角线长度	对角线长度≤2m	3
		对角线长度＞2m	4

⑩ 不锈钢驳接爪安装的允许偏差：相邻钢爪水平距离和竖向距离为±1.5mm；同层钢爪高度允许偏差见表 7.5。

表 7.5　同层钢爪高度允许偏差

水平距离 L(m)	允许偏差（×1000mm）
$L≤35$	$L/700$
$35＜L≤50$	$L/600$
$50＜L≤100$	$L/500$

⑪ 点支承玻璃幕墙安装的允许偏差应符合表 7.6 的规定。

表 7.6　点支承玻璃幕墙安装的允许偏差（mm）

项次	项目		允许偏差（mm）
1	竖缝及墙面垂直度	幕墙高度≤30m	10
		30m＜幕墙高度≤50m	15
2	平面度		2.5
3	胶缝直线度		2.5
4	相邻玻璃平面高低差		1
5	拼缝宽度		2

⑫ 全玻璃幕墙安装的质量应符合：墙面胶缝应平整光滑、宽度均匀，胶缝宽度与设计值的偏差不应大于 2mm；玻璃面板与玻璃肋之间的垂直度偏差不应大于 2mm，相邻玻璃面板的平面高低偏差不应大于 1mm；玻璃与镶嵌槽的间隙应符合设计要求，密封胶应灌注均匀、密实、

连续;玻璃与周边结构或装修的空隙不应小于 8mm,密封胶填缝应均匀、密实、连续。

7.2 金属幕墙工程施工

在现代建筑装饰中,金属制品得到广泛应用,如柱子外包不锈钢板或铜皮,楼梯扶手采用不锈钢管或铜管等。金属板幕墙类似于玻璃幕墙,它是由工厂定制的折边金属薄板作为外围护墙面,与窗一起组合成幕墙,形成闪闪发光的金属墙面,有其独特的现代艺术感。

与玻璃幕墙相比,金属板幕墙主要有几个特点:强度高、自重轻、板面平整无瑕;优良的成型性,易加工、质量精度高、生产周期短,可进行工厂化生产;防火性能好。金属板幕墙适用于各种工业与民用建筑。

金属板幕墙一般是悬挂在承重骨架和外墙面上,具有典雅庄重、质感丰富以及坚固、耐久、易拆卸等优点。施工方法多为预制装配,节点构造复杂,施工精度要求高,施工时需要有完备的工具设备以及经过技术培训、有一定经验的工人才能完成操作。

金属板幕墙的种类很多,按照材料可以分为单一材料板(如钢板、铝板、铜板、不锈钢板等)和复合材料板(如铝合金板、搪瓷板、烤漆板、镀锌板、彩色塑料膜板、金属夹心板等);按照板面的形状可以分为光面平板、纹面平板、压型板、波形板和立体盒板等,如图 7.2 所示。

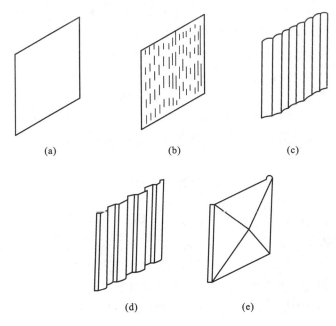

(a)　　　　　　(b)　　　　　　(c)

(d)　　　　　　(e)

图 7.2　金属幕墙板

(a) 光面平板;(b) 纹面平板;(c) 波形板;(d) 压型板;(e) 立体盒板

7.2.1　金属幕墙工程施工准备

(1)施工材料

① 金属面板:一般采用铝板、合金板、铝塑复合板等材料,其品种、规格、颜色应符合设计要求及国家现行有关标准、规范的要求,应有产品合格证书。

② 其他内容参见第 7.1 节。

（2）施工工具、机具

金属幕墙工程施工常用工具和机具有型材切割机、电焊机、电锤、电钻、拉铆枪、螺丝刀、线坠、靠尺等。

（3）作业条件

参见第 7.1 节。

7.2.2　金属幕墙工程施工工艺流程

金属幕墙工程施工宜按下列工艺流程进行：

测量放线→复查预埋件及后置埋件→立柱和横梁加工制作→立柱安装→横梁安装→防雷装置安装→保温、防火材料安装→金属板加工制作→金属板安装→注胶及变形缝密封→擦洗金属板。

7.2.3　金属幕墙工程施工要点

（1）横梁安装

① 立柱安装完后，用水准仪和钢尺量测，在立柱上标出横梁的安装位置线。

② 铝横梁通过角码、螺钉或螺栓与立柱连接，角码应能承受横梁的剪力。螺钉直径不得小于 4mm，每处连接螺钉数量不应少于三个，螺栓不应少于两个。横梁端部与立柱间应留 1mm 的空隙，设防噪声浅色弹性橡胶垫片或石棉垫片。钢横梁通过焊接与立柱连接，焊缝应能承受横梁的剪力，焊缝高度不得低于钢材厚度。横梁端部与立柱间应满焊连接，每隔 10m 左右应设置一处栓接，以消减热胀冷缩产生的应力。

③ 同一层横梁的安装，应由下向上进行。安装时，将横梁两端安装在立柱的预定位置，再按顺序安装同一标高的横梁。横梁应安装牢固，接缝应严密。相邻两根横梁的水平标高偏差不应大于 1mm。同层标高偏差：当一幅幕墙宽度不大于 35m 时，不应大于 5mm；当一幅幕墙宽度大于 35m 时，不应大于 7mm。

④ 当安装完一层高度的横梁后，应进行检查、调整、固定，符合要求后再安装另一层。

（2）金属板加工制作

① 金属板应在车间内加工制作。金属板可用小型电锯或手锯裁切，裁切时应镜面朝上，可以高速锯割和进锯，用空压机吹走锯末；刻槽用刀或手锯，用空压机吹走锯末；钻孔用电钻或钻床，曲线加工用线钻，用空压机吹走切屑；边缘刨平用手刨、锉刀或刮刀；剪断用剪床；弯折可冷弯；滚圆弧用三辊机。铝合金板和不锈钢板在制作构件时，应四周折边。金属板面积较大时，应按需要设置边肋、中肋等加劲肋，铝塑复合板折边处应设边肋。加劲肋可用金属方管、槽型材或角型材。

② 单层铝板折弯加工时，折弯外圆弧半径不应小于板厚的 1.5 倍；当设置加劲肋时，加劲肋可用结构装配方式，用结构密封胶将其固定在铝板的相应位置上，也可在铝板上用栓焊固定螺钉，用螺钉固定加强肋，但应确保铝板外表面不变形、不褪色，固定应牢固；单层铝板的固定耳板，可采用焊接、铆接或在铝板上直接冲压而成，应保证位置准确，调整方便，固定牢固；单层铝板构件的四周与加劲肋固定应采用铆接、螺栓连接、胶粘与机械连接相结合的形式，应做到构件刚性好，固定牢固。

③ 铝塑复合板应弯折成槽形，即四周均需折边，两相邻折边连接处用角码固定；弯折前切

铣内层铝板和聚乙烯塑料时,应保留不小于 0.3mm 厚的聚乙烯塑料,且使所保留的塑料层厚度均匀,并不得划伤外层铝板的外表面;打孔、切口等外露的聚乙烯塑料及角缝,应采用中性硅酮耐候密封胶密封;加工过程中铝塑复合板严禁与水接触;当面积较大时可用加强肋,加强肋一般采用结构装配方式用结构胶固定在板面指定位置,槽形板的加强肋与板的折边必须连接牢固。

④ 蜂窝铝板加工时,应根据组装要求决定切口的尺寸和形状,切除铝芯时,不得划伤蜂窝铝板外层铝板的内表面;各部位外层铝板上应保留 0.3～0.5mm 的铝芯;直角构件的加工,折角应弯成圆弧状,角缝应采用硅酮耐候密封胶密封;大圆弧角构件的加工,圆弧部位应填充防火材料;边缘的加工,应将外层铝板折合 180°,并将铝芯包封。

⑤ 当金属板与立柱、横梁采用压片式或挂钩式连接时,金属板边设置金属副框,金属板与副框用螺钉连接。

⑥ 金属板幕墙组件安装完毕后,组件与组件间缝隙用胶条嵌实或嵌入建筑密封胶密封,嵌胶前应将嵌胶表面清理干净,嵌胶结束后,对胶缝表面刮平处理。

(3) 金属板安装

① 金属板应按从上向下、从左向右的顺序安装。金属板与立柱、横梁的连接采用螺钉固定、压片或挂钩等方式。当采用螺钉连接时,安装前,先核实位置,按金属板耳板上的螺纹孔位置,在立柱、横梁上用不锈钢钻尾钉将金属板固定在立柱、横梁上;当采用压片连接时,将金属板副框用压片和不锈钢钻尾钉固定在立柱、横梁上,并宜在副框与立柱、横梁接触处垫防震胶垫;当采用挂钩连接时,金属板副框上的通长挂钩直接卡入立柱、横梁的通长挂钩上,或卡入已安装好的金属板副框的通长挂钩上,且挂接处应设防震胶垫条。金属板安装时的左右、上下偏差不应大于 1.5mm。

② 窗台、女儿墙的压顶,一般采用厚度不小于 2.5mm 的直角形铝合金板封盖,压顶板的坡度和坡向应符合设计要求。一般先在基层上焊金属骨架,用不锈钢钻尾钉将盖板固定在骨架和金属板上,用耐候密封胶密封。幕墙边缘部位的收口处理,用铝合金板将幕墙端部及立柱封住,并用硅酮耐候密封胶密封。幕墙下端的收口处应用特制的披水板将板的下端封住,并用硅酮耐候密封胶密封。

(4) 擦洗金属板

金属板幕墙安装完后,用擦窗机清洗或乘吊篮人工清洗干净。擦洗用清洗剂应为中性清洗剂,用清洗剂清洗后及时用清水冲洗干净。

7.2.4 金属幕墙工程施工质量验收

(1) 主控项目

① 金属幕墙工程所用材料和配件应符合设计要求及现行国家产品标准和行业标准《金属与石材幕墙工程技术规范》(JGJ 133)的规定。

② 金属幕墙的造型、立面分格、颜色、光泽、花纹和图案应符合设计要求。

③ 金属幕墙的预埋件和后置埋件位置、数量、规格尺寸及后置埋件、槽式预埋件的拉拔力应符合设计要求。

④ 金属幕墙构架与主体结构埋件的连接、构件之间的连接、金属面板的安装应符合设计要求,安装应牢固。

⑤金属幕墙的防火、保温、防潮材料的设置应符合设计要求,填充应密实、均匀,厚度一致。

⑥金属框架和连接件的防腐处理应符合设计要求。

⑦金属幕墙的金属构架应与主体结构防雷装置可靠接通,并应符合设计要求。

⑧变形缝、墙角的连接节点应符合设计要求。

⑨金属幕墙应无渗漏。

(2)一般项目

①金属表面应平整、洁净,色泽一致。

②金属幕墙的压条应平直、洁净,接口严密,安装牢固。

③金属幕墙板缝注胶应饱满、密实、连续、深浅一致、宽窄均匀、光滑顺直、无气泡,胶缝的宽度和厚度应符合设计要求。

④金属幕墙流水坡向应正确,滴水线应顺直。

⑤每平方米金属板的表面质量要求和检验方法应符合表 7.7 的规定。

表 7.7　每平方米金属板的表面质量要求和检验方法

项次	项目	质量要求	方法
1	明显划伤和长度>100mm 的轻微划伤	不允许	观察
2	长度≤100mm 的轻微划伤	≤8 条	用钢尺检查
3	擦伤总面积	≤500mm²	用钢尺检查

⑥金属幕墙的安装允许偏差应符合表 7.8 的规定。

表 7.8　金属幕墙的安装允许偏差(mm)

项次	项目		偏差(mm)
1	幕墙垂直度	幕墙高度≤30m	10
		30m<幕墙高度≤60m	15
		60m<幕墙高度≤90m	20
		幕墙高度>90m	25
2	幕墙横向构件水平度	幕墙幅宽≤35m	5
		幕墙幅宽>35m	7
3	幕墙表面平整度		2
4	板材立面垂直度		3
5	板材上沿水平度		2
6	相邻板材板角错位		1
7	阳角方正		2
8	接缝直线度		3
9	接缝高低差		1
10	接缝宽度		1

7.3 石材幕墙工程施工

从建筑物外墙的特征来看,石材板幕墙是一种独立的围护结构体系,它是利用金属挂件将石材饰面板直接悬挂在主体结构上。当主体结构为框架结构时,应先将专门设计的、独立的金属骨架悬挂在主体结构上,然后再通过金属挂件将石材饰面板吊挂在金属骨架上。

石材幕墙板是一个完整的围护结构体系,应该具有承受重力荷载、风荷载、地震荷载和温度应力的作用,还应能适应主体结构位移影响,所以必须按照有关设计规范进行强度计算和刚度验算;另外,还应满足建筑热工、隔声、防水、防火和防腐蚀等要求。

石材幕墙板的分格要满足建筑立面造型设计的要求,也应注意石材板的尺寸和厚度,保证石材板在各种荷载作用下的强度要求,同时,分格尺寸也应尽量符合建筑模数化,尽量减少分格尺寸的数量,从而方便施工。

在高级建筑装饰幕墙工程中,使用最多的当属干挂花岗岩石板幕墙。干挂花岗岩石板幕墙起源于20世纪60年代后期,20世纪80年代中期引入中国,经过几十年的实践和发展,在材料和构造方面均优于湿法镶贴石材板;通过对室外采用天然石材饰面板的几十幢纪念性建筑物进行调查和研究,发现采用水泥砂浆镶贴安装的大理石和花岗岩不同程度地出现了空鼓、错位、离层现象,严重的部位导致脱落、大理石泛色等功能性质量问题。

石材饰面板多采用天然花岗岩,常用板材厚度为25~30mm。由于天然石材的物理力学性能较离散,还存在许多微细裂隙,即使在同一矿脉中开采的石材,其强度和颜色也有很大差异;再者,石材板幕墙暴露在室外,其面积和高度一般较大,且要长期受到各种自然环境和气候因素的作用,所以一定要选择质地密实、孔隙率小、含氧化铁矿成分少的品种。当荒料加工成大板后,还要进一步对材质和斑纹颜色进行严格挑选分类。

在选择花岗石时,除外观装饰效果外,还应了解其主要物理力学性能,尤其是一些粗结晶的品种。

部分花岗石含有较多的硫化物(如黄铁矿)且分散在岩石中,花岗石饰面会因硫化物的氧化而变色,使鲜艳明快的饰面变暗,板面出现锈斑、褐斑。因此,在选择花岗石时应对色纹、色斑、石胆以及裂隙等缺陷引起注意,一般不应用于墙面、柱面的装饰,尤其是醒目部位。

7.3.1 石材幕墙工程施工准备

(1)施工材料

石材、铝合金型材、碳素型钢、石材专用环氧树脂结构胶、硅酮耐候密封胶、五金配件等应符合相关规范规定及技术要求。

(2)施工工具、机具

石材幕墙工程施工常用工具和机具有电焊机、砂轮切割机、电钻、螺丝刀、钳子、扳手、线坠、经纬仪、水平尺、钢卷尺等。

(3)作业条件

参见第7.1节。

7.3.2　石材幕墙工程施工工艺流程

石材幕墙工程施工宜按下列工艺流程进行：

测量放线→复查预埋件及后置件→立柱和横梁加工制作→立柱安装→横梁安装→防雷装置安装→保温、防火材料安装→石材板加工制作→石材板安装→注胶及变形缝密封→擦洗石材板。

7.3.3　石材幕墙工程施工要点

石材幕墙
施工

（1）石材板加工制作

① 幕墙石材宜选用火成岩，石材吸水率应小于0.8%。

② 花岗石板材的弯曲强度应经法定检测机构检测确定，其弯曲强度标准值不应小于8.0MPa。

③ 石板的表面处理方法应根据环境和用途决定。

④ 为满足等强度计算的要求，火烧石板的厚度应比抛光石板厚3mm。

⑤ 石材加工的技术要求应符合国家标准的规定。

⑥ 石材表面应采用机械进行加工，加工后的表面应用高压水冲洗或用水和刷子清理，严禁用溶剂型的化学清洁剂清洗石材。

⑦ 花岗石的加工精度必须达到+0，-1的标准。

⑧ 外墙用花岗石必须采用六面防护防水处理。

（2）石材板安装

① 为了达到外立面的整体效果，要求板材加工精度较高，要现场精心挑选板材，实地预排，减少上墙后的色差。

② 短槽式挂件的石材板宜在垂直状态下，由机械开槽口；背栓式挂件的石材板宜在水平状态下，由专用开孔机械进行开孔。

③ 石材板应按从上向下、从左向右的顺序安装。石材板与横梁的连接采用短槽式、背栓式等方式。当采用短槽式挂件连接时，先将不锈钢挂件用不锈钢螺栓固定在角钢横梁上，不锈钢挂件下设防震胶垫。根据挂件位置进行预安装石材并标注开槽位置，在石材上下边进行开槽。开槽位置应居中，槽口宽度不宜超过不锈钢挂件的2倍，用气泵清理槽口，槽口填环氧树脂石材专用结构胶。将石材放置在预定位置，调节石材位置，石材到位后紧固不锈钢螺栓，石材背面与不锈钢挂件形成的直角处用刮刀填塞环氧树脂石材专用结构胶并修整胶面，使之密实。

当采用背栓式连接时，先将不锈钢或铝挂件用不锈钢螺栓固定在角钢横梁上，并宜在挂件上部和槽内接触处设防震胶垫；石材背栓可在工厂使用大型设备和现场使用手提式小型设备进行加工。埋入背栓后，根据石材背栓尺寸对横梁精确开孔，将石材放置在预定位置，调节石材位置，石材到位后紧固不锈钢螺栓和顶丝，要做到施工完成后横平竖直、符合标准。

④ 板材钻孔位置应根据设计图纸确定，钻孔深度依据背栓深度予以控制，保证钻孔位置正确。

（3）注胶及变形缝密封

① 石材板间的接缝用硅酮耐候密封胶密封,密封胶的厚度和宽度应符合设计要求,密封胶在接缝内应形成相对两面粘结,不得形成三面粘结。用于石材幕墙的硅酮结构密封胶还应有证明无污染的试验报告。注胶前,接缝的密封胶接触面上附着的油污等用工业乙醇等清洁剂清理干净,潮湿表面应充分干燥。接缝内用聚氯乙烯泡沫圆棒充填,保持平直,并预留注胶厚度;在石材板上沿接缝两侧贴防护胶带纸,使胶带纸边与缝边齐直;注胶应持续均匀,先平缝后竖缝,用注胶枪把胶注入缝内,并立即用胶筒或弧形刮板将缝刮平;确认注胶合格后,取掉防护胶带纸,清洁接缝两边。注意避免在雨天、高温和气温低于5℃时进行注胶作业。

② 变形缝处幕墙与幕墙的间隙,应根据变形缝设计图纸进行施工。

③ 无胶开缝设计要有防水构造和钢龙骨防锈加强措施。

（4）擦洗石材板

石材幕墙安装完后,用擦窗机清洗或乘吊篮人工清洗干净。擦洗用清洗剂应为中性清洗剂,清洗剂清洗后及时用清水冲洗干净。

7.3.4 石材幕墙工程施工质量验收

（1）主控项目

① 石材幕墙工程所用材料的品种、规格、性能等级,应符合设计要求及现行国家产品标准和行业标准《金属与石材幕墙工程技术规范》(JGJ 133)的规定。

② 石材幕墙的造型、立面分格、颜色、光泽、花纹和图案应符合设计要求。

③ 石材孔、槽的数量、深度、位置、尺寸应符合设计要求。

④ 石材幕墙主体结构的预埋件和后置埋件位置、数量、规格尺寸及后置埋件、槽式预埋件的拉拔力应符合设计要求。

⑤ 石材幕墙构架与主体结构埋件的连接、构件之间的连接、石材面板的安装应符合设计要求,安装应牢固。

⑥ 金属框架和连接件的防腐处理应符合设计要求。

⑦ 石材幕墙的金属框架应与主体结构防雷装置可靠接通,并应符合设计要求。

⑧ 石材幕墙的防火、保温、防潮材料的设置应符合设计要求,填充应密实、均匀、厚度一致。

⑨ 变形缝、墙角的连接节点应符合设计要求。

⑩ 石材表面和板缝的处理应符合设计要求。

⑪ 石材幕墙应无渗漏。

（2）一般项目

① 石材幕墙表面应平整、洁净、无污染,不得有缺损和裂痕;颜色和花纹应协调一致,无明显色差、修痕。

② 石材幕墙的压条应平直、洁净、接口严密、安装牢固。

③ 石材接缝应横平竖直、宽窄均匀;阴阳角石板压向应正确,板边合缝应顺直;凸凹线出墙厚度应一致,上下口应平直;石材面板上洞口、槽边应套割吻合,边缘应整齐。

④ 石材幕墙板缝注胶应饱满、密实、连续、深浅一致、宽窄均匀、光滑、顺直、无气泡,胶缝

的宽度和厚度应符合设计要求。

　　⑤ 石材幕墙流水坡向应正确,滴水线应顺直。

　　⑥ 每平方米石材的表面质量要求和检验方法应符合表 7.9 的规定。

表 7.9　每平方米石材的表面质量要求和检验方法

项次	项目	质量要求	方法
1	明显划伤和长度大于 100mm 的轻微划伤	不允许	观察
2	长度小于或等于 100mm 的轻微划伤	≤8 条	用钢尺检查
3	擦伤总面积	≤500mm²	用钢尺检查

　　⑦ 石材幕墙安装的允许偏差应符合表 7.10 的规定。

表 7.10　石材幕墙的安装允许偏差(mm)

项次	项目		偏差(mm)	
			光面	麻面
1	幕墙垂直度	幕墙高度≤30m	10	
		30m<幕墙高度≤60m	15	
		60m<幕墙高度≤90m	20	
		幕墙高度>90m	25	
2	幕墙横向构件水平度	幕墙幅宽≤35m	5	
		幕墙幅宽>35m	7	
3	板材立面垂直度		3	
4	板材上沿水平度		2	
5	相邻板材板角错位		1	
6	幕墙表面平整度		2	3
7	阳角方正		2	4
8	接缝直线度		3	4
9	接缝高低差		1	—
10	接缝宽度		1	2

7.4　人造板材幕墙工程施工

　　人造板材幕墙工程是指面板材料为人造外墙板的建筑幕墙,包括陶瓷幕墙、陶板幕墙、微晶玻璃板幕墙、石材蜂窝板幕墙、木纤维板幕墙和纤维水泥板幕墙。

　　人造板材幕墙工程施工工艺一般适用于非抗震设计或 6~8 度抗震设计的人造板(微晶玻璃板、陶板、石材铝蜂窝板、木纤维板、纤维水泥板、玻璃纤维增强水泥板等)幕墙工程的安装施工。

7.4.1 人造板材幕墙工程施工准备

（1）施工材料

① 人造板材幕墙所选用的材料应符合现行国家标准、行业标准、产品标准以及有关地方标准的规定，同时应有出厂合格证书、质保书及必要的检验报告。进口材料应符合国家商检规定。尚无标准的材料应符合设计要求，并经专项技术论证。

② 人造板材应符合下列要求：

陶板应符合《建筑幕墙用陶板》（JG/T 324—2011）的规定，石材铝蜂窝板应符合《建筑装饰用石材蜂窝复合板》（JG/T 328—2011）的规定，木纤维板应符合《建筑幕墙用高压热固化木纤维板》（JG/T 260—2009）的规定，纤维增强水泥板应符合《纤维水泥平板　第1部分：无石棉纤维水泥平板》（JC/T 412.1—2018）的规定。

幕墙面板的放射性核素限量，应符合现行国家标准《建筑材料放射性核素限量》（GB 6566—2010）的规定。

③ 其他内容参见第7.1节。

（2）施工工具、机具

人造板材幕墙工程施工常用工具和机具有冲床、铣床、钻床、注胶机、无齿切割机、电锤、型材切割机、活扳手、力矩扳手、吊篮、卷扬机、电焊机、水准仪、经纬仪、注胶枪、靠尺、水平尺、铅垂仪等。

（3）作业条件

参见第7.1节。

7.4.2 人造板材幕墙工程施工工艺流程

人造板材幕墙工程施工宜按下列工艺流程进行：

测量放线→复查预埋件及后置埋件→立柱安装→横梁安装→防雷、防火材料安装→人造板面板安装→人造板面板打胶→防水测试→清扫。

7.4.3 人造板材幕墙工程施工要点

（1）立柱、横梁安装

立柱宜从上往下进行安装，与连接件连接后，应对整幅幕墙金属龙骨进行检查和纠偏，然后将连接件与主体结构的预埋件焊牢。根据水平钢丝，将每根立柱的水平标高位置调整好，稍紧螺栓；再调整进出、左右位置，经检查合格后，拧紧螺帽；当调整完毕，整体检查合格后，将垫片、螺帽与钢件电焊上；最后安装横龙骨，安装时水平方向应拉线，并保证竖龙骨与横龙骨接口处的平整，且不能有松动。

（2）防火材料安装

龙骨安装完毕，用螺丝或射钉将防火镀锌板固定；安装防火棉时注意厚度和均匀度，保证与龙骨料接口处的饱满；安装过程中要注意对玻璃、铝板、铝材等成品以及内装饰的保护。

无窗槛墙或窗槛墙高度小于0.8m的建筑幕墙，应在每层楼板外沿设置耐火极限不低于1.0h、高度不低于0.8m的不燃烧实体裙墙或防火玻璃裙墙。墙内填充材料的燃烧性能应满足消防要求。

幕墙与各层楼板、防火分隔、实体墙面洞口边缘的间隙等,应设置防火封堵。防火封堵应采用厚度不小于 100mm 的岩棉、矿棉等耐高温、不燃烧的材料填充密实,并由厚度不小于 1.5mm 的镀铸钢板承托,不得采用铝板、铝塑板,其缝隙应以防火密封胶密封,竖向应双面封堵。

层间典型防火竖剖节点如图 7.3、图 7.4 所示。

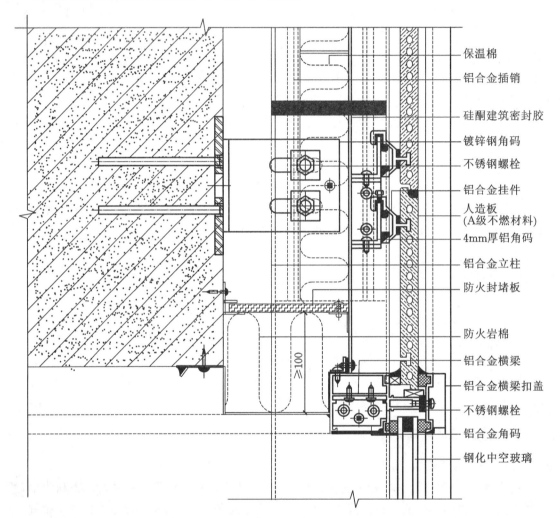

保温棉
铝合金插销
硅酮建筑密封胶
镀锌钢角码
不锈钢螺栓
铝合金挂件
人造板
(A级不燃材料)
4mm厚铝角码
铝合金立柱
防火封堵板
防火岩棉
铝合金横梁
铝合金横梁扣盖
不锈钢螺栓
铝合金角码
钢化中空玻璃

≥100

图 7.3 层间典型防火竖剖节点示意图(1)

(3) 人造板的安装

人造板安装前,应根据结构轴线核定结构外表面与人造板材外露面之间的尺寸后,在建筑物大角处做出上下生根的金属丝垂线,并以此为依据,根据建筑物宽度设置足以满足要求的垂线、水平线,确保钢骨架安装后处于同一平面上(误差不大于 2mm)。同时,通过室内的 50cm 线验证板材水平线和纵垂线,以此控制拟将安装的板缝水平程度。

带孔陶土板典型安装横剖节点如图 7.5 所示,竖剖节点如图 7.6 所示;单层陶土板安装横剖节点如图 7.7 所示,竖剖节点如图 7.8 所示。

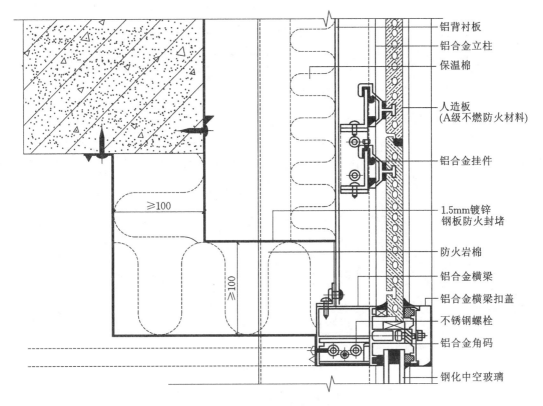

铝背衬板
铝合金立柱
保温棉
人造板
(A级不燃防火材料)
铝合金挂件
1.5mm镀锌钢板防火封堵
防火岩棉
铝合金横梁
铝合金横梁扣盖
不锈钢螺栓
铝合金角码
钢化中空玻璃

≥100
≥100

图 7.4 层间典型防火竖剖节点示意图(2)

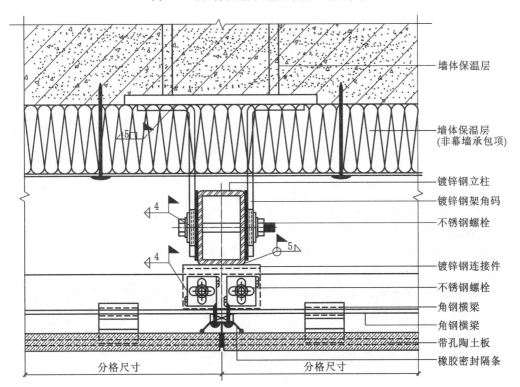

墙体保温层
墙体保温层
(非幕墙承包项)
镀锌钢立柱
镀锌钢架角码
不锈钢螺栓
镀锌钢连接件
不锈钢螺栓
角钢横梁
角钢横梁
带孔陶土板
橡胶密封隔条

分格尺寸
分格尺寸

图 7.5 带孔陶土板典型安装横剖节点示意图

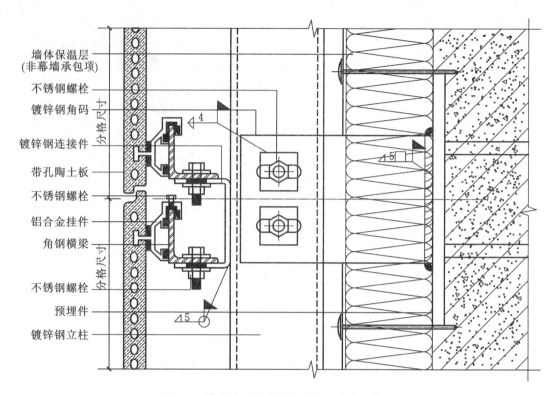

墙体保温层
(非幕墙承包项)
不锈钢螺栓
镀锌钢角码
镀锌钢连接件
带孔陶土板
不锈钢螺栓
铝合金挂件
角钢横梁
不锈钢螺栓
预埋件
镀锌钢立柱

图 7.6　带孔陶土板典型安装竖剖节点示意图

7.4.4　人造板材幕墙工程施工质量验收

（1）主控项目

① 人造板材幕墙工程所使用的材料、构件和组件的质量,应符合设计要求及国家现行产品标准的规定。

检验方法:检查材料、构件、组件的产品合格证书、进场验收记录和《人造板材幕墙工程技术规范》(JGJ 336—2016)中第 10.1.2 条所规定的材料力学性能复验报告。

② 人造板材幕墙工程的造型、立面分格、颜色、光泽、花纹和图案应符合设计要求。

检验方法:观察;尺量检查。

③ 主体结构的预埋件和后置埋件的位置、数量、规格尺寸及后置埋件、槽式预埋件的拉拔力应符合设计要求。

检验方法:检查进场验收记录、隐蔽工程验收记录;槽式预埋件、后置埋件的拉拔试验检测报告。

④ 幕墙构架与主体结构预埋件或后置埋件以及幕墙构件之间连接应牢固可靠,金属框架和连接件的防腐处理应符合设计要求。

检验方法:手扳检查;检查隐蔽工程验收记录。

⑤ 幕墙面板挂件的位置、数量、规格和尺寸允许偏差应符合设计要求。

检验方法:检查进场验收记录或施工记录。

⑥ 幕墙面板连接用背栓、预置螺母、抽芯铆钉、连接螺钉的位置、数量、规格尺寸,以及拉

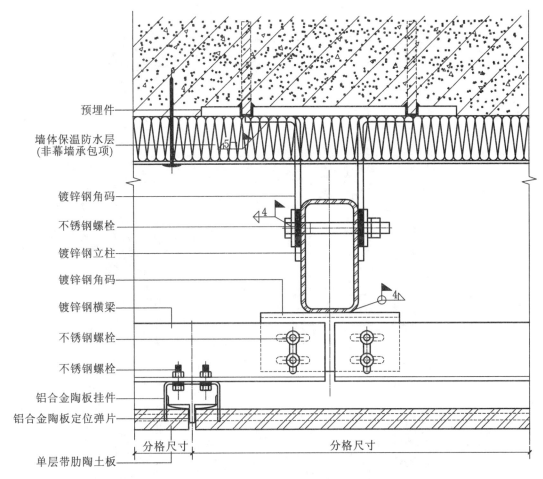

预埋件

墙体保温防水层
(非幕墙承包项)

镀锌钢角码

不锈钢螺栓

镀锌钢立柱

镀锌钢角码

镀锌钢横梁

不锈钢螺栓

不锈钢螺栓

铝合金陶板挂件

铝合金陶板定位弹片

单层带肋陶土板

分格尺寸　　分格尺寸

图 7.7　单层陶土板安装横剖节点示意图

拔力应符合设计要求。

检验方法:检查进场验收记录、施工记录以及连接点的拉拔力检测报告。

⑦ 空心陶板采用均布静态荷载弯曲试验确定其抗弯承载能力时,实测的抗弯承载力应符合设计要求。

检验方法:检查空心陶板均匀静态压力抗弯检测试验报告。

⑧ 幕墙的金属构架应与主体防雷装置可靠接通,并符合设计要求。

检验方法:观察;检查隐蔽工程验收记录。

⑨ 各种结构变形缝、墙角的连接节点应符合设计要求。

检验方法:检查隐蔽工程验收记录和施工记录。

⑩ 幕墙的防火、保温、防潮材料的设置应符合设计要求,填充应密实、均匀、厚度一致。

检验方法:观察;检查隐蔽工程验收记录。

⑪ 有水密性能要求的幕墙应无渗漏。

检验方法:检查现场淋水记录。

(2) 一般项目

① 幕墙表面应平整、洁净,无污染,颜色基本一致,不得有缺角、裂纹、裂缝、斑痕等缺陷。

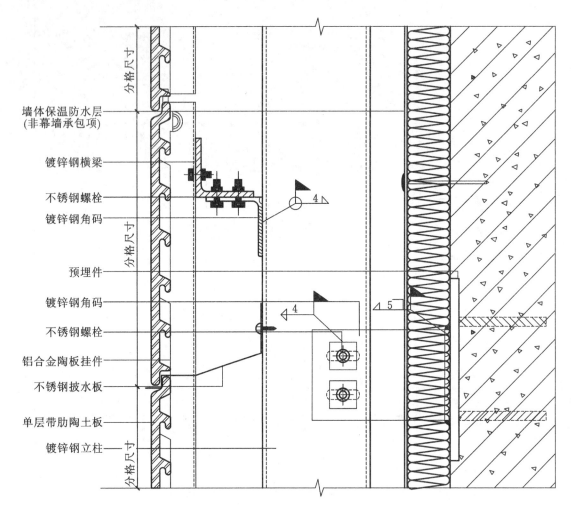

墙体保温防水层
(非幕墙承包项)

镀锌钢横梁

不锈钢螺栓

镀锌钢角码

预埋件

镀锌钢角码

不锈钢螺栓

铝合金陶板挂件

不锈钢披水板

单层带肋陶土板

镀锌钢立柱

图 7.8　单层陶土板安装竖剖节点示意图

瓷板、陶板的施釉表面不得有裂纹和龟裂。

检验方法：观察；尺量检查。

② 板缝应平直、均匀。注胶封闭式板缝的注胶应饱满、密实、连续、均匀、无气泡、深浅基本一致、缝宽基本均匀、光滑顺直，胶缝的宽度和厚度应符合设计要求；胶条封闭式板缝的胶条应连续、均匀、安装牢固、无脱落，板缝宽度应符合设计要求。

检验方法：观察；尺量检查。

③ 幕墙的框架和面板接缝应横平竖直，缝宽基本均匀。

检验方法：观察。

④ 转角部位面板边缘整齐、合缝顺直，压向符合设计要求。

检验方法：观察。

⑤ 滴水线宽窄均匀、光滑顺直，流水坡向符合设计要求。

检验方法：观察。

⑥ 幕墙隐蔽节点的遮封装修应整齐、美观。

检验方法：观察。

⑦ 幕墙面板的表面质量和检验方法应符合表 7.11 至表 7.14 的规定。

表 7.11 单块瓷板、陶板、微晶玻璃幕墙面板的表面质量和检验方法

项次	项目	质量要求			检查方法
		瓷板	陶板	微晶玻璃	
1	缺棱:长度×宽度不大于 10mm×1mm（长度小于 5mm 时可不计）周边允许（处）	1mm	1mm	1mm	金属直尺
2	缺角:边长不大于 5mm×2mm（边长小于 2mm×2mm 时可不计）周边允许（处）	1mm	2mm	1mm	金属直尺
3	裂纹（不包括隐裂纹、釉面龟裂）	不允许	不允许	不允许	目测观察
4	窝坑（毛面除外）	不允许	不允许	不允许	目测观察
5	明显擦伤、划伤	不允许	不允许	不允许	目测观察
6	轻微划伤	不明显			目测观察

注:目测观察,是指距板面 3m 处肉眼观察。

表 7.12 每平方米石材蜂窝板幕墙面板的表面质量和检验方法

项次	项目	质量要求	检查方法
1	缺棱:最大长度≤8mm,最大宽度≤1mm,周边每米长度允许（处）（长度＜5mm,宽度＜1mm 时可不计）	1mm	金属直尺
2	缺角:最大长度≤4mm,最大宽度≤2mm,周块板允许（处）（长度、宽度＜2mm 时可不计）	1mm	金属直尺
3	裂纹	不允许	目测观察
4	划伤	不允许	目测观察
5	擦伤	不允许	目测观察

注:目测观察,是指距板面 3m 处肉眼观察。

表 7.13 单块木纤维板幕墙面板的表面质量和检验方法

项次	项目	质量要求	检查方法
1	缺棱、缺角	不允许	目测观察
2	裂纹	不允许	目测观察
3	表面划痕:长度不大于 10mm,宽度不大于 1mm 每块板允许（处）	2mm	金属直尺
4	轻微擦痕:长度不大于 5mm,宽度不大于 2mm 每块板允许（处）	1mm	目测观察

注:目测观察,是指距板面 3m 处肉眼观察。

表 7.14　纤维水泥板幕墙面板的表面质量和检验方法

项次	项目		质量要求	检查方法
1	缺棱:长度×宽度不大于 10mm×3mm(长度小于 5mm 不计)周边允许(处)		2mm	金属直尺
2	缺角:边长 6mm×3mm(边长 2mm×2mm 不计)周边允许(处)		2mm	金属直尺
3	裂纹、明显划伤,长度不大于100mm 的轻微划伤		不允许	目测观察
4	长度≤100mm		每平方米≤8 条	金属直尺
5	擦伤总面积		每平方米≤500mm²	金属直尺
6	窝坑(背面除外)	光面板	不明显	目测观察
		有表面质感等特殊装饰效果板	符合设计要求	目测观察

注:目测观察,是指距板面 3m 处肉眼观察。

⑧ 幕墙的安装质量检验应在风力小于 4 级时进行,幕墙的安装质量和检验方法应符合表 7.15 的规定。

表 7.15　人造板材幕墙安装质量和检验方法

项次	项目	尺寸范围	允许偏差(mm)	检验方法
1	相邻立柱间距尺寸(固定端)	—	±2.0	金属直尺
2	相邻横梁间距尺寸	≤2000mm	±1.5	金属直尺
		>2000mm	±2.0	金属直尺
3	单个分格对角线长度差	长边边长≤2000mm	3.0	金属直尺或伸缩尺
		长边边长>2000mm	3.5	金属直尺或伸缩尺
4	立柱、竖缝及墙面的垂直距离	幕墙总高度≤30m	10.0	激光仪或经纬仪
		幕墙总高度≤60m	15.0	
		幕墙总高度≤90m	20.0	
		幕墙总高度≤150m	25.0	
		幕墙总高度>150m	30.0	
5	立柱、竖缝直线度	—	2.0	2.0m 靠尺、塞尺
6	立柱、墙面的平整度	相邻两墙面	2.0	激光仪或经纬仪
		一幅幕墙总宽度≤20m	5.0	
		一幅幕墙总宽度≤40m	7.0	
		一幅幕墙总宽度≤60m	9.0	
		一幅幕墙总宽度>80m	10.0	

项次	项目	尺寸范围	允许偏差(mm)	检验方法
7	横梁水平度	横梁长度≤2000mm	1.0	水平仪或水平尺
		横梁长度>2000mm	2.0	
8	同一标高横梁、横缝的高度差	相邻两横梁、面板	1.0	金属直尺、塞尺或水平仪
		一幅幕墙宽度≤35m	5.0	
		一幅幕墙宽度>35m	7.0	
9	缝宽度(与设计值比较)	—	±2.0	游标卡尺

注:一幅幕墙是指立面位置或平面位置不在一条直线或连续弧线上的幕墙。

思 考 题

7.1 玻璃幕墙工程施工安装的工艺流程是什么?

7.2 金属幕墙工程施工安装的工艺流程是什么?

7.3 石材幕墙工程施工安装的要点是什么?

7.4 人造板材幕墙工程施工的工艺流程是什么?

7.5 对石材幕墙的材料有何要求?

8 涂饰工程施工

建筑物涂饰饰面是各种饰面做法中最简便、最经济的一种方式。虽然它比贴面砖、水刷石的有效使用年限短,但由于这种饰面做法省工省料、工期短、工效高、自重轻、便于维修更新,而且造价相对比较低,因此,无论在国外还是在国内,这种饰面做法均得到了广泛的应用。

建筑涂料种类较多、色彩多样、质感丰富、易于维修翻新,采用特定的施工方法涂覆于建筑物的内外墙面、顶面、地表面,可形成坚韧的膜,与基层附着力强,对建筑物起保护作用。有些建筑涂料还具有防火、防霉、抗菌、耐候、耐污等特殊功能。

8.1 水性涂料涂饰施工

8.1.1 水性涂料涂饰施工准备

（1）施工材料

① 水性涂料的品种、型号、性能符合设计要求;进场时具有产品出厂合格证书、性能检测报告。水性涂料:化合物(TVOC)≤200g/L;游离甲醛含量≤0.1g/kg。溶剂型涂料:化合物(TVOC)≤600g/L;苯≤3g/kg。

② 用于室内的涂料还应具有环保检测报告。

③ 腻子:具有良好的塑性、易涂性和粘结性;进场时具备产品合格证书和检测报告。

（2）施工工具、机具

水性涂料涂饰施工常用工具和机具有:空压机或电动喷浆机、大小浆桶、人造毛滚子、刷子、排笔、批刀、胶皮刮板、360#砂纸、大小水桶、胶皮管、腻子板、干净擦拭布、作业操作用的手套、胶鞋等。

（3）作业条件

① 施工环境温度应保持均衡,不得有突然的较大温度变化,水性涂料施工环境温度宜在5~35℃之间,在过高、过低的温度时停止涂料施工。

② 室内水暖卫管道、电气设备等预埋件均已安装完成。

③ 室内抹灰作业已完成,抹灰层已干燥,各种管洞周边的抹灰处理已干燥,基层含水率不大于10%。

④ 操作前应认真进行交接检查工作,妥善处理好遗留问题,否则不得进行涂料施工。

⑤ 作业环境通风良好。

⑥ 大面积施工前事先做样板间,经确认后方可组织大面积施工。

8.1.2 水性涂料涂饰施工工艺流程

水性涂料涂饰施工宜按下列工艺流程进行:

基层处理→刷底漆→满刮两遍腻子→喷(刷)第一道涂层→喷(刷)第二道涂层→喷(刷)面

涂层→清扫。

8.1.3　水性涂料涂饰施工要点

1）基层处理

（1）涂料基层必须符合坚固、平整、干燥、中性、清洁等基本要求。在涂料工程施工前应首先检查基层状况，对不符合要求的基层要进行处理，否则严禁施工。

（2）基层处理的内容包括：清除基层表面的灰尘、油污、疏松物；减少或消除表面缺陷；改善基层表面的物理和化学性能。应注意：①水泥砂浆、抗裂砂浆基层应保持基本干燥，基层含水率不得大于12%。②轻质板隔墙基层在板与板接缝处，用石膏腻子填塞满；干燥后再用聚醋酸乙烯胶粘液（白乳胶）贴一层耐碱玻纤网格布或布条；干燥后将接缝处用腻子刮平。③轻质隔墙板及陶粒混凝土砌体隔墙与结构混凝土墙体交接处，用聚醋酸乙烯胶粘液（白乳胶）贴一层低碱玻纤网格布或布条，每边宽度不小于50mm。④地下室墙面、顶棚以及厨房、卫生间顶棚，全部使用耐水腻子。

2）刷底漆

墙面批灰基层完成后先刷一道与内墙涂料相配套的耐碱封闭底漆，防止墙面析碱破坏涂层。刷底漆时一般刷醇酸清漆两遍，批灰的腻子里需加10%的清漆。

3）满刮两遍腻子

（1）底漆干燥后，在墙面上满刮腻子，以找平墙面，增加涂料与基层的结合力。第一遍应用不锈钢刮板满刮，要求横向刮抹平整、均匀、光滑、密实，线角及边棱整齐；尽量刮薄，不得漏刮，接头不得留槎，注意不要玷污门窗框及其他部位，否则应及时清理。待第一遍腻子干透后，用粗砂纸打磨平整。注意：操作要平衡，要保护好棱角，且不要将腻子磨穿，磨后要清扫干净。

（2）第二遍满刮腻子方法同第一遍，但刮抹方向与前道腻子相垂直。用细砂纸打磨平整，必要时可进行第三遍、第四遍。

4）喷（刷）第一道涂层

（1）喷（刷）前，先将房间内的门（窗）框边、木装饰、五金件、开关插座等封闭保护，防止污染。喷（刷）时以每个房间为单位，用专用喷枪或滚刷进行喷（刷），第一道涂层用料可稍稀一些，涂刷不可太厚。

（2）涂料在使用前应用手提电动搅拌枪充分搅拌均匀，如稠度较大，可适当加清水稀释，但每次加水量需一致，不得稀稠不一。滚涂顺序一般为从上到下、先边角后棱角、先小面后大面。对阴角处，需用毛刷补充，不得漏涂；一面墙要一气呵成，避免接槎刷迹重叠现象。要随时剔除粘在墙上的滚子毛，玷污其他部位的涂料要及时用清水擦净。

（3）第一道涂料施工后，一般需干燥4h以上才能进行下道磨光工序。如遇天气潮湿，应适当延长间隔时间。用细砂纸进行打磨，打磨时用力要轻而匀，避免磨穿涂层，磨完后将表面清扫干净。

5）找补腻子

第一道涂层可明显暴露出墙面的局部凹陷或砂眼，仔细检查后，用配好的石膏腻子将缺陷处分别找平补好，干燥后用砂纸将凸出处打磨平整。

6）刷第二道涂料

第二道涂层与第一道相同，但不再磨光。

7）喷（刷）面层涂料

涂料在使用前要充分摇动容器，使涂料充分混合均匀，然后打开容器，用木棍充分搅拌；喷涂时，喷嘴应始终保持与装饰表面垂直（尤其在阴角处），距离为 0.3～0.5m（根据装饰表面大小调整），喷枪呈 Z 字形向前推进，横纵交叉进行。喷枪移动要平衡，涂布量要一致，不得时停时移，跳跃前进，以免发生堆料、流挂或漏喷现象。

8）清扫

清扫飞溅的涂料，清除施工准备时预先覆盖在踢脚板和水、暖、电、卫设备及门窗等部位的遮挡物。

8.1.4　水性涂料涂饰施工质量验收

（1）主控项目

① 水性涂料涂饰工程所用涂料的品种、型号和性能应符合设计要求及现行国家标准的有关规定。

检验方法：检查产品合格证书、性能检验报告、有害物质限量检验报告和进场验收记录。

② 水性涂料涂饰工程的颜色、光泽、图案应符合设计要求。

检验方法：观察。

③ 水性涂料涂饰工程应涂饰均匀、粘结牢固，不得漏涂、透底、开裂、起皮和掉粉。

检验方法：观察；手摸检查。

④ 水性涂料涂饰工程的基层处理应符合下列规定：新建筑物的混凝土或抹灰基层在用腻子找平或直接涂饰涂料前应涂刷抗碱封闭底漆；既有建筑墙面在用腻子找平或直接涂饰涂料前应清除疏松的旧装修层，并涂刷界面剂；混凝土或抹灰基层在用溶剂型腻子找平或直接涂刷溶剂型涂料时，含水率不得大于 8%；在用乳液型腻子找平或直接涂刷乳液型涂料时，含水率不得大于 10%，木材基层的含水率不得大于 12%；找平层应平整、坚实、牢固，无粉化、起皮和裂缝；内墙找平层的粘结强度应符合现行行业标准《建筑室内用腻子》（JG/T 298—2010）的规定；厨房、卫生间墙面的找平层应使用耐水腻子。

检验方法：观察；手摸检查；检查施工记录。

（2）一般项目

① 薄涂料的涂饰质量和检验方法应符合表 8.1 的规定。

表 8.1　薄涂料的涂饰质量和检验方法

项次	项目	普通涂饰	高级涂饰	检验方法
1	颜色	均匀一致	均匀一致	观察
2	光泽、光滑	光泽基本均匀，光滑无挡手感	光泽均匀一致，光滑	
3	泛碱、咬色	允许少量轻微	不允许	
4	流坠、疙瘩	允许少量轻微	不允许	
5	砂眼、刷纹	允许少量轻微砂眼，刷纹通顺	无砂眼，无刷纹	

② 厚涂料的涂饰质量和检验方法应符合表 8.2 的规定。

表 8.2　厚涂料的涂饰质量和检验方法

项次	项目	普通涂饰	高级涂饰	检验方法
1	颜色	均匀一致	均匀一致	观察
2	光泽	基本均匀	均匀一致	
3	泛碱、咬色	允许少量轻微	不允许	
4	点状分布	—	疏密均匀	

③ 复层涂料的涂饰质量和检验方法应符合表 8.3 的规定。

表 8.3　复层涂料的涂饰质量和检验方法

项次	项目	质量要求	检验方法
1	颜色	均匀一致	观察
2	光泽	基本均匀	
3	泛碱、咬色	不允许	
4	喷点疏密程度	均匀,不允许连片	

④ 涂层与其他装修材料和设备衔接处应吻合,界面应清晰。

检验方法:观察。

⑤ 墙面水性涂料涂饰工程的允许偏差和检验方法应符合表 8.4 的规定。

表 8.4　墙面水性涂料涂饰工程的允许偏差和检验方法

项次	项目	允许偏差(mm)					检验方法
		薄涂料		厚涂料		复层涂料	
		普通涂饰	高级涂饰	普通涂饰	高级涂饰		
1	立面垂直度	3	2	4	3	5	用 2m 垂直检测尺检查
2	表面平整度	3	2	4	3	5	用 2m 靠尺和塞尺检查
3	阴阳角方正	3	2	4	3	4	用 200mm 直角检测尺检查
4	装饰线、分色线直线度	2	1	2	1	3	拉 5m 线,不足 5m 拉通线,用钢直尺检查
5	墙裙、勒脚上口直线度	2	1	2	1	3	拉 5m 线,不足 5m 拉通线,用钢直尺检查

8.2　溶剂型涂料涂饰施工

8.2.1　溶剂型涂料涂饰施工准备

8.2.1.1　木基层涂饰混色油漆施工

(1) 施工材料

① 涂料:光油、清油、铅油、混色油漆、漆片等。

② 填充料:石膏粉、大白粉、地板黄、红土子、黑烟子、纤维素等。

③ 稀释剂:汽油、煤油、醇酸稀料、松香水、酒精等。

④ 催干剂:钴催干剂等液体料。

⑤ 所有选用材料必须符合《民用建筑工程室内环境污染控制标准》(GB 50325—2020)和《木器涂料中有害物质限量》(GB 18581—2020)的要求,并具备国家环境检测机构出具的有关有害物质限量等级检测报告。

(2)施工工具、机具

施工工具、机具有:油刷、开刀、牛角板、油画笔、掏子、砂纸、砂布、腻子板、钢皮刮板、橡皮刮板、小油桶、油勺、大桶、水桶、钢丝钳子、小锤子、钢丝刷、安全带、高凳等。

溶剂型涂料涂饰施工常用工具和机具有:小型机械搅拌桶、空压机、耐压胶管、接头、喷斗、压浆罐、3mm振动筛、输浆胶管、胶管接头、喷枪、油刷、排笔、铲刀、牛角刮刀、调料刀、砂纸、擦布、腻子板、小油桶、麻丝、安全带、小锤子、作业用的手套、胶鞋等。

(3)作业条件

木基层含水率不大于12%,室内温度不低于10℃。其他参见第8.1.1节。

8.2.1.2　木基层涂饰清色油漆施工

(1)施工材料

① 涂料:光油、清油、脂胶清漆、酚醛清漆、聚氨酯清漆、醇酸清漆、铅油、调和漆、漆片等。

② 填充料:石膏粉、地板黄、红土子、黑烟子、大白粉等。

③ 催干剂:液体钴催干剂等。

④ 所有选用材料必须符合《民用建筑工程室内环境污染控制标准》(GB 50325—2020)和《木器涂料中有害物质限量》(GB 18581—2020)的要求,并具备国家环境检测机构出具的有关有害物质限量等级检测报告。

(2)施工工具、机具

同第8.2.1.1节。

(3)作业条件

同第8.2.1.1节。

8.2.1.3　木基层涂饰混色磁漆磨退施工

(1)施工材料

① 涂料:光油、清油、醇酸磁漆、漆片等。

② 填充料:石膏粉、大白粉、地板黄、红土子、黑烟子、栗色料、纤维素等。

③ 稀释剂:汽油、煤油、醇酸稀料、酒精等。

④ 催干剂:钴催干剂等液体料。

⑤ 所有选用材料必须符合《民用建筑工程室内环境污染控制标准》(GB 50325—2020)和《木器涂料中有害物质限量》(GB 18581—2020)的要求,并具备国家环境检测机构出具的有关有害物质限量等级检测报告。

(2)施工工具、机具

施工工具、机具有:开刀、腻子槽、油桶、小油桶、小笤帚、铁钳子、刮腻子板、圆木棍、铜丝箩、油刷、排笔、油画笔、棉丝、擦布、指套、砂纸、砂布、小锤子、安全带、高凳、脚手板等。

（3）作业条件

同第 8.2.1.1 节。

8.2.1.4 木基层涂饰丙烯酸清漆磨退施工

（1）施工材料

① 涂料：光油、清油、醇酸磁漆、丙烯酸清漆、黑漆、漆片等。

② 填充料：石膏粉、大白粉、地板黄、红土子、黑烟子、立德粉、纤维素等。

③ 稀释剂：二甲苯、汽油、醇酸稀料、酒精等。

④ 抛光剂：上光蜡、砂蜡等。

⑤ 所有选用材料必须符合《民用建筑工程室内环境污染控制标准》（GB 50325—2020）和《木器涂料中有害物质限量》（GB 18581—2020）的要求，并具备国家环境检测机构出具的有关有害物质限量等级检测报告。

（2）施工工具、机具

施工工具、机具有：开刀、刮腻子板、排笔、毛笔、腻子槽、半截大桶、油桶、小油桶、油勺、油提、铜丝笔、纱笔、小笤帚、油刷、麻、棉丝、白布、牛角板、油画笔、指套、砂纸、砂布、钳子、小锤子、安全带、高凳、脚手板等。

（3）作业条件

木基层含水率不大于 8%，其他同前。

8.2.1.5 金属面基层涂饰混色油漆施工

（1）施工材料

① 涂料：光油、清油、铅油、磁性调和漆、油性调和漆、清漆、醇酸清漆、醇酸磁漆、防锈漆等。

② 填充料：石膏粉、大白粉、地板黄、红土子、黑烟子等。

③ 稀释剂：汽油、煤油、醇酸稀料、松香水、酒精等。

④ 催干剂：钴催干剂等液体料。

⑤ 所有选用材料必须符合《民用建筑工程室内环境污染控制标准》（GB 50325—2020）和《木器涂料中有害物质限量》（GB 18581—2020）的要求，并具备国家环境检测机构出具的有关有害物质限量等级检测报告。

（2）施工工具、机具

施工工具、机具有：空压机、除锈机、电动砂轮机、喷枪、锉、油刷、开刀、牛角板、油画笔、掏子、铜丝笔、砂纸、砂布、腻子板、钢皮刮板、橡皮刮板、小油桶、油勺、半截大桶、水桶、钢丝钳子、小锤子、钢丝刷、安全带、高凳、脚手板等。

（3）作业条件

同第 8.2.1.1 节。

8.2.1.6 混凝土及抹灰基层涂饰油漆施工

（1）施工材料

① 涂料：各色油性调和漆或各色无光调和漆等。

② 填充料：大白粉、滑石粉、石膏粉、光油、清油、地板黄、红土子、黑烟子、立德粉、羧甲基纤维素、聚醋酸乙烯乳液等。

③ 稀释剂：汽油、煤油、醇酸稀料、松香水、酒精等与油漆性能相应配套的稀料。

④ 各色颜料：应耐碱、耐光。

⑤ 所有选用材料必须符合《民用建筑工程室内环境污染控制标准》(GB 50325—2020)和《木器涂料中有害物质限量》(GB 18581—2020)的要求,并具备国家环境检测机构出具的有关有害物质限量等级检测报告。

（2）施工工具、机具

施工工具、机具有:半截大桶、小油桶、铜丝箩、橡皮刮板、钢皮刮板、笤帚、腻子槽、开刀、刷子、排笔、砂纸、棉丝、擦布、高凳、脚手板等。

（3）作业条件

基层含水率不大于 8% ,其他同前。

8.2.2　溶剂型涂料涂饰施工工艺流程

（1）木基层涂饰混色油漆施工工艺流程

木基层涂饰混色油漆施工宜按下列工艺流程进行:

基层处理→刷底子油→抹腻子→磨砂纸→刷第一遍油漆→刷第二遍油漆→刷最后一遍油漆。

（2）木基层涂饰清漆施工工艺流程

木基层涂饰清漆施工宜按下列工艺流程进行:

基层处理→磨砂纸→润油粉→满刮油腻子→刷油色→刷第一遍清漆→修补腻子→修色→磨砂纸→刷第二遍清漆、磨砂纸→刷第三遍清漆、磨砂纸→刷第四遍清漆、磨砂纸→刷第五遍清漆、磨砂纸→打砂蜡→擦上光蜡。

（3）木基层涂饰混色磁漆磨退施工工艺流程

基层处理→操底油(满刮石膏腻子、满刮第二遍腻子)→刷第一遍醇酸磁漆、磨砂纸→刷第二遍醇酸磁漆、磨砂纸→刷第三遍醇酸磁漆、磨砂纸→刷第四遍醇酸磁漆、磨砂纸→打砂蜡→擦上光蜡。

（4）木基层涂饰丙烯酸清漆磨退施工工艺流程

基层处理→封底漆→润油粉→满刮色腻子→磨砂纸→刷第一道醇酸清漆→点漆片修色→磨砂纸→刷第二道醇酸清漆、磨砂纸→刷第三道醇酸清漆、磨砂纸→刷第四道醇酸清漆、磨砂纸→刷第一道丙烯酸清漆、磨砂纸→刷第二道丙烯酸清漆、磨砂纸→打砂蜡→擦上光蜡。

（5）金属面基层涂饰混色油漆施工工艺流程

基层处理→涂防锈漆→刮腻子→磨砂纸→刷第一遍油漆→补腻子、磨砂纸→刷第二遍油漆→磨砂纸→刷第三遍油漆→磨砂纸→刷最后一遍油漆。

（6）混凝土及抹灰基层涂饰油性涂料施工工艺流程

基层处理→修补腻子→磨砂纸→第一遍满刮腻子→磨砂纸→第二遍满刮腻子→磨砂纸→弹分色线→刷第一道涂料→补腻子磨砂纸→刷第二道涂料、磨砂纸→刷第三道涂料、磨砂纸→刷第四道涂料。

8.2.3　溶剂型涂料涂饰施工要点

8.2.3.1　木基层涂饰混色油漆施工要点

（1）基层处理

① 对木基层进行清扫、起钉子、除油灰、刮灰土。刮时不要刮出木毛和刮坏抹灰面。

② 铲去脂囊,将脂迹刮净,挖掉流松香的节疤,较大的脂囊应用木纹相同的材料用胶嵌填。

③ 有小块活翘皮时可用小刀割掉,有重皮的地方应用小钉子钉牢固或用胶粘牢。

④ 在木节疤和油迹处用酒精漆片点刷。

⑤ 磨砂纸,先磨线角后磨四口平面,顺木纹打磨。

（2）刷底子油

操清油一遍,清油用汽油、光油配制,可略加红土子。

刷木窗时先从框上部左边开始,刷油不得刷到墙上,要注意内外分色,厚薄均匀一致,刷纹必须通顺,框上部刷好后再刷亮子,全部亮子刷完后,再刷框下部。刷窗扇时,如两扇窗,应先刷左扇后刷右扇;如三扇窗,最后刷中间一扇。窗扇外面全部刷完后,用梃勾勾住再刷里面。刷门时先刷亮子,再刷门框及门扇背面,刷完后用木楔固定门扇,再刷外面。

全部刷完要检查有无遗漏,注意里外门窗油漆分色是否正确,并将小五金等处沾染的油漆擦净。

（3）抹腻子

清油干透后,用腻子（质量比为:石膏粉∶熟桐油∶水＝20∶7∶50）将裂缝、钉孔、节疤及边棱残缺处嵌批平整,要刮平刮到。

（4）磨砂纸

腻子干透后用砂纸打磨。注意不要磨穿,不留野腻子痕迹,要保护好棱角。磨完后打扫干净,并用潮布擦净。使用新砂纸时宜将两张砂纸对磨,把粗大砂粒磨掉,防止划破油膜。

（5）刷第一遍、第二遍油漆

先将色铅油、光油、清油、汽油、煤油等（冬季可加入适量催干剂）混合在一起搅拌过箩,其质量配合比为铅油50%、光油10%、清油8%、汽油20%、煤油10%;可使用红、黄、蓝、白、黑油调成各种所需颜色的铅油涂料。其稠度以达到盖底、不流淌、不显刷痕为准。涂刷厚薄要均匀,一樘门或窗刷完后应检查有无漏刷、流坠、裹楞及透底等。

铅油干透后,对底腻子收缩或残缺处,再用石膏腻子刮抹一次。腻子干透后用1#砂纸打磨,用潮布擦净。

刷第二遍油漆操作同第一遍。刷油漆次序同刷底子油。

（6）刷最后一遍油漆

调和漆黏度大,要多刷、多理;在玻璃油灰上刷油时要在油灰有一定强度后涂刷,应盖过油灰0.5～1.0mm起到密封作用;刷完后要仔细检查有无漏刷处,对门窗扇涂刷时应做好临时固定。刷最后一遍油漆要注意不流不坠、光亮均匀、色泽一致。刷完油漆后要立即仔细检查,如有毛病应及时修整。

8.2.3.2　木基层涂饰清漆施工要点

（1）基层处理

① 木质表面的灰尘、油污、斑点、胶迹等用刮刀或碎玻璃片刮除干净,注意不要刮出毛刺,也不要刮破墙面。

② 木门基层有小块活翘皮时,可用小刀割掉。重皮的地方应用小钉子钉牢固,如重皮较大或有烤糊印疤,应由木工修补。

（2）磨砂纸

将木基层用砂纸打磨一遍,要顺木纹打磨,先磨线角后磨四口平面;要磨光、磨平,木毛槎要磨掉,阴阳角胶迹要清除,阳角要倒棱、磨圆,上下一致。

（3）润油粉

将搅拌好的油粉（质量比为:大白粉:松香水:熟桐油＝24:16:2,颜色同样板）盛在小油桶内。用棉丝蘸油粉反复涂于木材表面,擦进木材棕眼内,而后用麻布或木丝擦净,线角上的余粉用竹片剔除,注意墙面及五金上不得沾染油粉。待油粉干后,用 $1^{#}$ 砂纸轻轻顺木纹打磨,打磨次序同前。注意保护棱角,不要将棕眼内油粉磨掉,磨完后用潮布擦净。

（4）满刮油腻子

腻子（质量比为:石膏粉:熟桐油:水＝20:7:50）,颜色要浅于样板一两成,油性大小应适宜,如油性大,刷油色时不易浸入木质内,如油性小,则易浸入木质内,使刷的油色颜色不一致;用披刀或牛角板将腻子刮入钉孔、裂纹、棕眼内,刮抹时要横抹竖收,如遇接缝或节疤较大时,应用披刀、牛角板将腻子挤入缝内,然后抹平;腻子要刮光,不留野腻子。待腻子干透后,用 $1^{#}$ 砂纸轻轻顺木纹打磨,磨至光滑;磨完后用潮布擦净。

（5）刷油色

① 先将铅油（或调和漆）、汽油、光油、清油等混合在一起过箩（颜色同样板）,然后倒入小油桶内,使用时经常搅拌,以免沉淀造成颜色不一致。

② 刷油色时,应从外至内、从左至右、从上往下进行,顺着木纹涂刷。刷油色时动作应敏捷,要求无缕无节,横平竖直,刷油时刷子要轻飘,避免出刷绺。

③ 木门刷油色时,先刷亮子后刷门框、门扇背面,刷完后用木楔将门扇固定,最后刷门扇正面,刷门框时不得污染墙面。全部刷好后检查是否有漏刷,小五金上沾染的油色要及时擦净。

④ 油色涂刷后要求木材色泽一致而又不盖住木纹,所以每一个刷面一定要一次刷好,不留接头,两个刷面交接棱口处不要互相沾油,沾油后要及时擦掉,达到颜色一致。

（6）刷第一道清漆

其刷法与刷油色相同,但刷第一遍用的清漆应略加一些稀料（汽油）撒光,便于快干。因清漆黏性较大,最好使用已用出刷口的旧刷子,刷时要注意不流、不坠、涂刷均匀。待清漆完全干透后,用 $1^{#}$ 砂纸或旧砂纸彻底打磨一遍,将头遍清漆面上的光亮基本打磨掉,再用潮布将粉尘擦净。

（7）复补腻子

一般要求刷油色后不抹腻子,特殊情况下可以使用油性略大的带色石膏腻子,修补残缺不全之处,操作时必须使用牛角板刮抹,不得损伤漆膜,腻子要收刮干净,光滑无腻子疤（有腻子疤必须点漆片处理）。

（8）修色

木材表面上的黑斑、节疤、腻子疤和材色不一致处,应用漆、酒精加色调配（同样板颜色）或用由浅到深的清漆调和漆和稀释剂调配,进行修色;木材色深的应修浅,浅的应提深,将深浅色的木料拼成一色,并绘出木纹。

（9）磨砂纸

使用细砂纸轻轻往返打磨,再用湿布擦净粉末。

（10）刷第二遍清漆

应使用原桶清漆不加稀释剂（冬季可略加催干剂）,刷油操作同前,但刷油动作要敏捷,多刷多理,清漆涂刷应饱满一致、不流不坠、光亮均匀,刷完后再仔细检查一遍,有毛病及时纠正。刷此遍清漆时,周围环境要整洁,宜暂时禁止通行,对木门窗宜用木楔固定牢固。

（11）刷第三遍清漆

待第二遍清漆干透后,首先要进行磨光,然后过水砂,最后刷第三遍清漆,刷法同前,直至漆膜厚度达到要求。

8.2.3.3 木基层涂饰混色磁漆磨退施工要点

（1）刷底油

① 底油由光油、清油、汽油拌和而成,要涂刷均匀,不可漏刷。节疤及小孔处抹石膏腻子,调制腻子可加入适量醇酸磁漆。

② 满刮石膏腻子一遍,要刮光、刮平,干后磨砂纸,再用潮布擦净。

③ 满刮第二遍腻子,大面用钢皮刮板,要平整光滑,小面用开刀,阴角要直。干后用零号砂纸磨光,再用潮布擦净。

（2）刷第一遍醇酸磁漆

头道漆可加入适量醇酸稀料,要注意横平竖直刷涂,不得漏刷和流坠,干后磨砂纸,再用潮布擦净。如有不平处要及时补腻子,干后局部磨平磨光,再用潮布擦净。

（3）刷第二、三、四遍醇酸磁漆

不需加稀料,要注意不得漏刷和流坠。如有不光、不平处,应及时局部修补腻子,干后用砂纸打磨,再用潮布擦净。第二遍漆干后可用水砂纸打磨,如表面痱子疙瘩多,可用 280$^{\#}$ 水砂纸打磨,第三遍漆干后可用 320$^{\#}$ 水砂纸打磨,第四遍漆刷完 7 天后可用 320$^{\#}$～400$^{\#}$ 水砂纸打磨。要注意不得磨破棱角,应磨平磨光,再用潮布擦净。

（4）打砂蜡

将砂蜡用煤油调成粥状,用棉丝蘸上满涂木饰面,要来回揉擦,用力要均匀,擦至出现暗光,要上下光亮一致,不得擦破棱角,最后用棉丝蘸汽油将浮蜡擦净。

（5）擦上光蜡

用干净棉丝蘸上光蜡薄抹一层,要擦匀擦净,达到光泽饱满。

8.2.3.4 木基层涂饰丙烯酸清漆磨退施工要点

（1）润油粉

根据样板颜色用大白粉、红土子、黑漆、地板黄、清油、光油等配制油粉。油粉以粥状为宜,不可太稀。润油粉可刷可擦,擦时可用麻绳断成 30～40cm 的绳头来回揉擦,包括边角部位,线角用牛角板刮净。

（2）满刮色腻子

色腻子用石膏、光油、水和颜料配制,应刮到、收净,不应漏刮。

（3）刷第一道醇酸清漆

涂刷时应横平竖直、厚薄均匀、不流坠、刷纹通顺,不允许漏刷,干后用 1$^{\#}$ 砂纸打磨,再用湿布擦净、晾干。每道漆的间隔时间一般夏季约 6h,春秋季约 12h,冬季约 24h。

（4）点漆片修色

漆片用酒精溶解后,加入适量颜料。对已刷过头道漆的腻子疤、钉眼等处进行修色,修色后应颜色一致。

（5）刷第二道醇酸清漆

先检查,后点漆片修色,符合要求则刷第二道清漆。干后用 1$^{\#}$ 砂纸打磨,后用湿布擦净。

再详细检查一次,如有漏抹的腻子和不平处,要补抹色腻子,干后局部磨平,用潮布擦净。

(6) 刷第三道、第四道醇酸清漆

第二道漆干后,用 280# 水砂纸打磨,磨好后擦净,刷第三道醇酸清漆,干后用水砂纸打磨擦净,再刷第四道醇酸清漆。刷第四道醇酸清漆后,等 4～6 d,用 280# ～320# 水砂纸磨平磨光,擦净。

(7) 刷第一道丙烯酸清漆

丙烯酸清漆分为甲、乙两组,按使用说明书配合使用,并根据气候情况适量加稀释剂二甲苯。由于挥发较快,要用多少配多少。刷时动作要快、刷纹通顺、厚薄均匀一致、不流不坠,不得漏刷,干后用 320# 水砂纸打磨并擦净。

(8) 刷第二道丙烯酸清漆

第一道丙烯酸清漆刷后 4～6h 可刷第二道。刷后第二天用 320# ～380# 水砂纸打磨,磨砂纸时要用力均匀,从有光磨至无光直至"断斑",不得磨破棱角,磨后擦净。

(9) 打砂蜡

先将砂蜡掺煤油调成粥状,用双层呢布头蘸砂蜡往返多次揉擦,力量要均匀,不可漏擦,不要磨破棱角,直到不见亮星为止。最后用干净棉丝蘸汽油将浮蜡擦净。

(10) 擦上光蜡

用干净白布将上光蜡包在里面,收口扎紧,用手揉擦,擦匀、擦净直至光亮为止。

8.2.3.5　金属面基层涂饰混色油漆施工要点

(1) 基层处理、刷防锈漆

打扫干净金属表面的浮土、灰浆等,按设计要求的遍数涂刷防锈漆。已刷防锈漆但又出现锈斑的金属表面,须用铲刀先将防锈漆清除,再用钢丝刷和砂布彻底打磨干净,补刷防锈漆。防锈漆干后,将金属表面的砂眼、凹坑、缺棱、拼缝等处,用石膏腻子(质量比为:石膏粉:熟桐油:油性腻子或醇酸腻子:底漆:水＝20:5:10:7:适量)刮抹平整。腻子以调成不软、不硬、不出蜂窝、挑丝不倒为宜。腻子干透后,用 1# 砂纸打磨,磨后用潮布擦净。

(2) 刮腻子

外墙涂料
喷涂施工(一)

外墙涂料
喷涂施工(二)

满刮腻子一道,要求刮得薄,收得净,均匀平整,无飞刺。干透后 1# 砂纸打磨,要保护棱角,要求达到表面光滑、线角平直、整齐一致。

(3) 刷油漆

参见第 8.2.1.1 节。

8.2.3.6　混凝土及抹灰基层涂饰油漆施工要点

(1) 基层处理

① 新建筑物的混凝土或抹灰基层在涂饰涂料前清除表面的灰渣、油污等。

② 旧墙面在涂饰涂料前应清除疏松的旧装修层,并涂刷界面剂。

③ 混凝土或抹灰基层涂刷溶剂型涂料时,含水率不得大于 8%。

(2) 修补腻子、磨砂纸

用石膏腻子将墙面、门窗口角等磕碰破损处、麻面、风裂、接槎缝隙等分别找补好,干燥后用砂纸磨平。

(3) 第一遍满刮腻子、磨砂纸

先调配好腻子(质量比为:聚醋酸乙烯乳液:滑石粉或大白粉:2%羧

甲基纤维素溶液＝1：5：35），然后再满刮一遍。如果是厨房、卫生间、浴室等，应采用耐水腻子（质量比为：聚醋酸乙烯乳液：水泥：水＝1：5：1）。腻子干燥后，用砂纸磨平磨光，并清扫干净。

（4）第二遍满刮腻子

操作同上。腻子干燥后在局部复补腻子，干燥后砂纸打磨平整，清扫干净。

（5）弹分色线

如墙面有分色线，应在施涂前弹线，先刷浅色油漆，再刷深色油漆。

（6）刷第一遍涂料、磨砂纸

第一遍可施涂铅油，铅油的稠度以盖底、不流淌、不显刷痕为宜，施涂次序宜为从上到下、从左到右，不应乱施涂。涂料干后在有缺陷处复补腻子，腻子干后再用砂纸打磨，将小疙瘩、野腻子渣、斑迹等磨平磨光，并清扫干净。

（7）刷第二遍涂料、磨砂纸

施涂方法同前，可用铅油或调和漆。干燥后细砂纸打磨光滑，清扫干净，用潮布擦净。

（8）刷第三遍涂料

用调和漆施涂。如墙面为中级涂料，此道可作为罩面涂料，施涂次序同上。施涂时应多刷多理，以达到漆膜饱满、厚薄均匀一致、不流不坠。

（9）刷第四遍涂料

用醇酸磁漆涂料施涂。如墙面为高级涂料，此道为罩面涂料。如改用无光调和漆时，可将第二遍铅油改为有光调和漆，其余相同。

8.2.4　溶剂型涂料涂饰施工质量验收

（1）主控项目

① 溶剂型涂料涂饰工程所选用涂料的品种、型号和性能应符合设计要求及现行国家标准的有关规定。

检验方法：检查产品合格证书、性能检验报告、有害物质限量检验报告和进场验收记录。

② 溶剂型涂料涂饰工程的颜色、光泽、图案应符合设计要求。

检验方法：观察。

③ 溶剂型涂料涂饰工程应涂饰均匀、粘结牢固，不得漏涂、透底、开裂、起皮和返锈。

检验方法：观察；手摸检查。

④ 溶剂型涂料涂饰工程的基层处理应符合"第 8.1.4 节水性涂料涂饰施工质量验收"（1）主控项目中④的要求。

检验方法：观察；手摸检查；检查施工记录。

（2）一般项目

① 色漆的涂饰质量和检验方法应符合表 8.5 的规定。

表 8.5　色漆的涂饰质量和检验方法

项次	项目	普通涂饰	高级涂饰	检验方法
1	颜色	均匀一致	均匀一致	观察
2	光泽、光滑	光泽基本均匀、光滑无挡手感	光泽均匀一致、光滑	观察、手摸检查

续表 8.5

项次	项目	普通涂饰	高级涂饰	检验方法
3	刷纹	刷纹通顺	无刷纹	观察
4	裹棱、流坠、皱皮	明显处不允许	不允许	观察

② 清漆的涂饰质量和检验方法应符合表 8.6 的规定。

表 8.6　清漆的涂饰质量和检验方法

项次	项目	普通涂饰	高级涂饰	检验方法
1	颜色	基本一致	均匀一致	观察
2	木纹	棕眼刮平、木纹清楚	棕眼刮平、木纹清楚	观察
3	光泽、光滑	光泽基本均匀、光滑无挡手感	光泽均匀一致、光滑	观察、手摸检查
4	刷纹	无刷纹	无刷纹	观察
5	裹棱、流坠、皱皮	明显处不允许	不允许	观察

③ 涂层与其他装修材料和设备衔接处应吻合,界面应清晰。

检验方法:观察。

④ 墙面溶剂型涂料涂饰工程的允许偏差和检验方法应符合表 8.7 的规定。

表 8.7　墙面溶剂型涂料涂饰工程的允许偏差和检验方法

项次	项目	允许偏差(mm)				检验方法
		色漆		清漆		
		普通涂饰	高级涂饰	普通涂饰	高级涂饰	
1	立面垂直度	4	3	3	2	用 2m 垂直检测尺检查
2	表面平整度	4	3	3	2	用 2m 靠尺和塞尺检查
3	阴阳角方正	4	3	3	2	用 200mm 直角检测尺检查
4	装饰线、分色线直线度	2	1	2	1	拉 5m 线,不足 5m 拉通线,用钢直尺检查
5	墙裙、勒脚上口直线度	2	1	2	1	拉 5m 线,不足 5m 拉通线,用钢直尺检查

8.3　美术涂饰施工

8.3.1　美术涂饰施工准备

(1) 施工材料

① 涂料:光油、清油、桐油、各色调和漆(脂胶调和漆、酚醛调和漆、醇酸调和漆等)、各色无光调和漆、各色水溶性涂料。

② 填充料：大白粉、滑石粉、石膏粉、地板黄、红土子、黑烟子、立德粉、双飞粉（麻斯面）、羧甲基纤维素、聚醋酸乙烯乳液等。

③ 稀释剂：汽油、煤油、松香水、酒精、醇酸稀料，以及与油漆相配套的稀料。

④ 各色颜料：应耐碱、耐光。

⑤ 选用的涂料，在满足使用功能要求的前提下应符合安全、健康、环保的原则，内墙涂料宜选用通过绿色无公害认证的产品。

⑥ 涂饰工程所用的腻子的塑性和易涂性应满足施工要求，干燥后应坚固，并按基层、底层涂料和面层涂料的性能配套使用。

⑦ 涂饰材料应存放在专用库房，按品种、批号、颜色分别堆放。材料应存放于阴凉干燥且通风的环境内，其贮存温度应介于 5～ 40℃之间。

（2）施工工具、机具

单斗喷枪、空压机、油漆搅拌机、砂纸打磨机、高凳、脚手板、半截大桶、小油桶、铜丝箩、橡皮刮板、钢皮刮板、笤帚、腻子桶、开刀、刷子、排笔、砂纸、棉丝、擦布等。

（3）作业条件

参见第 8.1.1、第 8.2.1 节。

8.3.2　美术涂饰施工工艺流程

（1）油漆套色花饰施工工艺流程

套色花饰亦称假壁纸、仿壁纸油漆。它是在墙面施涂完油漆的基础上进行的，用特制的漏花板，按美术图案（花纹或动物图像）的形式，有规律地将各种颜色的油漆喷或刷在墙面上。套色花饰施工宜按下列工艺流程进行：

清理基层→弹水平线→刷底油（清油）→刮腻子→砂纸磨光→刮腻子→砂纸磨光→弹分色线→涂饰调和漆→再涂调和漆→漏花→划线。

（2）油漆滚花涂饰施工工艺流程

滚花涂饰是在一般油漆已完成，以面层油漆为基础进行的。滚花涂饰施工宜按下列工艺流程进行：

清理基层→涂饰底漆→弹线→滚花→划线。

（3）油漆仿木纹涂饰施工工艺流程

仿木纹又称木丝，一般是仿硬质木材（黄菠萝、水曲柳、榆木、核桃木等）的木纹，通过艺术手法用油漆涂饰到墙面上。仿木纹涂饰施工宜按下列工艺流程进行：

清理基层→弹水平线→涂刷清油→刮腻子→砂纸磨光→刮色腻子→砂纸磨光→涂刷调和漆→再涂刷调和漆→弹分格线→刷面层油→做木纹→用干刷轻扫→划分格线→涂刷清漆。

（4）油漆仿石纹涂饰施工工艺流程

仿石纹又称假大理石或油漆石纹。丝棉经温水浸泡后，拧去水分，用手甩开使之松散，用小钉挂在墙面上，并将丝棉理成如大理石般的各种纹理状。仿石纹涂饰施工宜按下列工艺流程进行：

清理基层→涂刷底油→刮腻子→砂纸磨光→刮腻子→砂纸磨光→涂饰第二遍调和漆→喷涂三遍色→划色线→涂饰清漆。

（5）油漆涂饰鸡皮皱施工工艺流程

涂饰鸡皮皱施工宜按下列工艺流程进行：

清理基层→涂刷底油→刮腻子→砂纸磨光→刮腻子→砂纸磨光→刷调和漆→刷鸡皮皱油→拍打鸡皮皱纹。

（6）水性涂料套色漏花涂饰施工工艺流程

水性涂料套色漏花涂饰施工宜按下列工艺流程进行：

清理基层→涂刷底浆→弹线→涂刷色浆→漏花→划线。

（7）水性涂料滚花涂饰施工工艺流程

水性涂料滚花涂饰施工宜按下列工艺流程进行：

清理基层→涂刷底浆→弹线→涂刷色浆→滚花→划线。

（8）水性涂料喷点色墙施工工艺流程

水性涂料喷点色墙施工宜按下列工艺流程进行：

清理基层→涂刷底浆→弹线→涂刷色浆→喷点花→划线。

8.3.3　美术涂饰施工要点

（1）漏花

① 按设计要求的图案制作好漏花板，漏花板定位应准确，在喷或刷涂油漆时应保持稳固。

② 漏花施工可做成边漏、墙漏和假墙纸。边漏是指涂饰镶边，墙漏是指涂饰墙面或图案填心，假墙纸是指墙面涂饰成仿墙纸花纹。漏花可以多色套花，也可以单色套花。

（2）滚花

用刻有花纹图案的胶皮辊子蘸涂料，从左至右、从上至下进行辊印，辊筒垂直于粉线，不得歪斜，用力均匀，辊印 1～3 遍，达到图案颜色鲜明、轮廓清晰，不得有漏涂、污斑和流坠，且不显接槎。

（3）做木纹

可借助专用模具涂饰成多种仿木纹。此操作对作业人员有较高艺术要求。

（4）喷涂三遍色

① 色调和漆干透后，将温水浸泡的丝绵拧去水分，再甩开使之松散，用小钉子挂在墙面上，用手整理丝绵使其成为斜纹状，然后进行喷涂。

② 油漆的颜色一般以底色油漆的颜色为基底，再喷涂深色、浅色二色油漆。喷涂顺序为浅色→深色→白色，共三色。常用的颜色为浅黄、深绿两种，也可用黑色、咖啡色、翠绿色等。

③ 喷完后停歇 10～20min 揭去丝绵，墙面上即显现大理石纹。

④ 做成粗纹大理石时，在底色涂好白色油漆的面上，再涂一遍浅灰色油漆，不等干燥就在上面刷黑色的粗条纹，条纹要曲折。在油漆将干又未干时，用干净刷子把条纹的边线刷混，刷到隐约可见，使两种颜色充分调和，即成粗纹大理石纹。

（5）刷鸡皮皱油、拍打鸡皮皱纹

① 鸡皮皱油的配合比是关键。常用的配合比为：清油∶大白粉∶双飞粉（麻丝面）∶松节油＝15∶26∶54∶5，也可试验确定。

② 涂刷的厚度为 1.5～2.0mm。涂刷鸡皮皱油与拍打鸡皮皱纹是同时进行的，应由两人操作，即一人涂刷一人随着拍打。拍打的刷子应平行墙面，距离 20cm 左右，刷子一定要放平，一起一落，利用刷子与墙面拍击产生的弹性，形成稠密而撒布均匀的疙瘩，即鸡皮皱纹。

（6）喷点花

用毛刷子蘸色浆甩到墙面上，使色浆以点状均匀散布。色浆一般分为三色，需甩三遍。色浆中需掺入适量的胶水和双飞粉。

8.3.4 美术涂饰施工质量验收

（1）主控项目

① 美术涂饰工程所用材料的品种、型号和性能应符合设计要求及现行国家标准的有关规定。

检验方法：观察；检查产品合格证书、性能检验报告、有害物质限量检验报告和进场验收记录。

② 美术涂饰工程应涂饰均匀、粘结牢固，不得漏涂、透底、开裂、起皮、掉粉和返锈。

检验方法：观察；手摸检查。

③ 美术涂饰工程的基层处理应符合"第 8.1.4 节水性涂料涂饰施工质量验收"（1）主控项目中④的要求。

检验方法：观察；手摸检查；检查施工记录。

④ 美术涂饰工程的套色、花纹和图案应符合设计要求。

检验方法：观察。

（2）一般项目

① 美术涂饰表面应洁净，不得有流坠现象。

检验方法：观察。

② 仿花纹涂饰的饰面应具有被模仿材料的纹理。

检验方法：观察。

③ 套色涂饰的图案不得移位，纹理和轮廓应清晰。

检验方法：观察。

④ 墙面美术涂饰工程的允许偏差和检验方法应符合表 8.8 的规定。

表 8.8　墙面美术涂饰工程的允许偏差和检验方法

项次	项目	允许偏差（mm）	检验方法
1	立面垂直度	4	用 2m 垂直检测尺检查
2	表面平整度	4	用 2m 靠尺和塞尺检查
3	阴阳角方正	4	用 200mm 直角检测尺检查
4	装饰线、分色线直线度	2	拉 5m 线，不足 5m 拉通线，用钢直尺检查
5	墙裙、勒脚上口直线度	2	拉 5m 线，不足 5m 拉通线，用钢直尺检查

思 考 题

8.1　水性涂料涂饰施工的工艺流程是什么？

8.2　水性涂料涂饰施工的施工要点是什么？

8.3　木基层涂饰混色油漆施工工艺流程是什么？

8.4　木基层涂饰清漆施工要点是什么？

8.5　油漆仿石纹涂饰施工工艺流程是什么？

8.6　油漆涂饰鸡皮皱的施工要点有哪些？

9 裱糊与软包工程施工

9.1 裱糊工程施工

裱糊工程是在墙面、顶棚面、柱体面和室内其他构件表面,用壁纸、墙布等材料裱糊的一种贴面装饰施工方法。壁纸的种类较多,工程中常用的有普通壁纸、塑料壁纸和玻璃纤维壁纸等。从其装饰效果看,有仿锦缎、静电植绒、印花、压花、仿水、仿石等壁纸。裱糊工程装饰效果图如图9.1所示。

(a)　　　　　　　　　　　　　　(b)

(c)　　　　　　　　　　　　　　(d)

图 9.1 裱糊工程装饰效果图

9.1.1 施工准备

(1)施工材料

① 裱糊面材由设计规定,以样板的方式由甲方认定,并一次备足同批的面材,以免不同批次的材料产生色差影响同一空间的装饰效果。

② 壁纸、墙布的种类、规格、图案、颜色和燃烧性能等级必须符合设计要求及现行国家标准的有关规定。进场材料应检查产品的合格证书、性能检测报告,并做好进场验收记录。

③ 建筑材料和装修材料的检测项目不全或对检测结果有疑问时,必须将材料送至有资质

的检测机构进行检验,检验合格后方可使用。

④ 民用建筑工程室内装修所采用的水性涂料、水性胶粘剂、水性处理剂必须有总挥发性有机化合物(TVOC)和游离甲醛含量检测报告,溶剂型涂料、溶剂型胶粘剂必须有总挥发性有机化合物(TVOC)、苯、游离甲苯二异氰酸酯(TDI)(聚氨酯类)含量检测报告,并应符合设计要求和相关规定。

(2) 施工工具、机具

裱糊工程施工常用机具有:用于壁纸铺贴前打胶的壁纸上胶机(图 9.2)、气钉枪,用于裁切壁纸(布)的壁纸美工刀、剪刀,用于壁纸刷胶的羊毛刷,用于纯纸类壁纸、避免刮板容易破坏纸面的壁纸刷,用于壁纸接缝压平的壁纸接缝滚以及高凳,如图 9.3 所示。

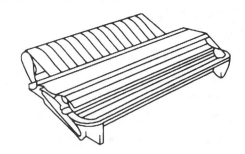

图 9.2　壁纸上胶机

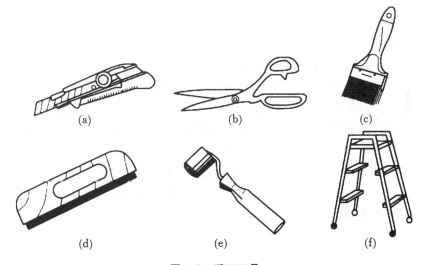

图 9.3　手工工具

(a) 壁纸美工刀;(b) 剪刀;(c) 羊毛刷;(d) 壁纸刷;(e) 壁纸接缝滚;(f) 高凳

(3) 作业条件

① 新建建筑物的混凝土(或抹灰)基层墙面在刮腻子前应涂刷抗碱封闭底漆。

② 旧墙面在裱糊前清除疏松的旧装修层,并涂刷界面剂。

③ 混凝土(或抹灰)基层含水率不得大于 8%;木材基层的含水率不得大于 12%。

④ 水电及设备、顶墙上预留预埋件已完成,门窗油漆已完成。

⑤ 房间的地面工程已完成,经检查符合设计要求。

⑥ 房间的木护墙和细木装修已完成,经检查符合设计要求。

⑦ 大面积装修前,应做样板间,经鉴定合格后方可组织施工。

⑧ 熟悉施工图,掌握天气情况,进行施工技术和安全交底。

9.1.2　裱糊工程施工工艺流程

裱糊工程施工宜按下列工艺流程进行:

基层处理→吊直、套方、找规矩、弹线→计算用料、裁纸→刷胶→裱糊→修整。

9.1.3　裱糊工程施工要点

1) 基层处理

根据基层不同材质,采用不同的处理方法。

(1) 混凝土及抹灰基层处理

混凝土面、抹灰面(水泥砂浆、水泥混合砂浆、石灰砂浆等)基层要满刮腻子一遍并磨砂纸。当混凝土面、抹灰面有气孔、麻点、凹凸不平时,应增加满刮腻子和磨砂纸遍数。

刮腻子时,将混凝土或抹灰面清扫干净,使用胶皮刮板满刮一遍。刮时要有规律,要"一板排一板,两板中间顺一板"。既要刮严,又不得有明显接槎和凸痕。做到凸处薄刮,凹处厚刮,大面积找平。待腻子干固后,打磨砂纸并扫净。需要增加满刮腻子遍数的基层表面,应先将表面裂缝及凹面部分刮平,然后打磨砂纸、扫净,再满刮一遍后打磨砂纸,处理好的底层应该平整光滑,阴阳角线通畅、顺直,无裂痕、崩角,无砂眼、麻点。

(2) 木质基层处理

木基层要求接缝不显接槎,接缝、钉眼应用腻子补平并满刮油性腻子一遍(第一遍),用砂纸磨平。木夹板的不平整主要是钉接造成的,在钉接处木夹板往往向里凹,非钉接处向外凸。所以第一遍满刮腻子主要是找平大面,第二遍可用石膏腻子找平。腻子的厚度应减薄,可在该道腻子五六成干时,用塑料刮板有规律地压光,最后用干净的抹布将表面灰粒擦净。

对要贴金属壁纸的木基面进行处理,第二遍刮腻子时应采用石膏粉调配猪血料的腻子,其配比为 10∶3(质量比)。金属壁纸对基面的平整度要求很高,稍有不平处或有粉尘,都会在金属壁纸裱贴后明显地看出。所以金属壁纸的木基面处理,应与木家具打底方法基本相同,批抹腻子的遍数要求在三遍以上。批抹最后一遍腻子并打磨平整后,用软布擦净。

(3) 石膏板基层处理

纸面石膏板比较平整,批抹腻子主要是在对缝处和螺钉孔位处。对缝批抹腻子后,还需用棉纸带贴缝,以防止对缝处的开裂,石膏板对缝节点如图 9.4 所示。在纸面石膏板上,应用腻子满刮两遍,找平大面,在刮第二遍腻子时进行修整。

(4) 不同基层对接处的处理

不同基层材料的相接处,如石膏板与木夹板、水泥(或抹灰)基面与木夹板、水泥基面与石膏板之间对缝,应用棉纸带或穿孔纸带粘贴封口,以防止裱糊后的壁纸面层被拉裂撕开。

对缝示意图见图 9.5 至图 9.7。

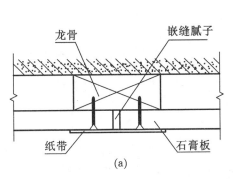

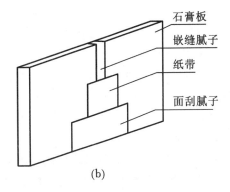

图 9.4 石膏板对缝示意图

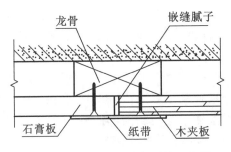

图 9.5 石膏板与木夹板对缝示意图

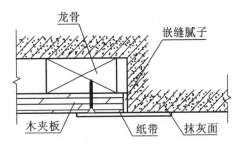

图 9.6 水泥基面与木夹板对缝示意图

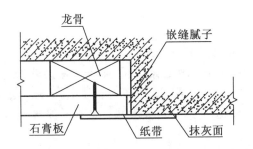

图 9.7 水泥基面与石膏板对缝示意图

(5) 涂刷防潮底漆和底胶

为了防止壁纸受潮脱胶,一般对要裱糊的塑料壁纸、墙布、纸基塑料壁纸、金属壁纸的墙面,涂刷防潮底漆。防潮底漆用酚醛清漆与汽油或松节油调配,其配比为:清漆:汽油(或松节油)=1:3。该底漆可涂刷,也可喷刷,漆液不宜厚,且要均匀一致。

涂刷底胶是为了增加粘结力,防止处理好的基层受潮弄污。底胶一般用 108 胶掺少许甲醛纤维素加水调成,其配比为:108 胶:水:甲醛纤维素=10:10:0.2。底胶可涂刷,也可喷刷。在涂刷防潮底漆和底胶时,室内应无灰尘,且防止灰尘和杂物混入该底漆或底胶中。底胶一般是一遍成活,但不能漏刷、漏喷。若面层贴波音软片,基层处理最后要做到硬、干、光。在做完通常基层处理后,还需增加打磨和刷两遍清漆。

(6) 基层处理中的底灰腻子有乳胶腻子与油性腻子之分,其配合比(质量比)如下:

乳胶腻子:①聚醋酸乙烯乳液:滑石粉:甲醛纤维素(2%溶液)=1:10:2.5。②聚醋酸乙烯乳液:石膏粉:甲醛纤维素(2%溶液)=1:6:0.6。

油性腻子:①石膏粉:熟桐油:清漆(酚醛)=10:1:2。②复粉:熟桐油:松节油=

10：2：1。

2）吊直、套方、找规矩、弹线

（1）顶棚

首先应将顶棚的对称中心线通过吊直、套方、找规矩的办法弹出中心线，以便从中间向两边对称控制。墙顶交接处的处理原则是凡有挂镜线的按挂镜线弹线，没有挂镜线的则按设计要求弹线。

（2）墙面

首先应将房间四角的阴阳角通过吊直、套方、找规矩，并确定从哪个阴角开始，按照壁纸尺寸进行分块弹线控制（习惯做法是进门左阴角处开始铺贴第一张），有挂镜线的按挂镜线弹线，没有挂镜线的按设计要求弹线控制。

（3）具体操作方法

按壁纸的标准宽度找规矩，每个墙面的第一条壁纸都要弹线找垂直，第一条线距墙阴角约15cm 处，作为裱糊时的准线。

在第一条壁纸位置的墙顶处敲进一枚墙钉，将有粉垂线系上，铅坠下吊到踢脚上缘处，垂线静止不动后，一手紧握坠头，按垂线的位置用铅笔在墙面画一短线，再松开铅坠头查看垂线是否与铅笔短线重合。如果重合，就用一只手将垂线按在铅笔短线上，另一只手把垂线往外拉，放手后使其弹回，便可得到墙面的基准垂线。弹出的基准垂线越细越好。

每个墙面的第一条垂线，应该定在距墙角距离为 15cm 处。墙面上有门窗口的应增加门窗两边的垂直线。

3）计算用料、裁纸

按基层实际尺寸进行测量并计算所需用量，并在每边增加 2～3cm 作为裁纸量，裁剪在工作台上进行。对图案的材料，无论顶棚还是墙面，均应从粘贴的第一张开始对花，墙面从上部开始。边裁边编顺序号，以便按顺序粘贴。对于对花墙纸，为减少浪费，应事先计算，如一间屋需要 5 卷纸，则将 5 卷纸同时展开裁剪，可大大减少壁纸的浪费。

4）刷胶

由于现在的壁纸一般质量较好，所以不必进行润水，在进行施工前将 2～3 块壁纸进行刷胶，对壁纸起到湿润、软化的作用，塑料纸基背面和墙面都应涂刷胶粘剂，刷胶应厚薄均匀，从刷胶到最后上墙的时间一般控制在 5～7min。

刷胶时，基层表面刷胶的宽度要比壁纸宽约 3cm。刷胶要全面、均匀、不裹边、不起堆，以防溢出弄脏壁纸。但也不能刷得过少，甚至刷不到位，以免壁纸粘结不牢。一般抹灰墙面用胶量为 0.15kg/m² 左右，纸面石膏板墙面为 0.12kg/m² 左右。壁纸背面刷胶后，应将胶面与胶面反复对叠，以避免胶干得太快，也便于上墙，并使裱糊的墙面整洁平整。金属壁纸的胶液应是专用的壁纸粉胶。刷胶时，准备一卷未开封的发泡壁纸或长度大于壁纸宽度的圆筒，一边在裁剪好的金属壁纸背面刷胶，一边将刷过胶的部分向上卷在发泡壁纸卷上。

5）裱贴

（1）吊顶裱贴

在吊顶面上裱贴壁纸，第一段通常要贴近主窗，与墙壁平行。长度过短时（小于 2m），则可与窗户成直角贴。在裱贴第一段前，须先弹出一条直线。其方法为：在距吊顶面两端的主窗墙角 10mm 处用铅笔做两个记号，在其中的一个记号处敲一枚钉子，按照前进方法在吊顶上弹出一道与主窗墙面平行的粉线。

　　按上述方法裁纸、浸水、刷胶后,将整条壁纸反复折叠。然后用一卷未开封的壁纸卷或长刷撑起折叠好的一段壁纸,并将边缘靠齐弹线,用排笔敷平一段,再展开下折的端头部分,并将边缘靠齐弹线,用排笔敷平一段,再展开弹线敷平,直到整截贴好为止,用滚筒滚压平实赶出空气,如图9.8所示。剪去两端多余的部分,如有必要,应沿着墙顶线和墙角修剪整齐,如图9.9所示。

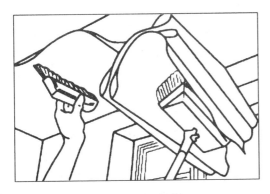
图9.8　吊顶裱贴

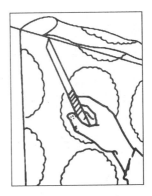
图9.9　顶端修齐

（2）墙面裱贴

　　裱贴壁纸时,首先要垂直,然后对花纹拼缝,再用刮板用力抹压平整。原则是"先垂直面后水平面,先细部后大面""贴垂直面时先上后下,贴水平面时先高后低"。

　　裱贴时剪刀和长刷可放在围裙袋中或手边。先将上过胶的壁纸下半截向上折一半,握住顶端的两角,在四脚梯或凳上站稳后,展开上半截,凑近墙壁,使边缘靠着垂线成一直线,轻轻压平,由中间向外用刷子将上半截敷平,在壁纸顶端作出记号,然后用剪刀修齐(或用壁纸刀将多余的壁纸割去)。再按上述方法同样处理下半截,修齐踢脚板与墙壁间的角落。用海绵擦掉沾在踢脚板上的胶糊。壁纸贴平后3~5h内,在微干状态下,用小滚轮(中间微起拱)均匀用力滚压接缝处,这样做比传统的有机玻璃片抹刮能有效减少对壁纸的损坏。

　　裱贴壁纸时,注意在阳角处不能拼缝。阴角边壁纸搭缝时,应先裱糊压在里面的转角壁纸,再粘贴非转角的正常壁纸。搭接面应根据阴角垂直度而定,搭接宽度一般不小于2~3cm,并且要保持垂直无毛边,如图9.10所示。

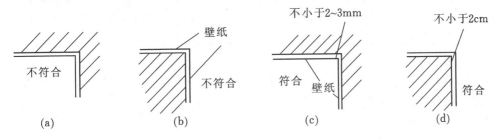
图9.10　阴阳角壁纸交接要求

　　裱糊前,应尽可能卸下墙上电灯等开关,首先要切断电源,用火柴棒或细木棒插入螺丝孔内,以便在裱糊时识别,以及在裱糊后切割留位。不易拆下的配件,不能在壁纸上剪口再裱上去。而是将壁纸轻轻糊于电灯开关上面,并找到中心点,从中心开始切割十字,一直切到墙体边。然后用手按出开关体的轮廓位置,慢慢拉起多余的壁纸,剪去不要的部分,再用橡胶刮子刮平,并擦去刮出的胶液。

除了常规的直式裱贴外,还有斜式裱贴。若设计要求斜式裱贴,则在裱贴前的找规矩中增加找斜贴基准线这一工序。具体做法是:先在一面墙两个上墙角间的中心墙顶处标明一点,由这点往下在墙上弹一条垂直的粉笔灰线;从这条线的底部,沿着墙底,测出与墙高相等的距离;由这一点再和墙顶中心点连接,弹出另一条粉笔灰线,这条线就是一条正确的斜线。斜式裱贴壁纸比较浪费材料,在估计数量时应预先考虑到这一点。

当墙面的墙纸完成 40m² 左右或自裱贴施工开始 40～60min 后,需安排一人用滚轮从第一张墙纸开始滚压或抹压,直至将已完成的墙纸面滚压一遍。该工序的原理和作用是:因墙纸胶液的特性为开始润滑性好,易于墙纸的对缝裱贴,当胶液内水分被墙体和墙纸逐步吸收后但还没有干时,胶性逐渐增大,时间均为 40～60min,这时的胶液黏性最大,对墙纸面进行滚压,可使墙纸与基面更好地贴合,使对缝处的缝口更加密合。

部分特殊裱贴面材料,因其材料特征,在裱贴时有部分特殊的工艺要求,具体如下:

① 金属壁纸裱贴

金属壁纸的收缩量很小,在裱贴时可用对缝裱,也可用搭缝裱。金属壁纸对缝时,都有对花纹拼缝的要求。裱贴时,先从顶面开始对花纹拼缝,操作时需要两个人同时配合,一人负责对花纹拼缝,另一个人负责手托金属壁纸卷,逐渐放展;一边对缝一边用橡胶刮平金属壁纸,刮时由纸的中间部位往两边压刮,使胶液向两边滑动而粘贴均匀,刮平时用力要均匀适中,刮子面要放平。不可用刮子的尖端来刮金属壁纸,以防刮伤纸面。若两幅间有小缝,则应用刮子在刚粘的这幅纸面上向先粘好的壁纸这边刮,直到无缝为止。裱贴操作的其他要求与普通壁纸相同。

② 锦缎裱贴

由于锦缎柔软光滑,极易变形,难以直接裱糊在木质基层面上。裱糊时应先在锦缎背后上浆,并裱糊一层宣纸,使锦缎挺括,以便于裁剪和裱贴上墙。上浆用的浆液是由面粉、防虫涂料和水配合成的,其配比(质量比)为 5:40:20。上浆时把锦缎正面平铺在大而干的桌面上(或平滑的大木夹板上),并在两边压紧锦缎,用排刷蘸上浆液从中间开始向两边刷,使浆液均匀地涂刷在锦缎背面。浆液不要过多,以打湿背面为准。

在另一张大平面桌子(桌面一定要光滑)上平铺一张幅宽大于锦缎幅宽的宣纸,并用水将宣纸打湿,使宣纸平贴在桌面上,用水量要适当,以刚好打湿为宜。把上好浆液的锦缎从桌面上抬起来,将有浆液的一面向下,把锦缎粘贴在打湿的宣纸上,并用塑料刮片从锦缎的中间开始向四边刮压,以便使锦缎与宣纸粘贴均匀。待打湿的宣纸干后,便可从桌面取下,这时锦缎与宣纸就贴合在一起。

锦缎裱贴前要根据其幅宽和花纹认真裁剪,并将每个截剪完的开片编号,裱贴时对号进行。锦缎裱贴的方法同金属纸。

③ 波音软片裱贴

波音软片是一种自黏性饰面材料,因此当基面做到平、干、光后,不必刷胶。裱贴时只要将波音软片的自黏底纸层撕开一条口(在墙壁面的裱贴中,首先对好垂直线,然后将撕开一条口的波音软片粘贴在饰面的上沿口),自上而下一边撕开底纸层,一面用木块或有机玻璃夹片贴在基面上。如表面不平,可用吹风机加热,以干净布在加热的表面处摩擦,可恢复平整。也可用电熨斗加热,但要调到中低挡温度。

④ 高档壁纸裱糊

调胶时桶内装入小半桶清水,一边慢慢倒入壁纸粉,一边用小棒顺一个方向搅动,直至搅匀为止,以提起搅棒胶液能从棒上慢慢流下时的浓度为宜,再用手指捻动,以手感润滑有黏性为宜;否则须再调。如需加强胶液黏性,可先将适量白乳胶稀释后缓慢地倒入壁纸粉胶液桶中,边倒边搅拌,至完全均匀为止。

高档壁纸适用于对接拼缝,第一张贴完后,下一张纸与其对好花纹,用圆角边的有机玻璃刮板抹压壁纸面和对缝处,抹压时从壁纸中间开始,分别向两侧下方顺序赶压,使胶液分布均匀,并把多余的胶液从壁纸下挤出,挤出的胶液随时用干净毛巾擦净。抹压用力不可过大,着力应均匀,一板接一板按顺序抹压,不要留有空气,在对缝处压紧后不得再反复抹压,以免起毛边。

因壁纸胶液干涸时间较慢,故一个单元房内壁纸全面裱糊完后,或自操作开始 40～60min 起,需要有专人从第一张壁纸开始逐张再赶压或抹压一遍,既可使壁纸大面积粘贴牢固和平整,又可使接口更为严密,若有弊病仍有足够时间进行处理。

(3) 墙布裱糊

① 装饰墙布裱糊

清理墙面后刮腻子:首先把墙上的灰浆疙瘩、灰渣清理打扫干净,用水、石膏或胶腻子(滑石粉:羧甲基纤维素:聚酯酸乙烯乳液:水=1:0.3:0.1:适量)把磕碰坏的麻面抹平,再用刮腻子板把墙面满刮胶腻子,待腻子干燥后用砂纸(布)磨平并打扫干净,再刮一道底胶。

裁布:裱糊前,根据墙面高度裁布,要留有余量,一般在桌子上裁布,也可以在墙上裁。

刷胶:在布背面和墙面均刷胶。墙面刷胶时根据布的宽窄,刷一段糊一张,不可刷得过宽。

裱糊:选好裱糊位置和垂线后即可开始裱糊。从第二张起裱糊先上后下进行对缝对花,对缝必须严格不搭槎,对花端正不走样,对好后用板式鬃刷舒展压实。挤出的胶液用湿毛巾擦干净,多出的上下边用刀割整齐。

裱糊墙布时阳角不允许对缝,更不允许搭槎,客厅和明柱正面不允许对缝。门、窗口面上下不允许加压条。

② 化纤装饰墙布裱糊

裁布:按墙面垂直高度设计用料,并加长 50～100mm,以备竣工时切齐。裁布时应按图案对花裁取,卷成小卷横放在盒内备用。

吊垂直线:应选室内面积最大的墙面,以整幅墙布开始裱糊粘贴,自墙角起在第一、二块墙布间吊垂直线,并用铅笔做好记号,以后第三块、第四块等墙布与第二块墙布保持垂直对花,必须准确。

刷胶水:将墙布专用胶水用排笔均匀地刷在墙上,不要满刷或排笔干涸,也不要刷到已贴好的墙布上去。

开始贴布:先贴距墙角的第二块布,墙布要伸出画镜线 50～100mm,然后沿垂直线记号自上而下放贴布卷,一面用湿毛巾将墙布由中间向四周抹平。注意不要起皱,不能有气泡。

继续贴布:与第二块布严格对花,保持垂直,用湿毛巾抹平,对花边抹平的同时,慢慢往下放卷。

贴墙角:凡遇墙角处相邻的墙布可以在拐角处重叠,其重叠宽度约为 20mm,并对花。

贴电灯开关:遇电灯开关应将面板除去,在墙布上画对角线,剪去多余部分,然后盖上面板使墙面完整。

裁边整理:用小刀片将上下端多余部分裁除干净,并用湿布抹平,墙布如沾有胶液应立即用湿布擦净。

6) 修整

壁纸上墙后,若发现局部不符合质量要求,应及时采取补救措施。如纸面出现皱纹、死褶时,应趁壁纸未干,用湿毛巾轻拭纸面,使壁纸潮湿,用手慢慢将壁纸铺平,待无皱褶时,再用橡胶辊或胶皮刮板赶压平整。如壁纸已干结,则要将壁纸撕下,把基层清理干净后再重新裱糊。

如果已贴好的壁纸边沿脱胶而卷翘起来,即产生张嘴现象时,要将翘边壁纸翻起,检查产生的原因,属于基层有污物者,应清理干净,补刷胶液粘牢;属于胶粘剂胶性小的,应换用胶性较大的胶粘剂粘贴。如果壁纸翘边已坚硬,应使用粘结力较强的胶粘剂粘贴,还应加压粘牢、粘实。

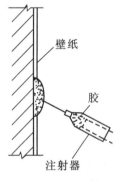

图 9.11　气泡处理

如果已贴好的壁纸出现接缝不垂直、花纹未对齐时,应及时将裱糊的壁纸铲除干净,重新裱糊。对于轻微的离缝或亏纸现象,可用与壁纸颜色相同的乳胶漆点描在缝隙内,漆膜干后一般不易显露。较严重的部位,可用相同的壁纸补贴,不得看出补贴痕迹。

另外,如纸面出现气泡,可用注射针管将气抽出,再注射胶液贴平贴实,如图 9.11 所示。也可以用刀在气泡表面切开,挤出气体用胶粘剂压实。若鼓泡内胶粘剂聚集,则用刀开口后将多余胶粘剂刮去压实即可。对于在施工中碰撞损坏的壁纸,可采取挖空填补的办法,将损坏的部分割去,然后按形状和大小对好花纹补上,要求补后不留痕迹。

9.1.4　裱糊工程施工质量验收

(1) 主控项目

① 壁纸、墙布的种类、规格、图案、颜色和燃烧性能等级必须符合设计要求及现行国家标准的有关规定。

检验方法:观察;检查产品合格证书、进场验收记录和性能检测报告。

② 裱糊工程基层处理质量应符合表 9.1 中高级抹灰的要求。

检验方法:观察;手摸检查;检查施工记录。

③ 裱糊后各幅拼接应横平竖直,拼接处花纹、图案应吻合,不离缝、不搭接、不显拼缝。

检验方法:观察;拼缝检查距离墙面 1.5m 处正视。

④ 壁纸、墙布应粘贴牢固,不得有漏贴、补贴、脱层、空鼓和翘边。

检验方法:观察;手摸检查。

(2) 一般项目

① 裱糊后的壁纸、墙布表面应平整,色泽一致,不得有波纹起伏、气泡、裂缝、皱褶及斑污,斜视时应无胶痕。

检验方法:观察;手摸检查。

② 复合压花壁纸的压痕及发泡壁纸的发泡层应无损坏。

检验方法:观察。

③ 壁纸、墙布与装饰线、踢脚板、门窗框的交接处应吻合、严密、顺直。与墙面上电器槽、盒的交接处套割应吻合,不得有缝隙。

检验方法:观察。

④ 壁纸、墙布边缘应平直整齐,不得有纸毛、飞刺。

检验方法:观察。

⑤ 壁纸、墙布阴角处搭接应顺光,阳角处应无接缝。

检验方法:观察。

⑥ 裱糊工程的允许偏差和检验方法应符合表9.1的规定。

表 9.1 裱糊工程的允许偏差和检验方法

项次	项目	允许偏差(mm)	检查方法
1	表面平整度	3	用2m靠尺和塞尺检查
2	立面垂直度	3	用2m垂直检测尺检查
3	阴阳角方正	3	用200mm直角检测尺检查

9.2 软包工程施工

软包是现代建筑室内墙面一种常用的装饰做法,它的主要特点是质感温暖舒适、美观大方,并具有吸声、隔声、保温和防儿童碰伤的功能,广泛地用于有吸声要求的多功能厅、娱乐厅、会议室和儿童卧室等墙面装饰。

人造革和织锦缎墙面分为预制板组装和现场组装两种。预制板多用硬质材料作衬,墙面的衬底多为软质材料,如图9.12所示。

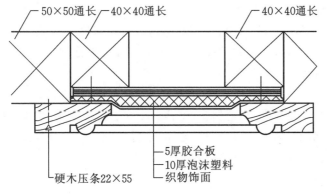

图 9.12 人造革、织锦缎墙面做法

软包工程装饰效果图如图9.13所示。

9.2.1 施工准备

(1)施工材料

软包墙面木框、龙骨、底板、面板等木材的树种、规格、等级、含水率和防腐处理必须符合设计要求。

软包面料和内衬材料及边框的材质、颜色、图案、燃烧性能等级应符合设计要求及国家标准,并具有防火检测报告。普通布料需进行两次防火处理,并检测合格。

图 9.13 软包工程装饰效果图

龙骨一般用白松烘干料,含水率不大于 12%,厚度根据设计要求,不得有腐朽、节疤、劈裂、扭曲等疵病,并预先经过防腐处理。龙骨、衬板、边框应安装牢固,无翘曲,拼缝应平直。

外饰面用的压条分格框料和木贴脸等面料,一般采用工厂经烘干加工的半成品料,含水率不大于 12%。选用优质五夹板,如基层情况特殊(或有特殊要求者),亦可选用九夹板。

胶粘剂一般采用"立时得"粘贴,不同部位采用不同胶粘剂。

(2)施工工具、机具

软包工程施工常用工具、机具有:气泵、气钉枪、蚊钉枪、马钉枪、电锯、曲线锯、台式电刨、手提电刨、冲击钻、电动砂纸机、手枪钻、电熨斗、小辊、开刀、毛刷、排笔、擦布或棉丝、砂纸、锤子、各种形状的木工凿子、多用刀、粉线包、墨斗、小线、笤帚、托线板、线坠、铅笔、剪刀、划粉等。

(3)作业条件

参见第 9.1.1 节。

9.2.2 软包工程施工工艺流程

(1)镶贴软包施工工艺流程

镶贴软包施工宜按下列工艺流程进行:

基层处理→吊直、套方、找规矩、弹线→计算用料、裁面料→粘贴面料→安装贴脸或装饰边线、刷镶边油漆→修整软包墙面。

(2)皮革软包施工工艺流程

皮革软包施工宜按下列工艺流程进行:

基层处理→吊直、套方、找规矩、弹线→木龙骨及墙板安装→面层固定。

9.2.3　软包工程施工要点

9.2.3.1　镶贴软包施工要点

（1）基层处理

在结构墙上预埋木砖抹水泥砂浆找平层。如果是直接铺贴，则应先将底板拼缝用油腻子嵌平密实，满刮腻子1～2遍，待腻子干后，用砂纸磨平，粘贴前基层表面满刷清油一道。

（2）吊直、套方、找规矩、弹线

根据设计图纸要求，把房间需要软包墙面的装饰尺寸、造型等通过吊直、套方、找规矩、弹线等工序，把实际尺寸与造型落实到墙面上。

（3）计算用料、套裁填充料和面料

首先根据设计图纸的要求确定软包墙面的具体做法，然后计算用料、套裁填充料和面料。

（4）粘贴面料

采取直接铺贴法施工时，应待墙面细木装修基本完成、边框油漆达到交活条件时，方可粘贴面料。

（5）安装贴脸或装饰边线

根据设计选定和加工好的贴脸或装饰边线，按设计要求把油漆刷好（达到交活条件），便可进行装饰板安装工作。首先经过试拼达到设计要求的效果后，然后便可与基层固定和安装贴脸（或装饰边线），最后涂刷镶边线，涂刷镶边油漆成活。

9.2.3.2　皮革软包施工要点

皮革软包工程的构造如图9.14所示。

（1）基层处理

人造革软包，要求基层牢固，构造合理。如果是将它直接装置于建筑墙体及柱体表面，为防止墙体及柱体的潮气使其基面板底翘曲变形而影响装饰质量，要求基层做抹灰和防潮处理。

（2）吊直、套方、找规矩、弹线

同第9.2.3.1节。

（3）木龙骨及墙板安装

当在建筑墙柱面做皮革（或人造革）装饰时，应采用墙筋木龙骨。墙筋龙骨一般为（20～50）mm×（40～50）mm 截面的木方条，钉于墙、柱体的预埋木砖或预埋的木楔上。木砖或木楔的间距与墙筋的排布尺寸一致，一般为400～600mm。按设计图纸进行分格（或按平面造型形式）划分，常见形式为450mm 见方。

固定好墙筋之后，即铺钉夹板作基面板；然后以人造革包填塞材料覆于基面板之上，采用钉子将其固定于墙筋位置；最后以电化铝帽头钉按分格（或其他形式）的划分尺寸进行钉固。也可同时采用压条，压条的材料可用不锈钢、铜（或木）条，既方便施工，又可使其立面造型丰富。

（4）面层固定

皮革（或人造革）饰面的铺钉方法，主要有成卷铺装和分块固定两种形式。此外，尚有压条法、平铺泡钉压角法，由设计而定。

① 成卷铺装法

由于人造革材料可成卷供应，当较大面积施工时，可进行成卷铺装。但需注意，人造革卷

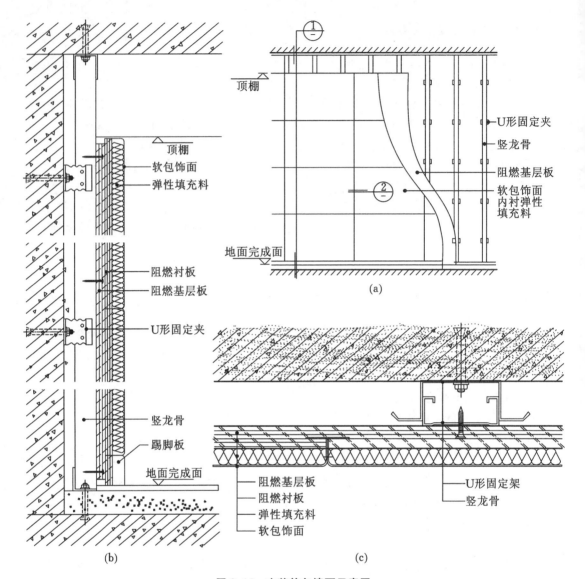

图 9.14　皮革软包墙面示意图

(a) 软包墙面立面示意图；(b) 软包墙面立剖示意图；(c) 软包墙面平剖示意图

材的幅面宽度应大于横向木筋中距 50～80mm，并保证基面五夹板的接缝置于墙筋上。

② 分块固定

先将皮革(或人造革)与夹板按设计要求分格，划块进行预裁，然后一并固定于木筋上。安装时以五夹板压住皮革(或人造革)面层，压边 20～30mm，用圆钉钉于木筋上，然后将皮革(或人造革)与木夹板之间填入衬垫材料，进而包覆固定。须注意的操作要点是：首先必须保证五夹板的接缝位于墙筋中线；其次五夹板的另一端不压皮革(或人造革)而是直接钉在木筋上；最后就是皮革(或人造革)剪裁时必须大于装饰分格划块尺寸，并足以在下一个墙筋上剩余 20～30mm 的料头。第二块五夹板又可采用这种做法。皮革软包多用于酒吧台、服务台等部位的装饰。

9.2.4 软包工程施工质量验收

（1）主控项目

① 软包工程的安装位置及构造做法应符合设计要求。

检验方法：观察；尺量检查；检查施工记录。

② 软包边框所选木材的材质、花纹、颜色和燃烧性能等级应符合设计要求及现行国家标准的有关规定。

检验方法：观察；检查产品合格证书、进场验收记录、性能检验报告和复验报告。

③ 软包衬板材质、品种、规格、含水率应符合设计要求。面料及内衬材料的品种、规格、颜色、图案及燃烧性能等级应符合现行国家标准的有关规定。

检验方法：观察；检查产品合格证书、进场验收记录、性能检验报告和复验报告。

④ 软包工程的龙骨、边框应安装牢固。

检验方法：手扳检查。

⑤ 软包衬板与基层应连接牢固，无翘曲、变形，拼缝应平直，相邻板面接缝应符合设计要求，横向无错位拼接的分格应保持通缝。

检验方法：观察；检查施工记录。

（2）一般项目

① 单块软包面料不应有接缝，四周应绷压严密。需要拼花的，拼接处花纹、图案应吻合。软包饰面上电器槽、盒的开口位置、尺寸应正确，套割应吻合，槽、盒四周应镶硬边。

检验方法：观察；手摸检查。

② 软包工程的表面应平整、洁净、无污染、无凹凸不平及皱折；图案应清晰、无色差，整体应协调美观、符合设计要求。

检验方法：观察。

③ 软包工程的边框表面应平整、光滑、顺直，无色差、无钉眼；对缝、拼角应均匀对称，接缝应吻合。清漆制品木纹、色泽应协调一致，其表面涂饰质量应符合本书第 8 章的有关规定。

检验方法：观察；手摸检查。

④ 软包内衬应饱满，边缘应平齐。

检验方法：观察；手摸检查。

⑤ 软包工程安装的允许偏差和检验方法应符合表 9.2 的规定。

表 9.2　软包工程安装的允许偏差和检验方法

项次	项目	允许偏差（mm）	检验方法
1	单块软包边框水平度	3	用 1m 水平尺和塞尺检查
2	单块软包边框垂直度	3	用 1m 垂直检测尺检查
3	单块软包对角线长度差	3	从框的裁口里角用钢尺检查
4	单块软包宽度、高度	0，−2	从框的裁口里角用钢尺检查
5	分格条（缝）直线度	3	拉 5m 线，不足 5m 拉通线，用钢直尺检查
6	裁口线条结合处高度差	1	用直尺和塞尺检查

思　考　题

9.1　裱糊工程施工的工艺流程是什么?

9.2　裱糊工程施工的要点是什么?

9.3　软包工程施工的工艺流程是什么?

9.4　软包工程施工的要点是什么?

10 楼地面饰面工程施工

楼地面装饰包括楼面装饰和地面装饰两部分,两者的主要区别是其饰面承托层不同。楼面装饰面层的承托层是架空的楼面结构层,地面装饰面层的承托层是室内回填土。楼面饰面要注意防渗漏问题,地面饰面要注意防潮问题,楼面、地面的组成分为基层、垫层、面层三部分。

(1)基层

基层的作用是承担其上面的全部荷载,它是楼地面的基体。地面的基层多为素土或加入石灰、碎砖的夯实土,楼层的基层一般是现浇或预制钢筋混凝土楼板。

(2)垫层

垫层位于基层之上,其作用是将上部的各种荷载均匀地传给基层,同时还起着隔声和找平作用。垫层按材料性质的不同,分为刚性垫层和非刚性垫层两种。刚性垫层,有足够的整体刚度,受力后不产生塑性变形,如低强度等级混凝土、碎砖三合土等;非刚性垫层,无整体刚度,受力后会产生塑性变形,如砂、碎石、矿渣等散状材料。

当楼地面的基本构造层不能满足使用要求和构造要求时,可增设填充层、隔离层、找平层、结合层等其他构造层。

(3)面层

面层是楼地面的表层,即装饰层,它直接受外界各种因素的作用。地面的名称通常以面层所用的材料来命名,如水泥砂浆地面、塑料地面等。根据使用要求不同,对面层的要求也不相同。例如,面层要求有足够的强度和耐磨性,表面平整,易于清扫,有一定的弹性和较小的热导率,并要求尽量做到适用、经济、就地取材。

楼地面装饰作为装饰三大面的一个主要组成部分,是装饰施工中的一项重要内容。随着人们对装饰要求的不断提高和新型装饰材料、工艺的不断应用,楼地面装饰的作用除了满足正常的使用要求以外,还要具有高雅、美观、整体和谐的效果,以满足人们的审美要求。因此,过去单一的水泥类楼地面已逐步被其他多品种、多工艺的楼地面所替代。按工程做法和面层材料不同,楼地面可分为整体铺设地面、块板铺贴楼地面、木(竹)铺装地面、卷材铺设地面,以及涂料涂布地面,等等。因为各种地面材料不同,所以施工工艺和施工方法也不尽相同。

10.1 整体楼地面工程施工

整体楼地面的形式包括水泥砂浆地面、细石混凝土地面、现浇水磨石地面等。由于传统的水泥砂浆地面和细石混凝土地面装饰效果差,目前已较少作为地面装饰,因此,本节不再详细介绍。

现浇水磨石地面的优点是美观大方、平整光滑、坚固耐久、易于清洁、整体性好,缺点是施工工序多、施工周期长、噪声大、现场湿作业、易形成污染。水磨石地面适用于清洁要求较高或潮湿的场所,如洁净厂房车间、医疗办公用房、厕所、厨房等。下面以现浇水磨石地面为例讲述整体楼地面的施工工艺。

10.1.1　整体楼地面工程施工准备

（1）施工材料

① 水泥

硅酸盐水泥、普通硅酸盐水泥或矿渣硅酸盐水泥强度等级不低于 42.5 级。原色水磨石面层宜采用 42.5 级普通硅酸盐水泥，彩色水磨石宜采用白水泥（不低于 42.5 级）加颜料或彩色水泥；严禁不同品种、不同强度等级的水泥混用，同一颜色的面层，应使用同一批水泥；水泥进场应有产品合格证书和出厂检验报告，进场后应进行取样复试。其质量必须符合现行国家标准《通用硅酸盐水泥》（GB 175—2007）与《白色硅酸盐水泥》（GB/T 2015—2017）的规定。

② 石粒

石粒如图 10.1 所示，应选用坚硬、可磨的白云石、大理石等岩石加工而成，其品种、规格、颜色应根据设计要求进行选定。石粒粒径除特殊要求外，应为 4～14mm，最大粒径应比水磨石面层厚度小 1～2mm。各种石粒应按不同品种、规格、颜色分别存放，且不可混杂。

③ 分格条

分格条如图 10.2 所示，一般有玻璃条、铜条、铝条、彩色塑料条、导电金属分格条；玻璃条厚 3mm、5mm，宽 12～15mm；铜条、铝条、导电金属分格条厚 3mm，宽 12～15mm；彩色塑料条厚 2～3mm，宽 10mm。使用时，长度由分块尺寸决定。

图 10.1　彩色石粒

图 10.2　分格条

④ 河砂

选用粗砂或中砂，含泥量不应大于 3%，应符合现行国家标准《普通混凝土用砂、石质量及检验方法标准》（JGJ 52—2006）的规定。

⑤ 水

宜采用饮用水。当采用其他水源时，其水质应符合现行国家标准《混凝土用水标准》（JGJ 63—2006）的规定。

⑥ 颜料

颜料如图 10.3 所示，应选用耐碱、耐光性强，着色好的矿物颜料，并应有出厂合格证。颜料掺入量一般为水泥质量的 3%～6%，或由试验确定。同一颜色面层，应使用同厂、同批的颜料。如采用彩色水泥，可直接与石粒拌和使用。

⑦ 草酸

草酸如图 10.4 所示,宜采用工业用块状或粉状草酸。

⑧ 地板蜡

宜采用成品地板上光蜡。

图 10.3 颜料

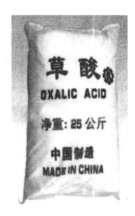

图 10.4 草酸

(2) 施工工具、机具

常用工具和机具有:砂浆搅拌机、磨石机、手提磨石机、打蜡机、手枪钻、滚筒、油石(粗、中、细)、手推车、计量器、筛子、木耙、铁锹、小线、钢尺、胶皮管、木拍板、刮杠、木抹子、铁抹子等。

(3) 作业条件

① 室内标高控制线已测设完毕。

② 地面基层已清理干净,缺陷处理完毕。

③ 穿过楼板的管线已安装完,管洞四周已用细石混凝土填塞密实;门框安装完毕,并经预检合格。

④ 室内抹灰已完成,屋面防水施工完毕。

⑤ 配合比经试验确定,样板已被认可。

⑥ 施工作业的环境(如天气、温度、湿度等状况)应满足施工质量可达到标准的要求。

⑦ 在操作前对作业人员进行技术、安全交底。

10.1.2 整体楼地面工程施工工艺流程

现浇水磨石地面施工宜按下列工艺流程进行:

基层找平→设置分格线、嵌固分格条→养护及修复分格条→基层润湿、刷水泥素浆→铺水磨石拌合料→清边拍实、滚筒滚压→铁抹子拍实抹平→养护→试磨→初磨→补粒上浆养护→细磨→补孔上浆养护→磨光→清洗、晾干、擦草酸→清洗、晾干、打蜡→养护。

对高级水磨石地面,最后一道工序是涂刷树脂类透明胶。

10.1.3 整体楼地面工程施工要点

(1) 基层找平

基层找平的方法是根据墙面上+500mm 标高线,向下测出面层的标高,弹在四周墙上,再以此线为基准,留出 10～15mm 面层厚度,然后抹 1:3 水泥砂浆找平层。为保证找平层的平整度,应先抹灰饼(纵横间距 1.5m 左右),再抹纵横标筋,然后抹 1:3 水泥砂浆,用刮杠刮平,但表面不要压光。

（2）嵌固分格条

① 在抹好水泥砂浆找平层 24h 后，按设计要求在找平层上弹（划）线分格，分格间距以 1m 左右为宜，要选择好分格条。对铜条、铝条应先调直，并每隔 1.0～1.2m 打四个眼，供穿 22 号铁丝用。彩色水磨石地面采用玻璃分格条，应在嵌条处先抹一条 50mm 宽的白水泥浆带，再弹线嵌条。嵌条时先用靠尺板按分格线靠直，与分格对齐，将分格条紧靠靠尺板，用素水泥在分格条一侧根部抹成八字形灰埂固定，起尺后再在另一侧抹水泥浆。如图 10.5 所示。

② 水磨石分格条嵌固是一项十分重要的工序，应特别注意水泥浆的粘贴高度和角度，灰埂高度应比分格条顶面高度低 4～6mm，角度以 45°为宜。分格条纵横交叉处应各留出一定的空隙，以确保铺设水泥石粒浆时使石粒在分格条十字交叉处分布饱满，磨光后美观，见图10.6。如果嵌固抹灰埂不当，磨光后将会沿分格条出现一条明显的水泥斑带，俗称"秃斑"，影响装饰效果。分格条接头不应错位，交点应平直，侧面不得弯曲。嵌固后 12h 开始浇水养护 2～3d，此间不得进行其他工序。

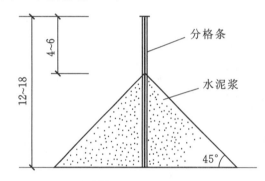

图 10.5　分格条粘贴剖面

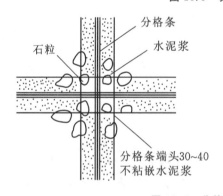
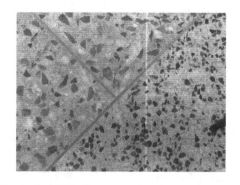

图 10.6　分格条十字交叉处平面

（3）基层刷素水泥浆

先用清水将找平层洒水润湿，涂刷与面层颜色一致的水泥浆结合层，水灰比为 0.4～0.5，亦可在水泥浆内掺胶粘剂。刷水泥浆应与铺拌合料同步进行，随刷随铺拌合料，不得涂刷面积过大，以防浆层风干导致面层空鼓。

（4）水磨石拌合料铺设

按设计要求配置拌和水磨石料，水泥与石料配合的体积比为 1∶1.5～1∶2.5。先将水泥和颜料干拌均匀后装袋备用，铺设前再将石粒加入彩色水泥粉干拌 2～3 遍，然后加水湿拌。

将石粒浆的坍落度控制在 60mm 左右,另在备用的石粒中取 1/5 的石粒,作撒石用。铺设水泥石粒浆(图 10.7)时,应均匀平整地铺在分格框内,并高出分格条 1~2mm。先用木抹子轻轻将分格条两侧的石粒浆拍紧压实,以免分格条被破坏。而后在表面均匀撒一层石粒,用铁抹子轻轻拍实压平。如在同一平面上有几种颜色的水磨石,应先做深色、后做浅色,先做大面、后做镶边;待前一种色浆凝固后,再抹后一种色浆。两种颜色的色浆不能同时铺设,以免串色造成界限不清。但间隔时间也不宜过长,以免两种石粒浆干硬程度不同,一般隔日铺设即可。应注意在滚压或抹拍过程中,不要触动前一种石粒浆。

图 10.7　摊铺石粒浆

(5) 滚压抹平

随后用滚筒滚压密实,滚压时用力要均匀(要随时清掉粘在滚筒上的石渣),应从横、竖两个方向轮换进行,直到表面平整密实、出浆石料均匀为止。待石粒浆稍收水后,再用铁抹子将浆抹平、压实,如发现石粒不均匀处,应补石粒浆,再用铁抹子拍平、压实。次日开始浇水养护。

(6) 试磨

开磨过早易造成石粒松动,开磨过迟则造成磨光困难。所以,为掌握相适应的硬度,在大面积开磨前应进行试磨,以面层不掉石粒、水泥浆面基本平齐为准。具体开磨时间与气温高低有关,参考表 10.1。

表 10.1　水磨石面层开磨时间

平均气温(℃)	开磨时间(d)	
	机磨	人工磨
20~30	3~4	1~2
10~20	4~5	1.5~2.5
5~10	6~7	2~3

(7) 初磨

初磨用 60~90 号金刚石磨,磨石机走"8"字形,边磨边加水,并随时用靠尺检查平整度,直至表面磨平、分格条全部露出(边角采用人工磨),再用清水冲洗晾干,用相同配比的水泥浆擦补一遍,补齐脱落的石粒,填平洞眼空隙。浇水养护 2～3d。

（8）细磨和磨光

① 细磨用 90～120 号金刚石磨,要求磨至表面光滑。然后用清水冲洗净,擦补第二遍水泥浆,养护 2～3d。磨光采用 200 号金刚石或油石,洒水细磨至表面光亮,要求光滑、无砂眼细孔、石粒颗颗显露。

② 普通水磨石磨光遍数不应少于三遍,高级水磨石面层磨光遍数和油石规格按设计要求确定。水磨石磨光如图 10.8 所示。

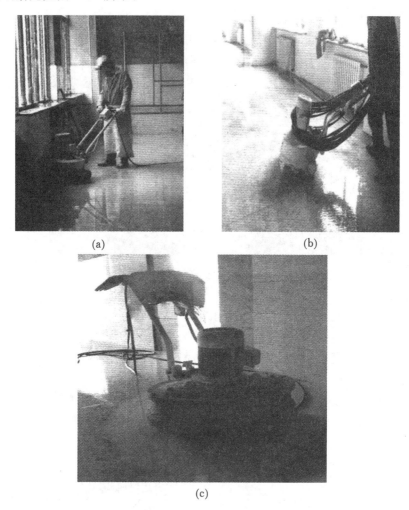

(a)　　　　　　　　　　　　(b)

(c)

图 10.8　水磨石磨光

（9）酸洗打蜡

① 酸洗是用浓度 10％的草酸溶液（加 1％～2％的氧化铝）进行涂刷,随即用 240 号～320 号油石细磨。必要时,可将软布蘸草酸液卷固在磨石机上进行研磨,清除水磨石面上的所有污垢,露出水泥和石料本色,再用水冲洗擦干。

② 上述工作完成后,可进行上蜡。上蜡的方法是在水磨石面层薄涂一层蜡,稍干后用磨光机研磨,或用钉有细帆布（麻布）的木方块代替油石,装在磨石机上研磨出光,再涂蜡研磨一遍,直到光滑洁亮为止。上蜡后须铺锯末等养护。

10.1.4　整体楼地面工程施工质量验收

下面以现浇水磨石地面为例来讲述整体楼地面工程施工质量验收。

现浇水磨石地面施工质量验收如下：

(1) 主控项目

① 水磨石面层的石粒,应采用白云石、大理石等岩石加工而成,石粒应洁净无杂物,其粒径除特殊要求外,应为 6～16mm。颜料应采用耐光、耐碱的矿物原料,不得使用酸性原料。

检验方法:观察检查和检查材质合格证明文件。

② 水磨石面层拌合料的体积比应符合设计要求,且为 1∶1.5～1∶2.5(水泥∶石粒)。

检验方法:检查配合比通知单和检测报告。

③ 防静电水磨石面层应在施工前及施工完成表面干燥后进行接地电阻检测,并做好记录。

检验方法:检查施工记录和检测报告。

④ 面层与下一层结合应牢固,且应无空鼓、裂纹。当出现空鼓时,空鼓面积不应大于 $400cm^2$,而且每自然间或标准间不应多于 2 处。

检验方法:观察和用小锤轻击检查。

(2) 一般项目

① 表面光滑,无明显裂纹、砂眼和磨纹,石粒密实,显露均匀,颜色图案一致,不混色。分格条牢固、顺直和清晰。

检验方法:观察检查。

② 地面镶边接缝严密,相邻处不混色,分色线顺直,边角整齐光滑,清晰美观。

检验方法:观察检查。

③ 水磨石面层允许偏差和检验方法应符合表 10.2 的规定。

表 10.2　水磨石面层的允许偏差和检验方法

项次	项目	允许偏差(mm)		检验方法
		普通水磨石面层	高级水磨石面层	
1	表面平整度	3	2	用 2m 靠尺和楔形塞尺检查
2	踢脚线上口平直	3	3	拉 5m 线和用钢尺检查
3	缝格平直	3	2	

10.2　石材楼地面工程施工

石材楼地面是指采用天然大理石、花岗岩、碎拼大理石板块、料石等装饰材料作饰面层的楼地面。天然大理石组织细密、坚实,色泽鲜明光亮。用大理石铺装地面,庄重大方、高贵豪华。天然花岗岩质地坚硬、耐磨,不易风化变质,色泽自然庄重、典雅气派,常用于高级装饰工程如宾馆、饭店、酒楼、写字楼的大厅地面、楼厅走廊、踢脚线等部位,属于高级装饰材料。

10.2.1　石材楼地面工程施工准备

（1）施工材料

① 石材

大理石、花岗石：有检测报告，品种、规格及物理性能符合国家标准及设计要求，外观颜色一致，光泽度好、表面平整、边角整齐，无裂纹、缺棱掉角等缺陷，其质量符合现行国家标准《天然大理石建筑板材》（GB/T 19766—2016）、《天然花岗石建筑板材》（GB/T 18601—2009）、《民用建筑工程室内环境污染控制标准》（GB 50325—2020）的要求。

料石：包括条石和块石，其品种、规格应符合设计要求，技术等级、外观质量等应符合现行国家标准《天然花岗石建筑板材》（GB/T 18601—2009）、《天然大理石建筑板材》（GB/T 19766—2016）和现行国家标准《建筑材料放射性核素限量》（GB 6566—2010）等的规定。条石厚度宜为 80～120mm，块石厚度宜为 100～150mm。

② 水泥

硅酸盐水泥、普通硅酸盐水泥，其强度等级不应低于 42.5 级，严禁不同品种、不同强度等级的水泥混用。水泥进场应有产品合格证书和出厂检验报告，进场后应进行取样复验。其质量必须符合现行国家标准《通用硅酸盐水泥》（GB 175—2007）的规定。当对水泥质量有怀疑或水泥出厂超过三个月时，在使用前必须进行复验，并按复验结果使用。

③ 白水泥

白色硅酸盐水泥，其强度等级不低于 42.5 级，其质量应符合现行国家标准《白色硅酸盐水泥》（GB/T 2015—2017）的规定。

④ 河砂

中砂或粗砂，过 5mm 孔径筛子，其含泥量不大于 3%。其质量应符合现行国家标准《普通混凝土用砂、石质量及检验方法标准》（JGJ 52—2006）的规定。

⑤ 水

宜采用饮用水。当采用其他水源时，其水质应符合《混凝土用水标准》（JGJ 63—2006）的规定。

⑥ 其他材料

矿物颜料、蜡、保护剂、清洁剂、封闭剂等应有出厂合格证及相关性能检测报告。

（2）施工工具、机具

石材楼地面工程施工常用工具和机具有：砂浆搅拌机、云石机、切割机、角磨机、橡皮锤、铁锹、手推车、筛子、木耙、水桶、刮杠、灰刀、木抹子、铁抹子、棉纱等。

（3）作业条件

① 地面垫层及预埋在地面内的各种管线已做完，穿过楼面的套管已安装完，管洞已堵塞密实，并办理完隐检手续。

② 室内水平控制线已弹好，并经预检合格。

③ 室内墙面抹灰已做完，门框已安装完。

④ 料石面层施工中，地面垫层均已完成并通过验收，基土层应为均匀密实的基土或夯实的基土。

⑤ 已对大理石、花岗石的规格板按纹路进行编号。

⑥ 大面积装修前已按设计要求先做样板间,经检查鉴定合格后,可大面积施工。

⑦ 在操作前已进行技术和安全交底。

10.2.2　石材楼地面工程施工工艺流程

（1）大理石、花岗岩面层施工工艺流程

大理石、花岗岩面层施工宜按下列工艺流程进行：

基层清理→弹线→试拼、试铺→板块浸水→扫浆→铺水泥砂浆结合层→铺板→灌缝、擦缝→上蜡。

（2）碎拼大理石地面铺贴施工工艺流程

碎拼大理石地面铺贴施工宜按下列工艺流程进行：

基层清理→抹找平层灰→铺贴→灌石渣浆→磨光→上蜡。

（3）料石面层施工工艺流程

料石面层施工宜按下列工艺流程进行：

基层检查→试拼→拉线→铺料石面层→填缝。

10.2.3　石材楼地面工程施工要点

10.2.3.1　大理石、花岗岩面层施工要点

（1）基层清理

大理石、花岗岩面层在铺贴前,应先挂线检查基层平整情况,偏差较大处应事先凿平和修补,如为光滑的混凝土楼地面,应凿毛。基层应清洁,不能有油污、落地灰,特别不要有白灰、砂浆灰,不能有渣土。清理干净后,在抹底子灰前应洒水润湿。

（2）弹线

根据设计要求,确定平面标高位置,并弹在四周墙上。再在四周墙上取中,在地上弹出十字中心线,按板块的尺寸加预留缝放样分块。大理石板地面缝宽 1mm,花岗岩石板地面缝宽小于 1mm,预制水磨石地面缝宽 2mm。与走廊直接相通的门口应与走道地面拉通线,板块布置要以十字线对称,若室内地面与走廊地面颜色不同,其分界线应安排在门口或门窗中间。在十字线交点处对角安放两块标准块,并用水平尺和角尺校正。铺板时依标准块和分块位置,每行依次挂线,可起到面层标筋的作用。

（3）试拼、试铺

在正式铺设前,应按设计要求或实际尺寸在施工现场进行切割或磨皮的处理,如图 10.9 所示。对每一房间的大理石板块应按图案、颜色、纹理进行试拼。试拼后按两个方向编号排列,然后按编号码放整齐,以便对号入座,使铺设出来的楼地面色泽美观、一致。在房间内相互垂直的两个方向,铺设两条宽度略大于板块板宽、厚度不小于 30mm 的干砂带,根据试拼石板的编号及施工图,将石材板块排好,检查板块之间的缝隙,核对板块与墙、柱、洞口等部位的相对位置,根据试铺结果,在房间主要部位弹相互垂直的控制线,并引至墙上,用以检查和控制板块位置。

（4）浸水润湿

大理石、花岗岩、预制水磨石板块在铺贴前应先浸水润湿,阴干后擦干净板背的浮尘方可使用。铺板时,板块的底面以内潮外干为宜。

图 10.9　石材切割

（5）铺水泥砂浆结合层

铺水泥砂浆结合层是铺贴工艺中重要的环节,必须注意以下几点:

① 水泥砂浆结合层,宜采用干硬性水泥砂浆。干硬性水泥砂浆的配合比常用 1∶1～1∶3（水泥∶砂,体积比）,一般采用强度等级不低于 32.5 级的水泥配制,铺设时稠度（以标准圆锥体沉入度）以 20～40mm 为宜。现场如无测试仪器,可用手捏成团,以在手中颠后即散开为度。

② 为保证干硬性水泥砂浆与基层或找平层的粘结效果,在铺设前,应在基层或找平层上刷一道水灰比为 0.4～0.5 的水泥浆（可掺 10% 的 801 胶）,以保证整个上下层之间粘结牢固。

③ 铺结合层时,摊铺砂浆长度应在 1m 以上,宽度应超出板块宽度 20～30mm,铺浆厚度为 10～15mm,虚铺砂浆厚度应比标高线高出 3～5mm,砂浆由里向外铺抹,然后用木刮尺刮平、拍实。

（6）铺板

铺贴（图 10.10）时,要将板块四角同时平稳落下,对准纵横缝后,用橡皮锤（木槌）轻敲振实,并用水平尺找平（图 10.11）,锤击板块时注意不要敲砸边角,也不要敲打已铺贴完毕的板块,以免造成空鼓。

图 10.10　石材铺贴

图 10.11　石材找平

铺贴顺序:一般从房间中部向四周退步铺贴。凡有柱子的大厅,宜先铺柱子与柱子中间部分,然后再向两边展开。

(7) 灌缝

铺板完成 2d 后,经检查板块无断裂及空鼓现象后,方可进行灌缝(图 10.12)。根据板块颜色,用浆壶将调好的稀水泥素浆或 1:1 稀水泥砂浆(水泥:细砂)灌入缝内 2/3 高,并及时清理板块表面上溢出的浆液,再用与板面颜色相同的水泥浆将缝灌满、擦缝。待缝内水泥色浆凝结后,应将板面清洗干净,在拭净的石材楼地面上覆盖锯末保护,24h 后洒水养护,3d 内禁止上人走动或在面层上进行其他作业。

图 10.12　灌浆擦缝

(8) 踢脚板镶贴

预制水磨石、大理石和花岗石踢脚板一般高度为 100～200mm,厚度为 15～20mm。可采用粘贴法和灌浆法施工。踢脚板施工前应认真清理墙面,提前 1 d 浇水润湿。阳角处踢脚板的一端,用无齿锯切成 45°。踢脚板应用水刷净,阴干备用。镶贴时由阳角开始向两侧试贴,检查是否平直,缝隙是否严密,有无缺边掉角等缺陷,合格后方可实贴。不论采取什么方式安装,均先在墙面两端各镶贴一块踢脚板,其上沿高度在同一水平线上,出墙厚度要一致,然后沿两块踢脚板上沿拉通线,逐块依顺序安装。

① 粘贴法。根据墙面标筋和标准水平线,用 1:(2～2.5)水泥砂浆抹底并刮平划毛,待底层砂浆干硬后,将已润湿阴干的踢脚板抹上 2～3mm 素水泥浆进行粘贴,同时用橡皮锤敲击平整,并注意随时用水平尺、靠尺板找平、找直。次日,用与板面同色的水泥浆擦缝。

② 灌浆法。将踢脚板临时固定在安装位置,用石膏糊将相邻的两块踢脚板粘牢,然后用稠度 10～15cm 的 1:2 水泥砂浆(体积比)灌缝,并随时把溢出的砂浆擦干净。待灌入的水泥砂浆凝固后,把石膏铲掉擦净,用与板面同色水泥浆擦缝。

(9) 上蜡

板块铺贴完工后,待其结合层砂浆强度达到 60%～70%即可打蜡抛光。其具体操作方法与第 10.1 节"现浇水磨石地面"基本相同。

10.2.3.2　碎拼大理石地面铺贴施工要点

(1) 基层清理

同前。

（2）抹找平层

碎拼大理石地面应在基层上抹 30mm 厚 1:3 水泥砂浆找平层,用木抹子搓平。

（3）铺贴

在找平层上刷素水泥浆一遍,用 1:2 水泥砂浆镶贴碎大理石标筋（或贴灰饼）,间距 1.5m,然后铺碎大理石块,并用橡皮锤轻轻敲击,使其平整、牢固。随时用靠尺检查表面平整度。注意:石块与石块之间应留足间隙,挤出的砂浆应从间隙中剔除,缝底呈方形。

（4）灌石渣浆

将缝中积水、杂物清除干净,刷素水泥浆一遍,然后嵌入彩色水泥石渣浆,嵌抹应凸出大理石表面 2mm,再在其上撒一层石渣,用木抹子拍平压实,次日养护。也可用同色水泥砂浆嵌抹间隙做成平缝。

（5）磨光

面层分四遍磨光。第一遍用 80～100 号金刚石,第二遍用 100～160 号金刚石,第三遍用 240～280 号金刚石,第四遍用 750 号或更细的金刚石进行打磨。

（6）上蜡

方法同水磨石地面。

10.2.3.3 料石面层施工要点

（1）基层检查

① 施工前应认真清理基层,基层应无明水,无油渍、浮浆层等残留物。

② 对于旧的平整度不理想的基层,应采用局部打磨或整体打磨的方法进行彻底打磨、吸尘。

③ 基土层应为均匀密实的基土或夯实的基土。

④ 基层表面应平整,用 2m 直尺检查时,其偏差应在 2mm 以内。

（2）试拼

在正式铺砌前,按施工大样图对块石板块试拼,设计无要求时宜将非整块板对称排放在相应部位,试拼后编号,并码放整齐。

（3）拉线

为了控制块石板块的位置,拉十字控制线,然后依据标高控制线钉桩,弹出面层标高线或做标高控制点。

（4）铺料石面层

① 铺砂垫层,在砂垫层压实后的厚度不应小于 60mm。

② 根据控制线沿纵向铺砌一行块石,沿横向铺砌 2～3 行块石,作为大面积铺砌的标筋。然后按试拼的图案编号及缝隙（板块间的缝隙宽度设计无规定时,一般不应大于 25mm）在标筋交点处开始铺砌,缝隙应相互错开。

③ 按标筋拉通线将块石大面朝上铺砌,调整缝隙后,用木夯夯击至面层标高上 5mm 左右（夯击时在石材上垫木板,此时块石嵌入砂垫层的深度应大于石料厚度的 1/3,再用木槌（橡皮锤）轻击木垫板,按控制线用水平尺找平。铺完第一块,向两侧和后退方向按顺序铺砌,大面积宜分段、分区进行铺砌。

（5）填缝

① 填缝前应对铺砌好的块石面层进行检查、调整,然后按设计要求的材料进行填缝。

② 设计无要求时,可采用细砂、水泥砂浆相结合的方式填缝。即先将细砂撒于面层上,用笤帚扫入缝中,细砂填至缝的高度 1/2 处,然后用水泥砂浆灌缝,勾缝抹平,缝口为平缝。

10.2.4 石材楼地面工程施工质量验收

10.2.4.1 大理石、花岗石面层

(1)主控项目

① 大理石、花岗石面层所用的板块产品应符合设计要求和国家现行有关标准的规定。

检验方法:观察检查和检查质量合格证明文件。

检查数量:同一工程、同一材料、同一生产厂家、同一型号、同一规格、同一批号检查一次。

② 大理石、花岗石面层所用板块产品进入施工现场时,应有放射性限量合格的检测报告。

检验方法:检查检测报告。

检查数量:同一工程、同一材料、同一生产厂家、同一型号、同一规格、同一批号检查一次。

③ 面层与下一层的结合(粘结)应牢固,无空鼓(单块砖边角有局部空鼓,且每自然间或标准间不应超过总数的 5%)。

检验方法:用小锤轻击检查。

检查数量:按《建筑地面工程施工质量验收规范》(GB 50209—2010)第 3.0.21 条规定的检验批检查。

(2)一般项目

① 大理石、花岗石面层铺设前,板块的背面和侧面应进行防碱处理。

检验方法:观察检查和检查施工记录。

检查数量:按《建筑地面工程施工质量验收规范》(GB 50209—2010)第 3.0.21 条规定的检验批检查。

② 大理石、花岗石表面应洁净、平整、无磨痕,且图案清晰、色泽一致、接缝均匀、周边顺直、镶嵌正确,板块应无裂纹、掉角、缺棱等缺陷。

检验方法:观察检查。

检查数量:按《建筑地面工程施工质量验收规范》(GB 50209—2010)第 3.0.21 条规定的检验批检查。

③ 踢脚线与柱、墙面应紧密结合,踢脚线高度和出柱、墙厚度应符合设计要求且均匀一致。

检验方法:观察和用小锤轻击及钢尺检查。

检查数量:按《建筑地面工程施工质量验收规范》(GB 50209—2010)第 3.0.21 条规定的检验批检查。

④ 楼梯、台阶踏步的宽度、高度应符合设计要求。楼层梯段相邻踏步高度差不应大于10mm,每踏步两端宽度差不应大于 10mm;旋转楼梯梯段的每踏步两端宽度的允许偏差不应大于 5mm。踏步面层应做防滑处理,齿角应整齐,防滑条应顺直、牢固。

检验方法:观察和钢尺检查。

检查数量:按《建筑地面工程施工质量验收规范》(GB 50209—2010)第 3.0.21 条规定的检验批检查。

⑤ 面层表面的坡度应符合设计要求,不倒泛水、无积水;与地漏、管道结合处应严密牢固,

无渗漏。

检验方法:观察、泼水或用坡度尺及蓄水检查。

检查数量:按《建筑地面工程施工质量验收规范》(GB 50209—2010)第 3.0.21 条规定的检验批检查。

⑥ 大理石和花岗石面层(或碎拼大理石、碎拼花岗石面层)的允许偏差及检验方法应符合表 10.3 的规定。

表 10.3　大理石和花岗石面层、碎拼大理石和碎拼花岗石面层的允许偏差和检验方法

项次	项目	允许偏差(mm)		检验方法
		大理石和花岗石面层	碎拼大理石和碎拼花岗石面层	
1	表面平整度	1.0	3.0	用 2m 靠尺和楔形塞尺检查
2	缝格平直	2.0	—	拉 5m 线和用钢尺检查
3	接缝高低差	0.5	—	用钢尺和楔形塞尺检查
4	踢脚线上口平直	1.0	1.0	拉 5m 线和用钢尺检查
5	板块间隙宽度	1.0	—	用钢尺检查

10.2.4.2　料石面层

(1)主控项目

① 石材应符合设计要求和国家现行有关标准的规定;条石的强度等级应大于 MU60,块石的强度等级应大于 MU30。

检验方法:观察检查和检查质量证明文件。

检查数量:同一工程、同一材料、同一生产厂家、同一型号、同一规格、同一批号检查一次。

② 石材进入施工现场时,应有放射性限量合格的检测报告。

检验方法:检查检测报告。

检查数量:同一工程、同一材料、同一生产厂家、同一型号、同一规格、同一批号检查一次。

③ 面层与下一层结合牢固、无松动。

检验方法:观察检查和用锤击检查。

检查数量:按《建筑地面工程施工质量验收规范》(GB 50209—2010)第 3.0.21 条规定的检验批检查。

(2)一般项目

① 条石面层应组砌合理,无十字缝,铺砌方向和坡度应符合设计要求;块石面层石料缝隙应相互错开,通缝不得超过两块石料。

检验方法:观察和用坡度尺检查。

检查数量:按《建筑地面工程施工质量验收规范》(GB 50209—2010)第 3.0.21 条规定的检验批检查。

② 料石面层施工质量的允许偏差及检验方法应符合表 10.4 的规定。

表 10.4 料石面层施工质量的允许偏差和检验方法

项次	项目	允许偏差（mm）		检验方法
		条石面层	块石面层	
1	表面平整度	10.0	10.0	用 2m 靠尺和楔形塞尺检查
2	缝格平直	8.0	8.0	拉 5m 线和用钢尺检查
3	接缝高低差	2.0	—	用钢尺和楔形塞尺检查
4	踢脚线上口平直	—	—	拉 5m 线和用钢尺检查
5	板块间隙宽度	5.0	—	用钢尺检查

10.3 陶瓷地砖楼地面工程施工

陶瓷地砖楼地面工程中,常使用抛光砖、玻化砖、釉面砖、耐磨砖、仿古砖、陶瓷锦砖面层。

10.3.1 陶瓷地砖楼地面工程施工准备

（1）施工材料

① 地砖:有出厂合格证书及检测报告,品种规格及物理性能应符合国家标准及设计要求,外观颜色一致,表面平整、边角整齐,无裂纹、缺棱掉角等缺陷。

② 水泥:硅酸盐水泥、普通硅酸盐水泥,其强度等级不应低于 42.5 级,严禁不同品种、不同强度等级的水泥混用。水泥进场应有产品合格证和出厂检验报告,进场后应进行取样复验。其质量必须符合现行国家标准《通用硅酸盐水泥》(GB 175—2007)的规定。当对水泥质量有怀疑或水泥出厂超过三个月时,在使用前必须进行复验,并按复验结果使用。

③ 河砂:中砂或粗砂,过 5mm 孔径筛子,其含泥量不大于 3%。其质量应符合现行国家标准《普通混凝土用砂、石质量及检验方法标准》(JGJ 52—2006)的规定。

④ 水:宜采用饮用水。当采用其他水源时,其水质应符合《混凝土用水标准》(JGJ 63—2006)的规定。

⑤ 填缝剂:应有出厂合格证书及检测报告。

（2）施工工具、机具

陶瓷地砖楼地面工程施工常用工具和机具有:砂搅拌机、台式砂轮锯、切割机、橡皮锤、铁锹、手推车、筛子、木耙、水桶、刮杠、木抹子、铁抹子等。

（3）作业条件

参见第 10.2.1 节。

陶瓷地砖
干铺法施工

10.3.2 陶瓷地砖楼地面工程施工工艺流程

陶瓷地砖面层施工宜按下列工艺流程进行:

基层处理→找平层→排砖试铺→铺砖→养护→填缝→养护。

10.3.3　陶瓷地砖楼地面工程施工要点

（1）基层处理

① 施工前应认真清理基层，基层应无明水，无油渍、浮浆层等残留物。

② 对于旧的平整度不理想的基层，应采用局部打磨或整体打磨的方法进行彻底打磨。

③ 对于基层表面的油渍，应使用清洗剂处理，然后用清水冲洗，使基层表面清洁干净，并充分干燥。

④ 基层的标高与地砖完成面的标高差超过 30mm 时，应先在基层面铺装强度等级为 C20 的细石混凝土，用平锹将细石混凝土摊平，用刮杠刮平，用木抹子拍实、抹平整，同时检查其标高和泛水坡度是否正确。

（2）排砖试铺

① 按照排砖图和地砖的留缝大小，在基层地面弹出十字控制线和分格线。

② 排砖时，垂直于门口方向的地砖为主轴线，然后根据主轴线两边对称排列，当试排到最后出现非整砖时，应将非整砖与一块整砖尺寸之和平分切割成各大半块砖。排砖的总体原则，使四周收口砖按排序方向边长大于 200mm。密缝铺贴时，缝的宽度不能大于 1mm。根据施工大样图进行试铺，试铺无误后，进行正式铺贴。

（3）铺砖

① 干铺法：先在两侧铺两行控制砖，依此拉线，再大面积铺贴。铺贴采用干硬性砂浆，其配比一般为 1∶2.5～1∶3.0（水泥∶砂）。根据砖的大小先铺一段砂浆，如图 10.13 所示，并找平拍实，将砖放置在干硬性水泥砂浆上，用橡皮锤将砖敲平后揭起，在干硬性水泥砂浆上浇适量素水泥浆，同时在砖背面刮聚合物水泥膏，厚度不小于 10mm，再将砖重新铺放在干硬性水泥砂浆上，用橡皮锤按标高控制线、十字控制线和分格线敲压平整，然后向四周铺设，并随时用 2m 靠尺和水平尺检查，如图 10.14 所示，确保砖面平整，缝格顺直。

图 10.13　铺水泥砂浆

图 10.14　检查平整度

② 湿铺法：铺砌前将砖放在水桶中浸水湿润，晾干后方可使用。找平层上洒水湿润，均匀涂刷素水泥浆（水灰比为 0.4～0.5），涂刷面积不要过大，铺多少刷多少。结合层如采用纯水泥膏、水泥细砂砂浆铺贴时厚度应为 4～5mm；如采用沥青胶结料铺贴时，应为 3～5mm；如采用胶粘剂铺设时应为 2～3mm。铺贴时，砖面略高出水平标高线，找正、找直、找方后，砖上垫

木板,用橡皮锤敲压平整,从内向外铺砌,做到面砖砂浆饱满,相接紧密、坚实。阳台、厨房、卫生间地面多用湿铺法施工。

（4）养护

砖面层铺贴完 24h 内应进行洒水养护,夏季气温较高时,应在铺贴完 12h 后浇水养护并覆盖,养护时间不少于 7d。

（5）填缝

当铺砖面层的砂浆强度达到 1.2MPa 时,用专用填缝料进行填缝（填缝料的使用方法参考产品使用说明）,填缝应清晰、顺直、平整光滑、深浅一致,填缝的深度应比地砖的完成面低 0.5～1mm。

10.3.4 陶瓷地砖楼地面工程施工质量验收

（1）主控项目

① 砖面层所用的板块产品应符合设计要求和国家现行有关标准的规定。

检验方法:观察检查和检查型式检验报告、出厂检验报告、出厂合格证书。

检查数量:同一工程、同一材料、同一生产厂家、同一型号、同一规格、同一批号检查一次。

② 砖面层所用板块产品进入施工现场时,应有放射性限量合格的检测报告。

检验方法:检查检测报告。

检查数量:同一工程、同一材料、同一生产厂家、同一型号、同一规格、同一批号检查一次。

③ 面层与下一层的结合应牢固,无空鼓。

检验方法:用小锤轻击检查。

检查数量:按《建筑地面工程施工质量验收规范》(GB 50209—2010)第 3.0.21 条规定的检验批检查。

（2）一般项目

① 砖面层的表面应洁净、图案清晰,色泽一致,接缝应平整,深浅应一致,周边应顺直,板块应无裂纹、掉角和缺棱等缺陷。

检验方法:观察检查。

检查数量:按《建筑地面工程施工质量验收规范》(GB 50209—2010)第 3.0.21 条规定的检验批检查。

② 面层邻接处的镶边用料及尺寸应符合设计要求,边角应整齐、光滑。

检验方法:观察和用钢尺检查。

检查数量:按《建筑地面工程施工质量验收规范》(GB 50209—2010)第 3.0.21 条规定的检验批检查。

③ 踢脚线与柱、墙面应紧密结合,踢脚线高度和出柱、墙厚度应符合设计要求,且均匀一致。

检验方法:观察和用小锤轻击及钢尺检查。

检查数量:按《建筑地面工程施工质量验收规范》(GB 50209—2010)第 3.0.21 条规定的检验批检查。

④ 楼梯、台阶踏步的宽度、高度应符合设计要求。楼层梯段相邻踏步高度差不应大于 10mm,每踏步两端宽度差不应大于 10mm;旋转楼梯梯段的每踏步两端宽度的允许偏差不应

大于5mm。踏步面层应做防滑处理,齿角应整齐,防滑条应顺直、牢固。

　　检验方法:观察和钢尺检查。

　　检查数量:按《建筑地面工程施工质量验收规范》(GB 50209—2010)第3.0.21条规定的检验批检查。

　　⑤ 面层表面的坡度应符合设计要求,不倒泛水、无积水;与地漏、管道接合处应严密牢固,无渗漏。

　　检验方法:观察、泼水或用坡度尺及蓄水检查。

　　检查数量:按《建筑地面工程施工质量验收规范》(GB 50209—2010)第3.0.21条规定的检验批检查。

　　⑥ 砖面层的允许偏差及检验方法应符合规范的规定。

　　检查数量:按《建筑地面工程施工质量验收规范》(GB 50209—2010)第3.0.21条规定的检验批检查和《建筑地面工程施工质量验收规范》(GB 50209—2010)第3.0.22条的规定检查。

　　⑦ 砖面层的允许偏差和检查方法应符合表10.5的规定。

表 10.5　砖面层的允许偏差和检验方法

项次	项目	允许偏差(mm)				检验方法
		陶瓷锦砖面层	缸砖面层	陶瓷地砖面层	水泥花砖面层	
1	表面平整度	2.0	4.0	2.0	3.0	用2m靠尺和楔形塞尺检查
2	缝格平直	3.0	3.0	3.0	3.0	拉5m线和用钢尺检查
3	接缝高低差	0.5	1.5	0.5	0.5	用钢尺和塞尺检查
4	踢脚线上口平直	3.0	4.0	3.0	—	拉5m线和用钢尺检查
5	板块间隙宽度	2.0	2.0	2.0	2.0	用钢尺检查

10.4　木地板楼地面工程施工

　　木地板具有自重轻、弹性较好、热导率低等优异性能,又具有易于加工、不易老化、脚感舒适等特点,因而已成为家庭地面装饰中的常用材料。但是,木地板容易受温度、湿度变化的影响而导致裂缝、翘曲、变形、变色、腐朽,尤其不耐高温、容易燃烧是其最大的缺陷,在设计、施工和使用中应当引起高度重视。

　　木地板的材料有纯木、复合木及软木等。木地板主要分为实木地板、强化木地板、实木复合地板、竹材地板和软木地板五大类。

　　实木地板是天然木材经烘干、加工后形成的地面装饰材料,它呈现出的天然原木纹理和色彩图案给人以自然、柔和、富有亲和力的质感;同时,由于冬暖夏凉、触感好的特性,使其成为卧室、客厅、书房等地面装饰的理想材料。

　　复合木地板是用原木经粉碎、添加胶粘剂、防腐处理、高温高压制成的中密度板材,表面刷涂高级涂料,再经过切割、刨槽、刻榫等加工制成拼块复合木地板。目前,在市场上销售的复合木地板无论是国产或进口产品,其规格都是统一的,宽度为120mm、150mm和195mm,长度为

1500mm 和 2000mm，厚度为 6mm、8mm 和 14mm；所用的胶粘剂有白乳胶、强力胶、立时得等。

10.4.1　木地板楼地面工程施工准备

（1）施工材料

木地板地面施工所用的材料主要有龙骨材料、毛板材料、面板材料、粘结材料、地面防潮防水剂、地板油漆等。

① 龙骨材料：木地板龙骨材料可采用不易变形和开裂的松木、杉木，木龙骨和踢脚板的背后均应进行防腐处理，必要时也要进行防火处理。龙骨必须顺直、干燥。

② 毛板材料：毛板材料是面板材料的基层，一般用于高级木地板铺设。铺设毛板是为了面板找平和过渡，因此毛板不需要设置企口。一般可选用厚度为 12～20mm 的实木板、厚胶合板、大心板或刨花板。

③ 面板材料：木地板地面所用的面板材料，通常采用普通实木地板面层材料，面板和踢脚板一般是工厂加工好的成品，应使用具有商品检验合格证的产品，按设计要求进行挑选，剔除有明显质量缺陷的不合格品。

选择的面板和踢脚板的质量应当符合设计要求，达到板面平直、无断裂、不翘曲、尺寸准确、颜色一致、光泽明亮、企口完好、质地相同的要求，板的正面无明显疤痕、孔洞，板材的含水率应在 8%～12% 之间。

所有的木地板运到施工安装现场后，应拆包在铺贴的室内存放 7d 以上，使木地板与居室的温度、湿度相适应后方可铺设。为使整个木地板铺设一致，购买时应按实际铺设面积增加5%～10% 的损耗一次备齐。

④ 粘结材料：铺设木地板所用的粘结材料，关系到木地板粘贴得是否牢固，也关系到木地板的使用寿命和人体健康。因此，在选用木地板的粘结材料时，一方面是要选择环保型材料；另一方面是要科学地选择粘结材料的品种。木地板与地面直接粘结时，宜选用环氧树脂胶和石油沥青；木地板与木质基面板粘结时，可用 8123 胶、立时得等万能胶。

⑤ 地面防潮、防水剂：木地板通常铺设在混凝土或水泥砂浆的基层上，基层中均含有一定的水分，因此对木地板的地面要进行防潮和防水处理。常用的防水剂有：再生橡胶沥青防水涂料、JM-811 防水涂料及其他高级防水涂料。

⑥ 地板油漆：地板油漆是地板表面的装饰材料，其颜色、光泽、亮度和质量均对木地板有很大影响；其甲醛等物质的含量是否符合现行国家标准的规定，也是选择的重要标准。目前用于木地板的油漆有虫胶漆和聚氨酯清漆，一般虫胶漆用于打底，聚氨酯清漆用于罩面。高级地板也可采用进口的水晶漆等。

⑦ 实木地板面层所采用的材料，其技术等级和质量应符合设计要求，其产品应有产品合格证，产品类别、型号、适用树种、检验规则及技术条件等均应符合现行国家标准《实木地板第 1 部分：技术要求》（GB/T 15036.1—2018）的规定；实木复合地板面层所采用的材料，应有产品检验合格证，含水率不大于 12%。其技术等级和质量应符合现行国家标准《实木复合地板》（GB/T 18103—2013）和《室内装饰装修材料人造板及其制品中甲醛释放限量》（GB 18580—2017）的规定；竹地板面层所采用的材料，应经严格选材、硫化、防腐、防蛀处理，并采用具有商品检验合格证的产品，其技术等级及质量应符合现行国家标准《竹集成材地板》（GB/T

20240—2017)的规定。

⑧ 木龙骨、垫木、剪刀撑和毛地板等应进行防腐、防蛀及防火处理;木材的材质、品种、等级应符合现行国家标准《木结构工程施工质量验收规范》(GB 50206—2012)的有关规定;硬木踢脚板的宽度、厚度应按设计要求的尺寸加工。

⑨ 其他材料:防腐剂、防火涂料、地板胶、铅丝、钉子(地板钉)、扒钉、角码、膨胀螺栓、镀锌木螺钉、隔声材料等。防腐剂、防火涂料、胶粘剂应具有环保检测报告。

(2) 安装工具、机具

木地板楼地面工程施工常用工具和机具有:多功能木工机床、刨地板机、磨地板机、手刨、角度锯、电锤、吸尘器、螺机、水平仪、水平尺、方尺、钢尺、小线、錾子、刷子、钢丝刷等。

(3) 作业条件

① 水泥类基层表面应平整、光洁,阴阳角方正,基层强度合格,含水率不大于 8%。

② 其他参见第 10.2.1 节。

10.4.2　木地板楼地面工程施工工艺流程

(1) 实铺式木地板施工工艺流程

木地面的铺设可分为"空铺式"木地板、"实铺式"木地板、硬木锦砖地面和"实铺复合式"木地板四种。在实际工程中常见的是"实铺式"木地板。

有龙骨"实铺式"木地板的施工工艺流程为:

基层处理→弹线、找平→修理预埋铁件安装木龙骨、剪刀撑→弹线、钉毛板→找平、刨平→墨斗弹线、钉硬木面板找平、刨平弹线、钉踢脚板→刨光、打磨→油漆。

无龙骨"实铺式"木地板的施工工艺流程为:

基层处理→弹线、试铺→铺贴→面层刨光打磨→安装踢脚板→刮腻子→油漆。

(2) 木拼锦砖施工工艺流程

木拼锦砖是用高级木材经工厂精加工制成(150~200)mm×(40~50)mm×(8~14)mm 木条,侧面和端部的企口缝用高级细钢丝穿成方联。这样可组成席纹地板,每联四周均可企口缝相连接,然后用白乳胶或强力胶直接粘贴在基层上。

木拼锦砖的施工工艺比较简单,其主要的施工工艺流程为:

基层清理→弹线→刷胶粘剂→铺木拼锦砖(插两边企口缝)→铺木踢脚板→打蜡上光。

(3) 复合木地板施工流程(图 10.15)

复合木地板铺贴和普通企口缝木地板铺设基本相同,只是其精度更高一些。复合木地板的施工工艺流程为:

基层处理→弹线、找平→铺垫层→试铺预排→铺地板→铺踢脚板→清洗表面。

10.4.3　木地板楼地面工程施工要点

10.4.3.1　实铺式木地板施工要点

(1) 实铺式木地板龙骨安装

按照龙骨弹线的位置,用双股 12 号镀锌铁丝将龙骨绑扎在预埋铁件上,所用的垫层木料应做防腐处理,垫层木的宽度不得小于 50mm,长度一般为 70~100mm。龙骨调平后用铁钉

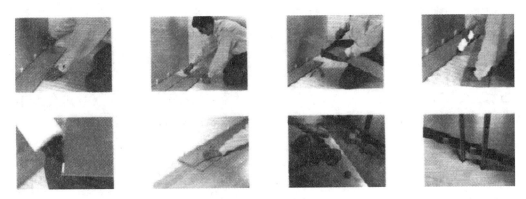

图 10.15　实木复合地板铺设

和垫层木钉牢。

龙骨铺钉完毕，检查水平度合格后，横向木或剪刀撑用钉固定，间距一般 600mm。

（2）弹线、钉毛板

在龙骨顶面弹出毛地板铺设的位置线，铺设的位置线与龙骨一般成 30°～45°角。在进行毛板铺钉时，使毛地板留出约 3mm 的缝隙。接头设在龙骨上并留 2～3mm 缝隙，板的接头应相互错开。

毛板铺钉完毕后，弹出方格网线，按网点进行抄平，并用刨子修平，达到要求的标准后，方能钉硬木地板。

（3）铺面层板

拼花木地板的拼花形式有席纹、人字纹、方格和阶梯式等，如图 10.16 所示。

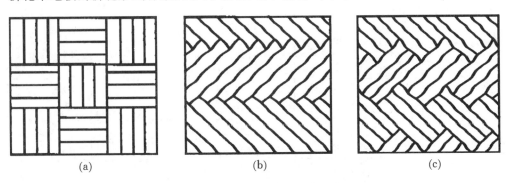

图 10.16　拼花木地板的拼花形式

(a)方格；(b)人字纹；(c)席纹

木地板正式铺钉前，应在毛地板上弹出花纹施工线和圈边线。在铺钉时，先拼缝铺钉上标条，铺出几个方块后作为标准，再向四周按顺序拼缝铺钉。每条地板钉 2 颗钉子，钉孔预钻好。当铺钉一个方块，应将方块找方一次。中间钉好后，最后再圈边。末尾不能拼接的板应加胶钉牢。

粘贴式铺设地板，拼缝可为裁口处接缝或平头接缝，平头接缝施工简单，更适合沥青胶胶粘剂粘贴。

（4）面层刨光、打磨

拼花木地板宜采用刨光机刨光（转速在 5000r/min 以上），与木纹成 45°角斜刨。边角处用手刨。刨平后用细刨子净面,最后用磨地板机械装上砂布磨光。

(5)油漆

将地板清理干净,然后补凹坑、刮腻子、着色,最后刷清漆。操作要求同前。

(6)上软蜡

当木地板为清漆罩面时,可上软蜡进行装饰。软蜡一般有成品供应,只需要用煤油调制成浆糊状后便可使用。小面积的一般采用人工涂抹,大面积可采用抛光机上蜡抛光。

10.4.3.2 木拼锦砖施工要点

(1)基层清理

在铺贴木拼锦砖之前,应对其基层进行认真处理和清理。基层表面必须抄平、找直,其表面的积灰、油渍、杂物等均清除干净,以保证锦砖与基层粘结牢固。

(2)弹线

弹线是铺贴的依据和标准,先从房间中点弹出十字中心线,再按木拼锦砖方联尺寸弹出分格线。

(3)刷胶粘剂

刷胶粘剂是铺贴木拼锦砖的关键工序,直接影响铺贴质量。刷胶厚度一般掌握在1～1.5mm,不宜过厚或过薄。在刷胶粘剂时,要靠着弹线并整齐,要随涂刷随粘贴,特别要掌握好粘贴的火候。

(4)铺木拼锦砖

按弹出的分格线在房间中心先铺贴一联木拼锦砖,经找平整、找顺直并压实粘牢,作为粘贴其他木拼锦砖的基准。然后再插好方联四边锦砖,企口缝和底面均涂胶粘剂,校正找平及粘贴顺序,如图10.17所示。

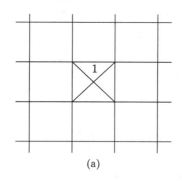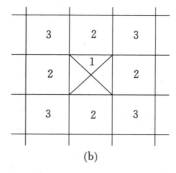

图 10.17　木拼锦砖铺贴顺序示意

(a)第一步房心基准方联;(b)第二步铺方联位置

木拼锦砖的另一种铺贴顺序是:从房间短向墙面开始,两端先铺基准锦砖,拉线控制铺贴面的水平,然后从一端开始,第二联锦砖转90°拼接,如此相间铺贴,待一行铺完后校正平直,再进行下一行,铺贴3～4行后用3m直尺校平。

(5)铺木踢脚板

木拼锦砖地面一般应铺贴木踢脚板或仿木塑料踢脚板。其固定的方法是用木螺丝固定在墙中预埋木砖上,木踢脚板下皮平直与木拼锦砖表面压紧,缝隙严密。

(6)打磨上蜡

在铺完木拼锦砖和踢脚板后,立即将木拼锦砖地面的杂物等彻底清理干净,等待木拼锦砖粘贴 48h 以上时,即可用磨光机的砂轮先研磨一遍,再用布砂轮研磨一遍,擦洗干净后便可刷漆打蜡。如木拼锦砖表面已刷涂料,铺贴后就不必磨光,只打一遍蜡即可。

10.4.3.3　复合木地板施工要点

(1)基层处理

复合木地板的基层处理与前面相同,要求平整度 3m 内误差不得大于 2mm,基层应当干燥。铺贴复合木地板的基层一般有楼面钢筋混凝土基层、水泥砂浆基层、木地板基层等,不符合要求的要进行修补。木地板基层要求毛板下木龙骨间距要密一些,一般情况下不得大于 300mm。

(2)铺设垫层

复合木地板的垫层为聚乙烯泡沫塑料薄膜卷材,其宽为 1000mm,铺设时按房间长度净尺寸加 100mm 裁切,横向搭接 150mm。垫层可增加地板隔潮作用,增加地板的弹性并增加地板稳定性,减少行走时产生的噪声。

(3)试铺预排

在正式铺贴复合木地板前,应进行试铺预排。板的长缝隙应顺入射光方向沿墙铺放,槽口对墙,从左至右,两板端头企口插接,直到第一排最后一块板,切下的部分若大于 300mm,可以作为第二排的第一块板铺放,第一排最后一块的长度不应小于 100mm,否则可将第一排第一块板切去一部分,以保证最后的长度要求。木地板与墙体间留出 8~10mm 缝隙,用木楔进行调直,暂不涂胶。拼铺三排进行修整、检查平整度,符合要求后,按所排编号拆下放好。

(4)铺木地板

按照预排的地板顺序,对缝涂胶拼接,用木槌敲击挤紧。复验平直度,横向用紧固卡带将三排地板卡紧,每隔 1500mm 左右设置一道卡带,卡带两端有挂钩,卡带可调节长短和松紧度。从第四排起,每拼铺一排卡带移位一次,直至最后一排。每排最后一块地板端部与墙体间仍留 8~10mm 缝隙。在门的洞口,地板铺至洞口外墙皮与走廊地板平接。如果为不同材料,留出 5mm 缝隙,用卡口的盖缝条进行盖缝。

(5)清扫擦洗

每铺贴完一个房间并等待胶干燥后,对地板表面进行认真清理,扫净杂物、清除胶痕,并用湿布擦净。

(6)安装踢脚板

复合木地板可选用仿木塑料踢脚板、普通木踢脚板和复合木踢脚板。在安装踢脚板时,先按踢脚板的高度弹出水平线,清理地板与墙缝隙中的杂物,标出预埋木砖的位置,按木砖位置在踢脚板上钻孔,孔径应比木螺丝直径小 1~1.2mm,用木螺丝进行固定。踢脚板的接头尽量设在不明显的地方。

10.4.4　木地板楼地面工程施工质量验收

10.4.4.1　实木地板面层施工质量验收

(1)主控项目

① 实木地板、实木集成地板、竹地板面层所采用的地板、铺设时的木(竹)材含水率、胶粘剂等应符合设计要求和国家现行有关标准的规定。

检验方法:观察检查和检查型式检验报告、出厂检验报告、出厂合格证书。

检查数量:同一工程、同一材料、同一生产厂家、同一型号、同一规格、同一批号检查一次。

② 实木地板、实木集成地板、竹地板面层所采用的材料进入施工现场时,应有物质限量合格的检测报告:地板中的游离甲醛(释放量和含量),溶剂型胶粘剂中的挥发性有机化合物(VOC)、苯、甲苯+二甲苯,水性胶粘剂中的挥发性有机化合物(VOC)和游离甲醛。

检验方法:检查检测报告。

检查数量:同一工程、同一材料、同一生产厂家、同一型号、同一规格、同一批号检查一次。

③ 木搁栅、垫木和垫层地板等应做防腐、防蛀处理。

检验方法:观察检查和检查验收记录。

检查数量:按《建筑地面工程施工质量验收规范》(GB 50209—2010)第 3.0.21 条规定的检验批检查。

④ 木搁栅安装应牢固、平直。

检验方法:观察、行走、钢尺测量等检查和检查验收记录。

检查数量:按《建筑地面工程施工质量验收规范》(GB 50209—2010)第 3.0.21 条规定的检验批检查。

⑤ 面层铺设应牢固,粘结应无空鼓、松动。

检验方法:观察、行走或用小锤轻击检查。

检查数量:按《建筑地面工程施工质量验收规范》(GB 50209—2010)第 3.0.21 条规定的检验批检查。

(2) 一般项目

① 实木地板、实木集成地板面层应刨平、磨光,无明显刨痕和毛刺等现象;图案应清晰,颜色应均匀一致。

检验方法:观察、手摸和行走检查。

检查数量:按《建筑地面工程施工质量验收规范》(GB 50209—2010)第 3.0.21 条规定的检验批检查。

② 竹地板面层的品种与规格应符合设计要求,板面应无翘曲。

检验方法:观察、用 2m 靠尺和楔形塞尺检查。

检查数量:按《建筑地面工程施工质量验收规范》(GB 50209—2010)第 3.0.21 条规定的检验批检查。

③ 面层缝隙应严密;接头位置应错开,表面应平整、洁净。

检验方法:观察检查。

检查数量:按《建筑地面工程施工质量验收规范》(GB 50209—2010)第 3.0.21 条规定的检验批检查。

④ 面层采用粘、钉工艺时,接缝应对齐,粘、钉严密;缝隙宽度应均匀一致;表面应洁净,无溢胶现象。

检验方法:观察检查。

检查数量:按《建筑地面工程施工质量验收规范》(GB 50209—2010)第 3.0.21 条规定的检验批检查。

⑤ 踢脚线表面应光滑,接缝严密,高度一致。

检验方法:观察和用钢尺检查。

检查数量:按《建筑地面工程施工质量验收规范》(GB 50209—2010)第 3.0.21 条规定的检验批检查。

⑥ 实木地板、实木集成地板、竹地板面层的允许偏差及检验方法应符合表 10.6 的规定。

检查数量:按《建筑地面工程施工质量验收规范》(GB 50209—2010)第 3.0.21 条规定的检验批检查和第 3.0.22 条的规定检查。

表 10.6 实木地板、实木集成地板、竹地板面层的允许偏差和检验方法

项次	项目	允许偏差(mm)			检验方法
		松木地板	硬木地板、竹地板	拼花地板	
1	板面缝隙宽度	1.0	0.5	0.2	用钢尺检查
2	表面平整度	3.0	2.0	2.0	用 2m 靠尺和楔形塞尺检查
3	踢脚线上口平直	3.0	3.0	3.0	拉 5m 通线和用钢尺检查
4	板面拼缝平直	3.0	3.0	3.0	拉 5m 通线和用钢尺检查
5	相邻板材高差	0.5	0.5	0.5	用钢尺和楔形塞尺检查
6	踢脚线与面层接缝	1.0	1.0	1.0	用楔形塞尺检查

10.4.4.2 实木复合地板面层施工质量验收

(1)主控项目

① 实木复合地板面层采用的地板、胶粘剂等应符合设计要求和国家现行有关标准的规定。

检验方法:观察检查和检查型式检验报告、出厂检验报告、出厂合格证。

检查数量:同一工程、同一材料、同一生产厂家、同一型号、同一规格、同一批号检查一次。

② 实木复合地板面层所采用的材料进入施工现场时,应有的物质限量合格检测报告包括:地板中的游离甲醛的释放量和含量,溶剂型胶粘剂中的挥发性有机化合物(VOC)、苯、甲苯+二甲苯,水性胶粘剂中的挥发性有机化合物(VOC)和游离甲醛。

检验方法:检查检测报告。

检查数量:同一工程、同一材料、同一生产厂家、同一型号、同一规格、同一批号检查一次。

③ 木搁栅、垫木和垫层地板等应做防腐、防蛀处理。

检验方法:观察检查和检查验收记录。

检查数量:按《建筑地面工程施工质量验收规范》(GB 50209—2010)第 3.0.21 条规定的检验批检查。

④ 木搁栅安装应牢固、平直。

检验方法:观察、行走、钢尺测量等检查和检查验收记录。

检查数量:按《建筑地面工程施工质量验收规范》(GB 50209—2010)第 3.0.21 条规定的检验批检查。

⑤ 面层铺设应牢固,粘结应无空鼓、松动。

检验方法:观察、行走或用小锤轻击检查。

检查数量:按《建筑地面工程施工质量验收规范》(GB 50209—2010)第 3.0.21 条规定的检验批检查。

（2）一般项目

① 实木复合地板面层图案和颜色应符合设计要求，图案应清晰，颜色应一致，板面应无翘曲。

检验方法：观察，用 2m 靠尺和楔形塞尺检查。

检查数量：按《建筑地面工程施工质量验收规范》（GB 50209—2010）第 3.0.21 条规定的检验批检查。

② 面层缝隙应严密，接头位置应错开，表面应平整、洁净。

检验方法：观察检查。

检查数量：按《建筑地面工程施工质量验收规范》（GB 50209—2010）第 3.0.21 条规定的检验批检查。

③ 面层采用粘、钉工艺时，接缝应对齐，粘、钉严密；缝隙宽度应均匀一致；表面应洁净，无溢胶现象。

检验方法：观察检查。

检查数量：按《建筑地面工程施工质量验收规范》（GB 50209—2010）第 3.0.21 条规定的检验批检查。

④ 踢脚线表面应光滑，接缝严密，高度一致。

检验方法：观察和用钢尺检查。

检查数量：按《建筑地面工程施工质量验收规范》（GB 50209—2010）第 3.0.21 条规定的检验批检查。

⑤ 实木复合地板面层的允许偏差及检验方法应符合表 10.7 的规定。

表 10.7　实木复合地板面层的允许偏差和检验方法

项次	项目	允许偏差（mm）	检验方法
1	板面缝隙宽度	0.5	用钢尺检查
2	表面平整度	2.0	用 2m 靠尺和楔形塞尺检查
3	踢脚线上口平直	3.0	拉 5m 通线，不足 5m 时拉通线和用钢尺检查
4	板面拼缝平直	3.0	拉 5m 通线，不足 5m 时拉通线和用钢尺检查
5	相邻板材高差	0.5	用钢尺和楔形塞尺检查
6	踢脚线与面层接缝	1.0	用楔形塞尺检查

10.5　塑料地板楼地面工程施工

由于众多现代建筑物楼地面的特殊使用需求，塑料类装饰地板材料的应用日益广泛，不仅可用于现代办公楼及大型公共建筑，还可用于有防尘超净、降噪超静、防静电要求的室内地面。塑料地板以其脚感舒适、不易沾尘、噪声较小、防滑耐磨、保温隔热、色彩鲜艳、图案多样、施工方便等优点，在世界各国得到了广泛应用。在地面工程中常用的塑料地板有半硬质聚氯乙烯塑料地板(简称 PVC 地板)、聚氯乙烯卷材(简称 PVC 卷材)、氯化聚乙烯地板(简称 CPE 地板)、塑胶地板等。

10.5.1　塑料地板楼地面工程施工准备

(1) 施工材料

① 塑料地板

板块和卷材的品种、规格、颜色、等级应符合设计要求和现行国家标准的规定,应有出厂合格证书。块材板面应平整、光洁,色泽匀匀、厚薄一致、边缘顺直、密实无气孔、无裂纹,板内不允许有杂质和气泡,并应符合《民用建筑工程室内环境污染控制标准》(GB 50325—2020)的有关规定。塑料地板使用前,应贮存于干燥、洁净的库房,并距热源 3m 以外,其环境温度不宜高于 32℃。

② 胶粘剂

胶粘剂进场后应通过试验确定其相容性和使用方法,并应符合《室内装饰装修材料胶粘剂中有害物质限量》(GB 18583—2008)的有关规定。胶粘剂的选择还应注意:Ⅰ类民用建筑工程室内装修粘贴塑胶地板时,不应采用溶剂型胶粘剂;Ⅱ类民用建筑工程中地下室及不与室外直接自然通风的房间粘贴塑胶地板时,不宜采用溶剂型胶粘剂。

塑料地板粘合铺贴施工所用的胶粘剂,应根据基层材料和面层材料的使用要求,通过试验确定,可采用乙烯类(聚醋酸乙烯乳液)、氯丁橡胶型、聚氨酯、环氧树脂、合成橡胶溶液型、沥青类和多功能建筑胶等。胶粘剂应存放在阴凉通风、干燥的室内;超过生产期 3 个月的产品,应取样检验,合格后方可使用;超过保质期的产品,不得使用。表 10.8 列举了常用胶粘剂的名称和特点。除了上述材料以外,还应准备普通水泥、清洁剂(丙酮、汽油等)、聚醋酸乙烯乳液、801胶、焊条等。

表 10.8　常用胶粘剂的名称及特点

胶粘剂名称	性能特点
氯丁胶水	需双面涂胶、速干、初粘力大、有刺激性挥发气味。施工现场要注意防毒、防燃
202 胶	速干、粘结强度大,可用于一般耐水、耐酸碱工程。使用双组分时要混合均匀,价格较贵
JY-7 胶	需双面涂胶、速干、初粘力大、毒性低、价格相对较低
水乳型氯乙胶	不燃、无味、无毒、初粘力大、耐水性好,对较潮湿基层也能施工,价格较低
聚乙酸乙烯胶	使用方便、速干、粘结强度好,价格较低,有刺激性,须防燃,耐水性差
405 聚氨酯胶	固化后有良好的粘结力,可用于防水、耐酸碱等工程。初粘力差,粘结时须防止位移
6101 环氧胶	有很强的粘结力,一般用于地下室、地下水位高或人流量大的场合。粘结时要预防胺类固化剂对皮肤的刺激,其价格较高
立时得胶	日本产,粘结效果好,干燥速度快
VA 黄胶	美国产,粘结效果好

(2) 施工工具、机具

塑料地板楼地面工程施工常用工具和机具有:梳形刮板、划线器、橡胶滚筒、橡胶压边滚筒、大压辊、裁切刀、墨斗、8～10kg 沙袋、棉纱、橡皮锤、油漆刷、钢尺等,常用工具如图 10.18 所示。

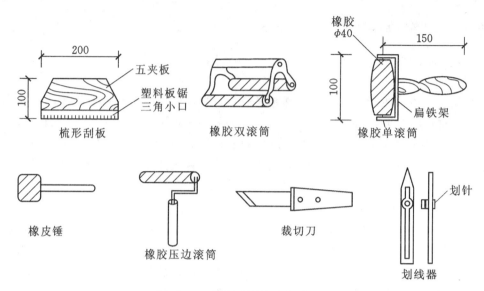

梳形刮板　　橡胶双滚筒　　橡胶单滚筒

橡皮锤　　橡胶压边滚筒　　裁切刀　　划线器

图 10.18　塑料地板铺贴常用工具

（3）作业条件

① 地面基层施工完毕,穿过楼板的管线已安装完毕,楼板孔洞已填塞密实。

② 室内水平控制线已弹好,并经预检合格。

③ 施工前要做好样板间,有拼花要求的地面应预先绘制大样图。其他如顶面、墙面的装饰施工等可能造成建筑地面潮湿的施工工序应全部完成。在铺设施工前,应使房间干燥,避免在潮湿的环境中进行铺装施工。塑料地板施工时,室内的相对湿度不应大于 80%。施工作业温度不得低于 10℃。

④ 在操作前已进行技术、安全交底。

10.5.2　塑料地板楼地面工程施工工艺流程

塑料地板施工

硬质、半硬质塑料地板与软质塑料地板的施工工艺有所不同。

（1）硬质、半硬质塑料地板施工工艺流程

基层处理→弹线分格→试铺→刮胶→铺贴地板→铺贴踢脚板→清理养护。

（2）软质塑料地板施工工艺流程

基层处理→弹线→试铺→刮胶→铺贴→接缝焊接→铺贴踢脚板。

10.5.3　塑料地板楼地面工程施工要点

（1）基层处理

水泥类楼地面基层的表面应平整、坚硬、干燥,无油脂及其他杂质。基层质量应满足表 10.9 的要求。

表 10.9　塑料地板对水泥砂浆或混凝土基层质量要求

项次	强度（MPa）	表面起皮起砂	空鼓	平整度（mm）	表面光洁度	裂缝	阴阳角方正	边角垂直度	清洁	含水率（％）
质量要求	水泥砂浆 15.0　混凝土 20.0	无	无	用 2m 靠尺、塞尺检查，<2	手摸无粗糙感	无	用方尺检查应合格	合格	无油腻	大于 8，用刀刻划出白道

基层如有麻面起砂及裂缝等缺陷，可用石膏乳液腻子嵌补找平一到两遍，处理时每遍批刮的厚度不应大于 0.8mm；每遍腻子干燥后，要用 0 号铁砂布打磨，然后再批刮第二遍腻子，直至表面平整后再用水稀释的乳液涂刷一遍；最后再刷一道水泥胶浆。

基层处理腻子的选择：①可采用与地材产品配套的基层处理材料。②与塑料地材及其胶粘剂性质相容的商品腻子。③现场自配的石膏乳液腻子和滑石粉乳液腻子。石膏乳液腻子适用于楼地面基层表面第一道嵌补找平，其配合比（体积比）为石膏：土粉：聚醋酸乙烯乳液＝2：2：1；石膏乳液腻子拌和时，加水量应根据现场具体情况确定。滑石粉乳液腻子适用于基层表面的第二道修补找平，其配合比（体积比）为滑石粉：聚醋酸乙烯乳液：羧甲基纤维素溶液＝1：（0.2～0.25）：0.1；滑石粉乳液腻子拌和时，加水量应根据现场具体情况确定。

（2）弹线分格

对于塑料板块或切割后作方格拼花铺贴的地面，在基层处理后应按设计要求进行弹线、分格和定位。以房间中心为中心，弹出相互垂直的两条定位线。定位线有十字形、对角线形和 T 形，然后按板块尺寸，每隔 2～3 块弹一道分格线，以控制贴块位置和接缝顺直，如图 10.19 所示，并在地面周边距墙面 200～300mm 处作为镶边。其他形式的拼花与图案，也应弹线或画线定位，确定其分色拼接和造型变化的准确位置。对相邻房间颜色不同的地板，其分格线应在门扇中，分色线在门框的踩口线外，使门口的地板对称。

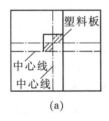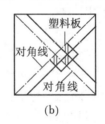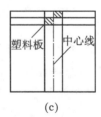

（a）　　　　　　　（b）　　　　　　　（c）

图 10.19　弹线分格

（a）十字形；（b）对角线形；（c）T 形

（3）试铺

塑料地板试铺前，对于软质塑料地板块，应做预热处理。宜将塑料地板块放入 75℃ 的热水中浸泡 10～20min，待板面全部松软伸平后，取出晾干备用，称为软板预热。注意不得用炉火或电热炉预热。对于半硬质块状聚氯乙烯地板，应先用棉丝蘸丙酮与汽油混合溶液（丙酮：汽油＝1：8）进行脱脂除蜡处理，称为硬板脱脂。再按设计图案要求及地面画线尺寸选择相应颜色的塑料地板块，或对卷材进行局部切割后到位试拼预铺，合格后按顺序编号，为正式铺装施工做好准备。对于不是整块的地板裁切，可采取图 10.20 所示的方法进行。

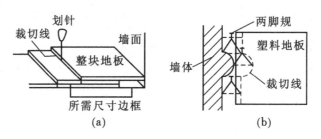

图 10.20　塑料地板的裁切

(a) 直线裁切示意图；(b) 曲线裁切示意图

对于卷材型塑料地板，在裁剪时要注意留足拼花、图案对接余量，同时应搭接 20～50mm，用刀从搭接中部割开，然后涂胶粘贴。

（4）涂刷底胶

对于粘贴施工的塑料地板铺设，应先在清扫干净的基层表面均匀涂刮一层薄而均匀的底胶，以增强基层与面层的粘结强度。待其干燥后，即可铺贴操作。

底胶的现场配制，当采用非水溶性胶粘剂时，按同类胶粘剂（非水溶性）加入 10％的汽油（65 号）和 10％的醋酸乙酯（或乙酸乙酯）并搅拌均匀；当采用水溶性胶粘剂时，按同类胶加水稀释并搅拌均匀。

（5）涂刮胶粘层

涂刮胶粘层宜用锯齿形刮板，刮胶方式有直线刮胶和八字形刮胶两种。在基层表面及塑料地板背面涂刷胶粘剂，以及地板到位铺贴时，应按塑料地板产品使用要求和所用胶粘剂的品种，采用相应的方法。当采用乳液型胶粘剂铺贴塑料地板时，应在塑料地板背面和基层上都均匀涂刷胶粘剂，由于基层材料吸水性强，所以一般应先涂刮塑料地板块的背面，后涂刮基层表面，涂刮得越薄越好，无须晾干，随铺随刮；当采用溶剂型胶粘剂时，只在基层上均匀涂胶一道，待胶层干燥至不粘手时（一般在室温 10～35℃时，静停 5～15min），即可进行铺贴。

胶粘剂涂贴的板背面积应大于 80％；在基层上涂胶时，涂胶部位尺寸应超出分格线 10mm，涂胶厚度应≤1mm，一次涂刷面积不宜过大。

（6）铺贴

半硬质塑料地板铺贴从十字中心或对角线中心开始，逐排进行，T 形可从一端向另一端铺贴。铺贴时，双手斜拉塑料板从十字交点开始对齐，再将左端与分格线或已贴好的板边比齐，顺势把整块板慢慢贴在地上，用手掌压按，随后用橡皮锤（或滚筒）从板中间向四周锤击（或滚压），赶出气泡，确保严实。按弹线位置沿轴线由中央向四周铺贴，排缝可控制在 0.3～0.5mm，每粘一块随即用棉纱（可蘸少量松节油或汽油）将挤出的余胶擦净。板块如遇不顺直或不平整，应揭起重铺。铺贴示意图见图 10.21。

软质塑料地板的粘贴铺装与半硬质塑料地板粘贴做法基本相同。铺贴时，按预先弹好的线，四人各提起卷材一边，先放好一端，再顺线逐段铺贴。若离线偏位，立即掀起调整，正位放平。放平后用手和滚筒从中间向两边赶平，并排尽气泡。如有气泡赶压不出，可用针头插入气泡，用针管抽空，再压实粘牢。卷材边缝搭接不少于 20mm，沿定位线用钢板直尺压线并用裁刀裁割。一次割透两层搭接部分，撕上下层边条，并将接缝处掀起，部分铺平压实、粘牢。

当板块或卷材缝隙需要焊接时，宜在铺贴 48h 之后再行施焊，亦可采用先焊后铺贴的做法，用等边三角形或圆形焊条，其成分和性能应与被焊塑料地板相同。接缝焊接时，两相邻边

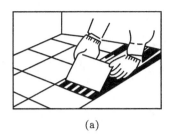 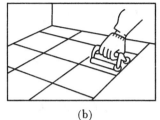 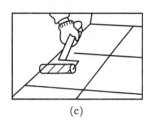

(a)   (b)   (c)

图 10.21   塑料地板的铺贴

(a) 地板一端对齐粘合；(b) 贴平赶实；(c) 压平边角

要切成 V 形槽，以增加焊接牢固性，如图 10.22 所示。

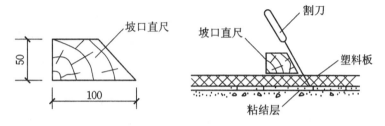

图 10.22   坡口切割

焊缝冷却至常温，将凸出面层的焊包用刨刀切削平整，切勿损伤两边的塑料地板面。

铺贴操作中应注意三个问题：一是塑料板要贴牢，不得脱胶、空鼓；二是缝格要顺直，避免错缝；三是表面要平整、干净，不得有凹凸不平和污染、破损。

（7）铺踢脚板

踢脚板的铺贴要求同地板。在踢脚线上口挂线粘贴，做到上口平直；铺贴顺序先阴、阳角，后大面，做到粘贴牢固；踢脚板对缝与地板缝做到协调一致。若踢脚板是卷材，应先将塑料条钉在墙内预留木砖上，然后用焊枪喷烧塑料条，参见图 10.23。

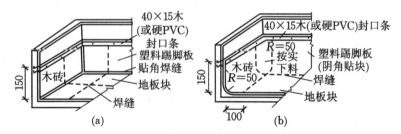

图 10.23   塑料踢脚板铺贴

(a) 90°角；(b) 小圆角

（8）清理养护

铺贴完毕用清洁剂全面擦拭干净，至少 3 d 内不得上人行走。平时应避免 60℃ 以上的物品与地板砖、地板革接触，并应避免一些溶剂洒落在地面上，以免与地板砖、地板革起化学反应。

10.5.4　塑料地板楼地面工程施工质量验收

（1）主控项目

① 塑料板面层所用的塑料板块、胶粘剂等应符合设计要求和国家现行有关标准的规定。

检验方法：观察检查和检查型式检验报告、出厂检验报告、出厂合格证。

检查数量：同一工程、同一材料、同一生产厂家、同一型号、同一规格、同一批号检查一次。

② 塑料板面层采用胶粘剂进入施工现场时，应有以下物质限量合格的检测报告：溶剂型胶粘剂中的挥发性有机化合物（VOC）、苯、甲苯＋二甲苯；水性胶粘剂中的挥发性有机化合物（VOC）和游离甲醛。

检验方法：检查检测报告。

检查数量：同一工程、同一材料、同一生产厂家、同一型号、同一规格、同一批号检查一次。

③ 面层与下一层的粘结应牢固，不翘边、不脱胶、无溢胶，单块板块边角允许有局部脱胶，每自然间或标准间不得超过总数的 5％，卷材局部脱胶处面积不应大于 20cm²，且相隔间距应大于或等于 50cm。

检查方法：观察、敲击及用钢尺检查。

检查数量：按《建筑地面工程施工质量验收规范》（GB 50209—2010）第 3.0.21 条规定的检验批检查。

（2）一般项目

① 塑料板面层应表面洁净，图案清晰，色泽一致，接缝应严密、美观。拼缝处的图案、花纹应吻合，无胶痕；与柱、墙边交接严密，阴阳角收边应方正。

检查方法：观察检查。

检查数量：按《建筑地面工程施工质量验收规范》（GB 50209—2010）第 3.0.21 条规定的检验批检查。

② 板块的焊接，焊缝应平整、光洁，无焦化变色、斑点、焊瘤和起鳞等缺陷，其凹凸允许偏差不应大于 0.6mm，焊缝的抗拉强度应不小于塑料板强度的 75％。

检验方法：观察检查和检查检测报告。

检查数量：按《建筑地面工程施工质量验收规范》（GB 50209—2010）第 3.0.21 条规定的检验批检查。

③ 镶边用料应尺寸准确、边角整齐、拼缝严密、接缝顺直。

检查方法：观察和用钢尺检查。

检查数量：按《建筑地面工程施工质量验收规范》（GB 50209—2010）第 3.0.21 条规定的检验批检查。

④ 踢脚板宜与地面面层对缝一致，踢脚板与基层的结合应紧密。

检验方法：观察检查和锤击检查。

检查数量：按《建筑地面工程施工质量验收规范》（GB 50209—2010）第 3.0.21 条规定的检验批检查。

⑤ 塑料板面层允许偏差及检验方法应符合表 10.10 的规定。

检查数量：按《建筑地面工程施工质量验收规范》（GB 50209—2010）第 3.0.21 条规定的检验批检查和第 3.0.22 条的规定检查。

表 10.10　塑料板面层允许偏差和检验方法

项次	项目	允许偏差(mm)	检查方法
1	表面平整度	2.0	用 2m 靠尺和塞尺检查
2	缝格平直	3.0	拉 5m 线,不足 5m 拉通线和用钢尺检查
3	接缝高低差	0.5	用钢尺和楔形塞尺检查
4	踢脚线上口平直	2.0	拉 5m 线,不足 5m 拉通线和用钢尺检查

10.6　活动地板楼地面工程施工

活动地板也称装配式地板,是一种架空地面,由面板、横梁(龙骨)、可调支架等组成,有抗静电和不抗静电两种。常见的是铝合金框刨花板基板、塑料贴面板和全塑料地板。活动地板质轻、高强、平整,面层质感好、装饰效果佳,同时防火、防虫、耐腐蚀。由于地板架空,便于敷设电缆和各种管线,因此,广泛应用于各种机房、实验室、调度室、洁净厂房、通信枢纽、指挥中心等地面。

10.6.1　活动地板楼地面工程施工准备

(1) 施工材料

① 活动地板

由标准地板、异型地板和金属支架、横梁组成,其规格、型号要满足设计要求,并采用配套产品。活动地板应平整、坚实,并具有耐磨、防潮、阻燃、耐污染、耐老化和导静电等特点。活动地板面层承载力不应小于 7.5MPa。

② 辅助材料

泡沫塑料条、木条、橡胶条、铝型材和角铝、密封胶、滑石粉等材料应符合国家相关标准的要求。

(2) 施工工具、机具

切割机、吸盘、手刨、螺机、水平仪、水平尺、方尺、钢尺、小线、錾子、刷子、钢丝刷等。

(3) 作业条件

参见第 10.5.1 节。

10.6.2　活动地板楼地面工程施工工艺流程

活动地板楼地面工程施工宜按下列工艺流程进行:

基层检查→弹线→敷设管线→安装支座与横梁构件→铺装活动地板→清洁。

10.6.3　活动地板楼地面工程施工要点

(1) 基层检查

① 施工前应认真清理基层,基层应无明水,无油渍、浮浆层等残留物,含水率不大于 8%。

② 对于旧的平整度不理想的基层,应采用局部打磨或整体打磨的方法进行彻底打磨、吸尘。

③ 基层表面应平整,用 2m 直尺检查时,其偏差应在 3mm 以内。

④ 表面可涂刷绝缘硅脂或清漆。

(2)弹线

在地面弹出中心十字控制线,然后根据施工位置尺寸和地板块的尺寸计算,施工位置尺寸与地板块的模数正好合适时,直接找出十字交叉点,然后对称分格,按板块尺寸弹线,交叉点为支座位置,分格线即为横梁位置,同时标出设备安装位置;若施工位置尺寸不符合板块模数时,应考虑将非整块板放在室内靠墙或不明显的部位,内外相通的施工位置在门口处还应考虑板缝通线,进行排板设计;在四周墙上弹出横梁组件地板面层的标高控制线。

(3)敷设管线

根据控制线敷设机电管线,但要避开支架底座的位置。

(4)安装支座与横梁构件

按照已弹好的纵横交叉点安装支座和横梁,支座要对准方格网中心交叉点,转动支座螺杆,调整支座的高低,拉横竖线,检查横梁的平直度,使横梁与已弹好的横梁组件标高控制线同高并水平,待所有支座和横梁安装完构成一个整体时,用水平仪抄平。支座与基层面之间的空隙应灌注胶粘剂,连接牢固,亦可用膨胀螺栓或射钉固定。支座、横梁安装后,应按设计要求安装接地网线,并与系统接地网相连。

(5)铺装活动地板

① 铺设地板前要对面层下铺设的设备电气管线进行检查,并办完隐检。

② 根据施工场地尺寸及设备安装位置等实际情况,确定板块的铺设方向和先后顺序。铺设时要在横梁上铺设 5mm 厚缓冲胶条,并用胶粘剂与横梁粘合,同时应调整水平度,保证四角接触平整、严密(不应采用加垫的方法),并拉小线对板面进行检查。铺设的地板块不符合模数时要根据具体尺寸切割地板,对于切割后的毛边应进行打磨处理,确保地板块平滑,并使用相应的可调支撑和横梁。在板块与墙边的接缝处用弹性材料镶嵌,不做踢脚板时用收边条收边。地板安装完后要检查其平整度及缝隙。

(6)清洁

当活动地板面层全部完成,经检验符合质量要求后,用清洁剂或肥皂水将板面擦净、晾干。

10.6.4　活动地板楼地面工程施工质量验收

(1)主控项目

① 活动地板应符合设计要求和国家现行有关标准的规定,且应具有耐磨、防潮、阻燃、耐污染、耐老化和导静电等特点。

检验方法:观察检查和检查型式检验报告、出厂检验报告、出厂合格证书。

检查数量:同一工程、同一材料、同一生产厂家、同一型号、同一规格、同一批号检查一次。

② 活动地板面层应安装牢固,无裂纹、掉角和缺棱等缺陷。

检验方法:观察和行走检查。

检查数量:按《建筑地面工程施工质量验收规范》(GB 50209—2010)第 3.0.21 条规定的检验批检查。

（2）一般项目

① 活动地板面层应排列整齐、表面洁净、色泽一致、接缝均匀、周边顺直。

检验方法：观察检查。

检查数量：按《建筑地面工程施工质量验收规范》（GB 50209—2010）第 3.0.21 条规定的检验批检查。

② 活动地板面层的允许偏差及检验方法应符合表 10.11 的规定。

检查数量：按《建筑地面工程施工质量验收规范》（GB 50209—2010）第 3.0.21 条规定的检验批检查和第 3.0.22 条的规定检查。

表 10.11　活动地板面层允许偏差和检验方法

项次	项目	允许偏差（mm）	检验方法
1	表面平整度	2.0	用 2m 靠尺和楔形塞尺检查
2	缝格平直	2.5	拉 5m 线，不足 5m 拉通线和用钢尺检查
3	踢脚线上口平直	3.0	拉 5m 线，不足 5m 拉通线和用钢尺检查
4	接缝高低差	0.4	用钢尺和楔形塞尺检查
5	板块间隙宽度	0.3	用钢尺检查

10.7　地毯楼地面工程施工

地毯具有吸音、保温、隔热、防滑、弹性好、脚感舒适和施工方便等特点，又给人以华丽、高雅、温暖的感觉，因此备受欢迎，各色地毯在高级装饰中被大量采用。

地毯的铺设一般有固定式和活动式两种方法。固定式又分两类：一类是在地毯四周用倒刺板固定地毯；另一类是用胶粘剂直接将地毯粘结在地面上。

10.7.1　地毯楼地面工程施工准备

（1）施工材料

① 地毯及衬垫：地毯及衬垫的品种、规格、颜色、花色及其材质必须符合设计要求和国家现行地毯产品标准的规定。地毯的阻燃性应符合现行国家标准《建筑内部装修设计防火规范》（GB 50222—2017）的防火等级要求。

② 胶粘剂：应符合环保要求，且无毒、无霉、快干，有足够粘结强度，并应通过试验确定其适用性和使用方法。地毯及衬垫、胶粘剂中有害物质的释放限量应符合现行国家标准《室内装饰装修材料　地毯、地毯衬垫及地毯胶粘剂有害物质释放限量》（GB 18587—2001）的规定。

③ 倒刺板：牢固顺直，倒刺均匀，长度、角度符合设计要求。

④ 金属压条：宜采用厚度为 2mm 的铝合金（铜）材料制成，应符合设计要求。

（2）施工工具、机具

地毯施工的施工工具、机具有：裁毯刀、裁边机、电剪刀、电熨斗、吸尘器、手锤、角尺、直尺等。

（3）作业条件

① 地面基层施工完毕，穿过楼板的管线已安装完毕，楼板孔洞已填塞密实。

② 室内水平控制线已弹好,并经预检合格。

③ 水泥类基层表面应平整、光洁,阴阳角方正,基层强度合格,含水率不大于 10%。

④ 大面积装修前已按设计要求先做样板间,经检查鉴定合格后,可大面积施工。

⑤ 在操作前已进行技术安全交底,强调技术措施和质量标准要求。

10.7.2　地毯楼地面工程施工工艺流程

（1）卷材地毯面层施工工艺流程

卷材地毯面层施工宜按下列工艺流程进行:

基层检查→卷材地毯剪裁→钉倒刺板→铺衬垫→铺卷材地毯→处理收口。

（2）方块地毯面层施工工艺流程

方块地毯面层施工宜按下列工艺流程进行:

基层检查→方块地毯剪裁→铺方块地毯→处理收口。

10.7.3　地毯楼地面工程施工要点

10.7.3.1　卷材地毯面层施工要点

1）基层检查

（1）施工前应认真清理基层,基层应无明水,无油渍、浮浆层等残留物。

（2）对于旧的平整度不理想的基层,应采用局部打磨或整体打磨的方法进行彻底打磨、吸尘。

（3）基层表面应平整,用 2m 直尺检查时,其偏差应在 2mm 以内。

2）卷材地毯剪裁

（1）在地面弹出中心十字控制线,根据地毯的规格、花色、型号、图案等,对照现场实际情况进行排板,预留铺装施工尺寸。

（2）按定位尺寸剪裁地毯,其长度应比房间实际尺寸大 20mm,或根据图案、花纹大小预留出一个完整的图案。宽度应以裁去地毯边缘后的尺寸计算,并在地毯背面弹线后裁掉边缘部分。裁剪时,应在较宽阔的地方集中进行,裁好后需编号。

3）钉倒刺板

沿房间四周踢脚边缘将倒刺板用钢钉牢固地钉在地面基层上,钢钉间距以 400mm 左右为宜。倒刺板应距踢脚板表面 8～10mm。具体做法见图 10.24。

4）铺衬垫:将衬垫采用点粘法或用双面胶带纸粘在地面基层上,边缘离开倒刺板 10～15mm。

5）铺卷材地毯

（1）地毯铺装方向应使地毯绒毛走向朝背光方向。地毯对花拼接应按毯面绒毛和织纹走向的同一方向接缝。接缝时需注意:①纯毛地毯的接缝:先将地毯翻过来,使两条缝铺平对接,用线缝制结实平服后,刷胶粘剂,贴上牛皮纸。②麻布衬底的化纤地毯接缝:用胶粘剂粘贴麻布窄条,沿拼缝处在地面上弹线,将麻布条铺平铺直,将地毯胶粘剂刮在麻布带上,然后将地毯对好后粘牢。③胶带粘结法:先将专用胶带按地面上的弹线铺好,两端固定,将两侧地毯的边缘压在胶带上,然后用电熨斗在胶带背面熨烫,使胶质受热熔化,再用电铲将地毯接缝处碾平压实,使之牢固地连在一起,再修整正面不齐处的绒毛。

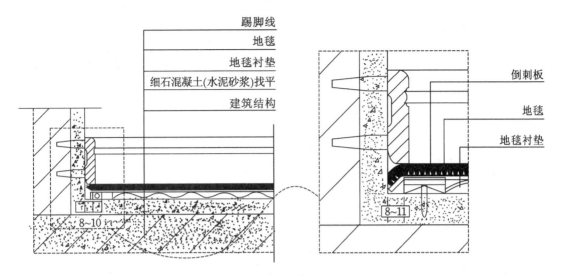

图 10.24 钉倒刺板的做法

接缝要求严密无隙、平直、不露空、不重叠,若是花格图案的地毯,其接缝处应使图案完整、线条接通、纹路一致。

(2)铺地毯时,先将地毯的一边固定在倒刺板上,用地毯撑子呈 V 字形方向用力将地毯向四周展开,然后将地毯固定在倒刺板上,用扁铲将地毯毛边掩入卡条和墙壁的间隙中或掩入踢脚板下面。再进行另一个方向的拉伸,直到拉平,四个边都固定在倒刺板上。当边长较长的时候,应多人同时操作,拉伸完成后,应确保地毯的图案无扭曲变形。

(3)楼梯铺卷材地毯施工工艺:铺地毯应从上至下逐级施工。每一梯段的上下休息平台边缘处,均需将倒刺板用钢钉牢固地钉在地面基层上,然后将卷材地毯固定在倒刺板上。在梯级固定的方式有压杆固定、粘结固定、倒刺板固定。压杆固定就是购买专用压杆,每级踏步的阴角各设两个紧固件,以楼梯宽度的中心线对称埋设,然后将金属压杆穿入紧固件内,并压实地毯。粘结固定就是用地毯专用贴或胶粘剂,在梯级阴、阳角位置均点贴地毯专用贴或胶粘剂,然后将地毯铺贴在上面。倒刺板固定就是在梯级的踏步与踢脚的两侧先固定倒刺板,然后从上至下逐级铺设地毯。

6)处理收口

(1)地毯在门口、走道、卫生间等不同地面材料交接处部位,应用专用收口条(压条)做收口处理,对管根、暖气罩等部位应套割固定或修边。

(2)地毯全部铺完后,应用吸尘器吸去灰尘,清扫干净。

10.7.3.2 方块地毯面层施工要点

(1)方块地毯剪裁

在地面弹出中心十字控制线,根据地毯的规格对照现场实际情况进行排版,预留铺装施工尺寸。

(2)铺方块地毯

先从施工位置中部涂刷部分胶粘剂,铺放预先裁割好的方块地毯,粘结固定后,用地毯撑子拉平、拉直,然后向四周铺设,每隔4~5块方块地毯,其底面可涂刷部分胶粘剂,块与块之间应挤紧服帖、不卷边。

10.7.4　地毯楼地面工程施工质量验收

（1）主控项目

① 地毯面层采用的材料应符合设计要求和国家现行有关标准的规定。

检验方法：观察检查和检查型式检验报告、出厂检验报告、出厂合格证书。

检查数量：同一工程、同一材料、同一生产厂家、同一型号、同一规格、同一批号检查一次。

② 地毯面层采用的材料进入施工现场时，应有地毯、衬垫、胶粘剂中的挥发性有机化合物（VOC）和甲醛限量合格的检测报告。

检验方法：检查检测报告。

检查数量：同一工程、同一材料、同一生产厂家、同一型号、同一规格、同一批号检查一次。

③ 地毯表面应平服，拼缝处应粘接牢固、严密平整、图案吻合。

检验方法：观察检查。

检查数量：按《建筑地面工程施工质量验收规范》（GB 50209—2010）第 3.0.21 条规定的检验批检查。

（2）一般项目

① 地毯表面不应起鼓、起皱、翘边、卷边、显拼缝、露线和毛边，绒面毛应顺光一致，毯面应洁净，无污染和损伤。

检验方法：观察检查。

检查数量：按《建筑地面工程施工质量验收规范》（GB 50209—2010）第 3.0.21 条规定的检验批检查。

② 地毯同其他面层连接处、收口处和墙边、柱子周围应顺直、压紧。

检验方法：观察检查。

检查数量：按《建筑地面工程施工质量验收规范》（GB 50209—2010）第 3.0.21 条规定的检验批检查。

10.8　自流平楼地面工程施工

水泥自流平是科技含量较高、技术环节也比较复杂的高新绿色产品。它是由多种活性成分组成的干混型粉状材料，用途广泛，可用于工业厂房、车间、仓储、商业卖场、展厅、体育馆、医院、各种开放空间、办公室等，也可用于居家、别墅、温馨小空间等，还作为饰面面层，亦可作为耐磨基层。

水泥自流平分为垫层自流平和面层自流平两大类。垫层自流平是垫在木地板、塑胶地板、地毯下面用的自流平，一般各项品质比较弱一些；面层自流平是直接当地面使用的，也可以作为地坪漆的基础地面，各项技术要求都比较高。

环氧自流平所用的涂料是以环氧树脂、专用固化剂为主材，通过加入各种助剂、颜料、填料等，经严格配比加工而成。不仅具有优良的耐水、耐油污、耐化学品腐蚀等化学特性，而且具有附着力好、机械强度高、固化后漆膜收缩率低、能一次涂装成厚膜等优点，因此被广泛用于现代工业地坪的涂饰中。这种工艺可根据地面的高低不平顺势流动，对地面进行自动找平，并迅速干燥，固化后的地面会形成光滑、平整、无缝的镜面效果面层。除找平功能之外，自流平还具有防潮、抗菌、防腐蚀等特点,广泛适用于医药、生物、电子等领域的无尘室、无菌室。

10.8.1 自流平楼地面工程施工准备

(1)施工材料

① 水泥基或石膏基自流平材料

自流平水泥基骨料或石膏基骨料、硬化剂等材料应有出厂合格证书、性能检验报告、环保检测报告等。

② 环氧树脂自流平材料

环氧树脂、固化剂、稀释剂、填料(天然耐磨矿石粉)、颜料助剂(分散剂、流平剂、消泡剂)等材料,应有出厂合格证书、性能检验报告、环保检测报告。

(2)施工工具、机具

自流平楼地面工程施工的工具、机具有:电动搅拌机、手提电动磨光机、吸尘器、角磨机、砂浆泵、消泡滚筒或消泡针、手推车、喷壶、铁锹、大小装料桶、靠尺、钢尺、水准仪、水平尺等。

(3)作业条件

① 地面(或楼面)的垫层以及预埋在地面内的各种管线已做完。穿过楼面的竖管已安装完,管洞四周已堵塞密实。

② 水泥基或石膏基自流平砂浆地面施工温度应为 5~35℃,相对湿度不宜高于 80%。

③ 环氧树脂自流平地面施工区域严禁烟火,不得进行切割或电气焊等操作。

④ 环氧树脂自流平地面施工环境温度宜为 15~25℃,相对湿度不宜高于 80%,基层表面温度不宜低于 5℃。

⑤ 水泥基或石膏基自流平与环氧树脂自流平,对基层混凝土的依赖性各不相同,因此,如基层平整度偏差较大时,建议选择水泥基或石膏基自流平。

⑥ 环氧树脂自流平地面面层施工时,现场应避免灰尘、飞虫、杂物等玷污。

⑦ 大面积装修前已按设计要求先做样板间,经检查鉴定合格后,可大面积施工。

⑧ 在操作前已进行技术、安全交底,强调技术措施和质量标准要求。

10.8.2 自流平楼地面工程施工工艺流程

(1)水泥基或石膏基自流平楼地面工程施工工艺流程

水泥基或石膏基自流平面层施工宜按下列工艺流程进行:

封闭现场→基层检查→基层处理→涂刷自流平界面剂→制备浆料→摊铺自流平浆料→养护→成品保护。

(2)环氧树脂自流平楼地面工程施工工艺流程

环氧树脂自流平面层施工宜按下列工艺流程进行:

封闭现场→基层检查→基层处理→涂刷底层涂料→配制涂料→涂刷→滚压→养护。

10.8.3 自流平楼地面工程施工要点

10.8.3.1 水泥基或石膏基自流平面层施工要点

(1)基层检查

施工前应认真清理基层,基层应无明水,无油渍、浮浆层等残留物。

（2）基层处理

① 对于旧的平整度不理想的基层，应采用局部打磨或整体打磨的方法进行彻底打磨（图10.25）、吸尘。

② 若基层表面有油渍，应使用清洗剂处理，然后用清水冲洗，使基层表面清洁干净，如图10.26 所示，并充分干燥。

③ 基层表面应平整，用 2m 直尺检查时，其偏差应在 2mm 以内。

 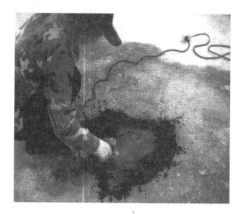

图 10.25　打磨基层　　　　　　　　　　　　　图 10.26　清扫基层

（3）涂刷自流平界面剂

① 根据标高控制线，测出面层标高，并弹在四周墙或柱上。

② 应在处理好的基层上涂刷自流平界面剂（图10.27），不得漏涂和有部分积液，以消除基层表面的空洞和砂眼，增加与面层的结合力。

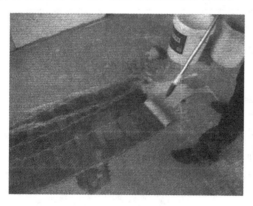 

图 10.27　涂刷界面剂

（4）制备浆料

① 制备浆料可采用人工法或机械法，并应充分搅拌至均匀无结块为止。

② 人工法制备浆料时，将准确称量好的拌和用水倒入干净的搅拌桶内，开动电动搅拌器，徐徐加入已精确称量的自流平材料，持续搅拌 3～5min，至均匀无结块为止，静置 2～3min，使自流平材料充分润湿，排除气泡后，再搅拌 2～3min，使浆料成为均匀的糊状。

③ 机械法制备浆料时，将拌和用水量预先设置好，再加入自流平材料，进行机械拌和，将拌和好的自流平砂浆泵送到施工作业面。自流平材料成分较多，在大型工程中建议使用机械

搅拌,否则会影响分散效果。拌和时兑水量应准确,自流平材料发生反应时所需水量比例是固定的,过多或过少都会降低材料的主要性能。

(5) 摊铺自流平浆料

为了减少施工缝,要连续浇筑,中间停顿时间不超过 5min。自流平地面厚度要在一次浇筑中达到。

(6) 养护

施工完成后的自流平地面,应在施工环境条件下养护 24h 以上方可使用。

(7) 成品保护

① 施工工作面的自流平未达到强度前,尽量封闭通行,避免污染或损坏。

② 铺贴塑料薄膜罩进行成品保护。

③ 电气设备和其他设备在进行安装时,应注意保护已经施工好的饰面,防止污染或损坏。

④ 冬期施工的水泥砂浆地面操作环境温度如低于 5℃时,应采取必要的防寒保暖措施,严格防止发生冻害,尤其是早期受冻,会使面层强度降低,造成起砂、裂缝等质量事故。

⑤ 如果先做地面后做墙面时,要特别注意对面层进行覆盖,并严禁直接在面层上拌和砂浆和储存砂浆。

10.8.3.2 环氧树脂自流平面层施工要点

(1) 基层检查与处理

同第 10.8.3.1 节。

(2) 涂刷底层涂料

① 根据标高控制线,测出面层标高,并弹在四周墙或柱上。

② 按产品说明配置底层涂料,搅拌均匀后用硬刷或滚筒涂刷一道薄的涂层,要保持涂层的连续性。多孔基面要涂刷两道,以免底层涂料起泡或有空气进入。底层涂料养护 12h 以上,确认固化后方可进行下道施工工序。

(3) 配制涂料

按产品说明配置环氧树脂自流平涂料,用强制搅拌器或装有搅拌叶的重荷低速钻机搅拌均匀。搅拌时缓慢加入原材料,持续搅拌 3～5min,直至完全均匀。

(4) 涂刷

将搅拌好的环氧树脂自流平涂料倒在刷过底层涂料、并经打磨吸尘后的基层面上,用刮板缓慢涂抹至适当厚度(如设计未明确厚度,建议涂抹的厚度为 3mm)。注意不要在树脂基面过度涂抹。

(5) 滚压

涂刷后立即用带齿滚筒在同一水平方向上前后滚压。后一次滚压与前一次滚压至少重叠 50%,滚压可消除抹痕且有助于气泡的释放。30～60min 后再次滚压,消除其他不平整痕迹。如仍有气泡翻溢出来,则应再做滚压。

(6) 养护

施工完成的地面应立即进行成品保护,防止灰尘、杂物等的污染,避免硬物划伤。确认硬化后涂一道保护蜡,保护涂膜表面,干燥后用抛光机打磨抛光。自然养护时间不少于 7d,方可交付使用。

10.8.4　自流平楼地面工程施工质量验收

(1) 主控项目

① 自流平面层的铺涂材料应符合设计要求和国家现行有关标准的规定。

检验方法:观察检查和检查型式检验报告、出厂检验报告、出厂合格证书。

检查数量:同一工程、同一材料、同一生产厂家、同一型号、同一规格、同一批号检查一次。

② 自流平面层的涂料进入施工现场时,应有水性涂料的挥发性有机化合物(VOC)和游离甲醛物质限量合格的检测报告,应有溶剂型涂料中的苯、甲苯＋二甲苯、挥发性有机化合物(VOC)、游离甲醛、二异氰酸酯(TDI)物质限量合格的检测报告。

检验方法:检查检测报告。

检查数量:同一工程、同一材料、同一生产厂家、同一型号、同一规格、同一批号检查一次。

③ 自流平面层的基层强度等级不应小于C20。

检验方法:检查强度等级检测报告。

检查数量:按《建筑地面工程施工质量验收规范》(GB 50209—2010)第 3.0.19 条的规定检查。

④ 自流平面层的各构造层之间应粘结牢固,层与层之间不应出现分离、空鼓现象。

检验方法:用小锤轻击检查。

检查数量:按《建筑地面工程施工质量验收规范》(GB 50209—2010)第 3.0.21 条规定的检验批检查。

⑤ 自流平面层的表面不应有开裂、漏涂和倒泛水、积水等现象。

检验方法:观察和泼水检查。

检查数量:按《建筑地面工程施工质量验收规范》(GB 50209—2010)第 3.0.21 条规定的检验批检查。

(2) 一般项目

① 自流平面层应分层施工,面层找平施工时不应留有抹痕。

检验方法:观察检查和检查施工记录。

检查数量:按《建筑地面工程施工质量验收规范》(GB 50209—2010)第 3.0.21 条规定的检验批检查。

② 自流平面层表面应光洁,色泽应均匀、一致,不应有起泡、泛砂等现象。

检验方法:观察检查。

检查数量:按《建筑地面工程施工质量验收规范》(GB 50209—2010)第 3.0.21 条规定的检验批检查。

③ 自流平面层的允许偏差及检验方法应符合表 10.12 的规定。

表 10.12　自流平面层的允许偏差及检验方法

项次	项目	允许偏差(mm)	检查方法
1	表面平整度	2	用 2m 靠尺和楔形塞尺检查
2	踢脚板上口平直	3	拉 5m 线和用钢尺检查
3	分格缝平直	2	

　　检查数量:按《建筑地面工程施工质量验收规范》(GB 50209—2010)第 3.0.21 条规定的检验批检查和第 3.0.22 条的规定检查。

思　考　题

10.1　楼地面由哪几部分组成? 各自起什么作用?

10.2　水磨石地面"秃斑"产生的原因是什么? 应如何防治?

10.3　简述水磨石地面的施工工艺。

10.4　简述大理石地面铺贴施工工艺要点。

10.5　活动地板铺贴时的操作要点有哪些?

10.6　硬质和软质塑料地板施工的区别是什么?

10.7　试述钉接法木地板施工的工艺要点。

10.8　简述地毯的施工工艺。

10.9　地毯施工中的通病有哪些? 应如何防治?

11 细部工程施工

细部工程,由橱柜制作与安装、窗帘盒制作与安装、窗台板制作与安装、门窗套制作与安装、护栏和扶手制作与安装等分项工程组成。

11.1 橱柜制作与安装工程施工

11.1.1 橱柜制作与安装工程施工准备

(1)施工材料

① 木方料:木方料是用于制作骨架的基本材料,应选用木质较好、无腐朽、不潮湿、无扭曲变形的合格材料,含水率不大于 12%。

② 胶合板:胶合板应选择不潮湿且无脱胶开裂的板材;饰面胶合板应选择木纹流畅、色泽纹理一致、无疤痕、无脱胶空鼓的板材。

③ 配件:根据家具的连接方式选择五金配件,如拉手、铰链、镶边条等;并按家具的造型与色彩选择五金配件,以适应各种彩色的家具使用。

④ 圆钉、木螺丝、白乳胶、木胶粉、玻璃等。

(2)施工工具、机具

橱柜制作与安装工程施工常用工具和机具有:电焊机、冲击钻、手电钻、电锯、电刨、电动磨光机、气泵、气钉枪、木锯、斧子、锤子、刨子、扁铲、螺丝刀、钢锥、凿子、鬃刷、墨斗、直角尺、水平尺、钢尺、靠尺、线坠等。

(3)作业条件

① 细木工程基层的隐蔽工程已验收。

② 结构工程和有关橱柜的连体构造已具备安装的条件,测设橱柜的安装标高和位置。

③ 橱柜成品、半成品已进场或现场已制作好并验收,数量、质量、规路、品种应无误。

④ 已对橱柜安装位置靠墙、贴地面部位涂刷防腐涂料,其他各面应涂刷底油漆一道,存放在平整、保持通风的库房内。

⑤ 橱柜的框和扇经检查无窜角、翘扭、弯曲、劈裂等缺陷。吊柜钢骨架经检查,其规格符合设计要求,无变形。

11.1.2 橱柜制作与安装工程施工工艺流程

橱柜制作与安装工程施工宜按下列工艺流程进行:
配料→画线→榫槽及拼板施工→组装→线脚收口。

11.1.3 橱柜制作与安装工程施工要点

(1)配料

配料应根据家具结构与木料的使用方法进行安排,主要分为木方料的选配和胶合板下料布置两个方面。应先配长料和宽料,后配小料;先配长板材,后配短板料,按顺序搭配安排。对于木方料的选配,应先测量木方料的长度,然后再按家具的竖框、横挡和腿料的长度要求放长30～50mm截取。木方料的截面尺寸在开料时应按实际尺寸的宽、厚各放大3～5mm,以便刨削加工。

对木方料进行刨削加工时,应当先识别木纹。不论是机械刨削还是手工刨削,均应按顺纹方向,先刨大面,再刨小面,两个相邻的面刨成90°角。

（2）画线

画线前要备好量尺(卷尺和不锈钢尺等)、木工铅笔、角尺等,应认真看懂图纸,理解工艺结构、规格和数量等技术要求。画线基本操作步骤如下:① 首先检查加工件的规格、数量,并根据各工件的表面颜色、纹理、节疤等因素确定其正反面,并做好临时标记。② 在需要对接的端头留出加工余量,用直角尺和木工铅笔画一条基准线。若端头平直,又属作开榫一端,即不画此线。③ 根据基准线,用量尺量画出所需的总长尺寸线或榫肩线,再以总长线和榫肩线为基准,完成其他所需的榫眼线。④ 可将两根或两块相对应位置的木料拼合在一起进行画线,画好一面后,用直角尺把线引向侧面。⑤ 所画线条必须准确、清楚。画线之后,应将空格相等的两根(或两块)木料颠倒进行校对,检查画线和空格是否准确相符。如有差别,即说明其中有错,应及时查对校正。

（3）榫槽及拼板施工

① 榫的种类主要分为木方连接榫和木板连接榫两大类,但其具体形式较多,分别适用于木方和木质板材的不同构件连接,如木方中榫、木方边榫、燕尾榫、扣口榫、大小榫、双头榫等。

② 在室内家具制作中,采用木质板材较多,如台面板、橱柜面板、搁板、抽屉板等,都采用拼缝结合。常采用的拼缝结合形式有以下几种:高低缝、平缝、拉拼缝、马牙缝。

③ 板式家具的连接方法较多,主要分为固定式结构连接和拆装式结构连接两种。

（4）组装

木家具组装分为部件组装和整体组装。组装前,应将所有的结构件用细刨刨光,然后按顺序逐个进行装配。装配时,注意构件的部位和正反面。衔接部位需涂胶时,应刷涂均匀并及时擦净挤出的胶液。锤击装拼时,应在锤击部位垫上木板,不可猛击;如有拼合不严处,应查找原因并采取修整或补救措施,不可硬敲硬装就位。各种五金配件的安装位置应定位准确,安装严密、方正牢固,结合处不得崩槎、歪扭、松动,不得缺件、漏钉和漏装。橱柜安装的拼装配料图如图11.1所示。

（5）面板的安装

如果家具的表面做油漆涂饰,其框架的外封板一般也是面板;如果家具的表面是用装饰细木夹板进行饰面,或是用塑料板做贴面,那么家具框架外封板就是其饰面的基层板。饰面板与基层板之间多采用胶粘贴合。饰面板与基层贴合后,需在其侧边使用封边木条、木线、塑料条等材料进行封边收口,其原则是:凡直观的边部,都应封堵严密和美观。

（6）线脚收口

边缘线脚装饰在家具、固定配置的台面边缘及家具与底脚交接处等部位,可以统一室内整

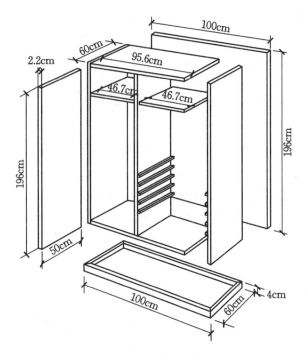

图 11.1　橱柜安装的拼装配料图

体装饰风格,使室内装饰形成某种层次美。同时,通过较好的封边收口,可使板件内部不易受到外界温度、湿度的较大影响而保持一定的稳定性。其排布与图案造型形式可以灵活多变,但不宜过于烦琐。常用的材料有实木条、塑料条、铝合金条、薄木单片等。

① 实木条封边收口

常用钉胶结合的方法,粘结剂可采用白乳胶、木胶粉。

② 塑料条封边收口

一般采用嵌槽加胶的方法进行固定。

③ 铝合金条封边收口

铝合金封口条有 L 形和槽形两种,可用钉或木螺丝直接固定。

④ 薄木单片和塑料带封边收口

先用砂纸磨除封边处的木渣、胶迹等,待清理干净后,在封边薄木片或塑料带上涂万能胶,对齐边口贴放。用干净抹布擦净胶迹后再用熨斗烫压,固化后切除毛边和多余处即可。对于微薄木材边条,也可直接用白乳胶粘贴;对于硬质封边木片,也可采用镶装或加胶加钉。

11.1.4　橱柜制作与安装工程施工质量验收

(1) 主控项目

① 橱柜制作与安装所用材料的材质、规格、性能、有害物质限量及木材的燃烧性能等级和含水率应符合设计要求及现行国家标准的有关规定。

检验方法:观察;检查产品合格证书、进场验收记录、性能检验报告和复验报告。

② 橱柜安装预埋件或后置埋件的数量、规格、位置应符合设计要求。

检验方法:检查隐蔽工程验收记录和施工记录。

③ 橱柜的造型、尺寸、安装位置、制作和固定方法应符合设计要求。橱柜安装应牢固。

检验方法：观察；尺量检查；手扳检查。

④ 橱柜配件的品种、规格应符合设计要求。配件应齐全，安装应牢固。

检验方法：观察；手扳检查；检查进场验收记录。

⑤ 橱柜的抽屉和柜门应开关灵活、回位正确。

检验方法：观察；开启和关闭检查。

（2）一般项目

① 橱柜表面应平整、洁净，色泽一致，不得有裂缝、翘曲及损坏。

检验方法：观察。

② 橱柜裁口应顺直，拼缝应严密。

检验方法：观察。

③ 橱柜安装的允许偏差和检验方法应符合表 11.1 的规定。

表 11.1　橱柜安装的允许偏差和检验方法

项次	项目	允许偏差(mm)	检验方法
1	外形尺寸	3	用钢尺检查
2	立面垂直度	2	用 1m 垂直检测尺检查
3	门与框架的平等度	2	用钢尺检查

11.2　窗帘盒、窗台板和散热器罩制作与安装工程施工

11.2.1　施工准备

（1）施工材料

① 胶合板

胶合板规格有：1220 mm×2440 mm×9mm、1220 mm×2440 mm×12mm、1220 mm×2440 mm×18mm。胶合板的质量等级分一等品、二等品、三等品，其选用应符合设计要求。

② 窗台板制作与安装所使用的材料和规格、木材的燃烧性能等级和含水率及人造板的甲醛含量应符合设计要求和现行国家标准的规定。

③ 木方料

木方料是用于制作骨架的基本材料，应选用木质较好、无腐朽、无扭曲变形的合格材料，含水率不大于 12%。

④ 防腐剂、油漆、钉子等各种小五金必须符合设计要求。

（2）施工工具、机具

帘盒、窗台板和暖气罩制作与安装常用工具、机具有：电焊机、云石机、手电钻、电锤、电锯、砂轮锯、电刨、木工刨、木工锯、钢锯、锤子、凿子、扁铲、木钻、冲子、橡皮锤、螺丝刀、气钉枪、墨斗、小线、钢尺、割角尺、靠尺、水平尺、线坠等。

（3）作业条件

① 窗帘盒的安装已经完成。如果是明窗帘盒，则先将窗帘盒加工成半成品，再在施工现场安装。

② 安装窗帘盒前，顶棚、墙面、门窗、地面的装饰已做完。

③ 窗台表面按要求已经清理干净。

④ 图纸已通过会审与自审，窗帘盒、窗台板的位置与尺寸同施工图相符，按施工要求做好技术、安全交底工作。

11.2.2　窗帘盒、窗台板和散热器罩制作与安装工程施工工艺流程

（1）明窗帘盒的制作与安装施工工艺流程

明窗帘盒的制作与安装施工宜按下列工艺流程进行：

下料→刨光→制作卯榫→装配→修整砂光。

（2）暗窗帘盒的制作与安装施工工艺流程

暗窗帘盒的制作与安装施工宜按下列工艺流程进行：

定位→固定角铁（安装膨胀螺栓）→固定窗帘盒。

（3）窗台板的制作与安装施工工艺流程

窗台板的制作与安装施工宜按下列工艺流程进行：

窗台板的制作→砌入防火木→窗台板刨光→拉线找平、找齐→固定（钉牢）→防腐。

（4）散热器罩的制作与安装施工工艺流程

散热器罩的制作与安装施工宜按下列工艺流程进行：

散热器罩的加工成型→散热器罩的安装→细部处理。

11.2.3　窗帘盒、窗台板和散热器罩制作与安装工程施工要点

11.2.3.1　窗帘盒施工要点

木窗帘盒分为明窗帘盒和暗窗帘盒两种。明窗帘盒用于室内标高矮、不做吊顶装饰的房间；暗窗帘盒则适用于室内标高高且做吊顶装饰的房间。窗帘轨有单轨、双轨和三轨三种形式，窗帘在轨道上的移动又有手拉和电动拉两种。图 11.2、图 11.3 所示分别为常用的明、暗窗帘盒节点构造。

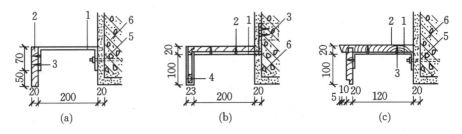

图 11.2　明设窗帘盒的三种做法

(a)上面不盖板；(b)侧面用胶合板；(c)顶、侧是板

1—连接件；2—20mm 板；3—木螺钉；4—胶合板；5—φ8 膨胀螺丝；6—窗过梁

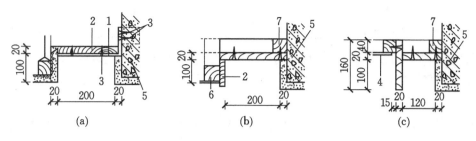

图 11.3　暗设窗帘盒的三种做法

1—金属连接件;2—20mm 厚木板;3—木螺钉;4—胶合板;5—窗过梁;6—吊平顶;7—木格栅

（1）窗帘盒制作

① 下料

按图纸要求,裁下的料要长于要求长度 30～50mm,厚、宽要分别大于 3～5mm。

② 刨光

刨光时要顺木纹操作,先刨削出相邻两个基准面,并做上符号标记,再按规定尺寸加工另外两个基准面,要求光洁、无刨槎。

③ 制作卯榫

最佳结构方式是用 45°全暗燕尾卯榫,也可采用 45°斜角钉胶结合,但钉帽一定要砸扁后打入木内。上盖面可加工后直接涂胶钉入下框体。

④ 装配

用直角尺测准暗转角度后把结构敲紧打严,注意格角处不要露缝。

⑤ 修正砂光

结构固化后可修正砂光,用 0 号砂纸打磨掉毛刺、棱角、立槎。注意,不可逆木纹方向砂光,要顺木纹方向砂光。

（2）暗窗帘盒安装

① 内藏式窗帘盒主要形式是在窗顶部位的吊顶处做出一条凹槽,在槽内装好窗帘轨。作为含在吊顶内窗帘盒,与吊顶施工一起做好,如图 11.4 所示。

② 外接式窗帘盒是在吊顶平面上做出一条贯通墙面长度的遮挡板,在遮挡板内吊顶半面上装好窗帘轨。遮挡板可采用木构架双包镶,并把底边做封板边处理。遮挡板与顶棚交接线用棚角线压住。遮挡板的固定可采用射钉固定,也可采用预埋木模、圆钉固定,或膨胀螺栓固定,如图 11.5 所示。由于施工质量难以控制,目前较少采用。

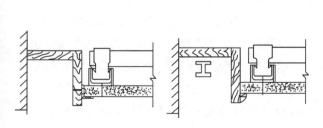

图 11.4　暗装内藏式窗帘盒

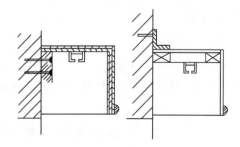

图 11.5　暗装外接式窗帘盒的固定

③ 窗帘轨道安装

窗帘轨道有单轨、双轨和三轨之分,拉窗帘可以手动或电动。单体窗帘盒一般先安轨道,暗窗帘盒在安轨道时,轨道应保持在一条直线上。轨道型式有Ⅰ字形、槽形和圆杆形三种。

Ⅰ字形窗帘轨是用与其配套的固定爪来安装的。安装时先将固定爪套入Ⅰ字形窗帘轨上,每米窗帘轨道三个固定爪安装在墙面上或窗帘盒的木结构上。

槽形窗帘轨的安装,可用 $\phi5.5$ 的钻头在槽形轨的底面打出小孔,再用螺丝穿过小孔,将槽形轨固定在窗帘盒的顶面上。

如采用金属管、木棍、钢筋棍作窗帘杆时,在窗帘盒两端头板上钻孔,孔径大小应与金属管、木棍、钢筋棍的直径一致。镀锌钢丝不能用于悬挂窗帘。

安装前先检查是否平直,如有弯曲调直后再安装。明窗帘盒宜先安装轨道,暗窗帘盒可后安装轨道。采用电动窗帘轨道时,应按产品说明书进行安装调试,如图 11.6 所示。

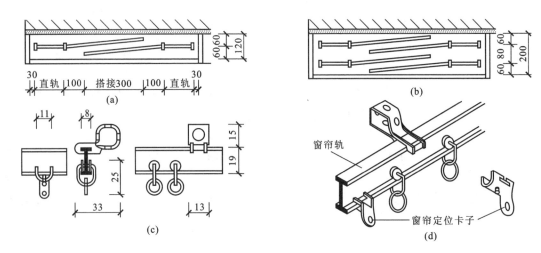

图 11.6　窗帘轨道安装及构造

(a) 单轨平面;(b) 双轨平面;(c) 窗帘轨;(d) 窗帘轨安装及构造

(3) 明窗帘盒的安装

明装窗帘盒以木材居多,也有用塑料、铝合金的。明装窗帘盒一般用木楔、铁钉或膨胀螺栓固定于墙面上,其安装要点如下:

① 定位画线:将施工图中窗帘盒的具体位置画在墙面上,用木螺钉把两个铁脚固定于窗帘盒顶面的两端。按窗帘盒的定位位置和两个铁脚的间距,画出墙面固定铁脚的孔位。

② 打孔:用冲击钻在墙面画线位置打孔,如用 M6 膨胀螺钉固定窗帘盒,需用 $\phi8.5$ 冲击孔头,孔深大于 40mm。如用木楔配木螺钉固定,其打孔直径必须大于 $\phi18$,孔深大于 50mm。

③ 固定窗帘盒:其常用方法是膨胀螺栓或木楔配木螺钉固定法。用膨胀螺栓将连接于窗帘盒上面的铁脚固定在墙面上,而铁脚又用木螺钉连接在窗帘盒的木结构上。

一般情况下,塑料窗帘盒、铝合金窗帘盒自身都具有固定耳,可通过固定耳将窗帘盒用膨胀螺栓或木螺钉固定于墙面。

11.2.3.2　窗台板施工要点

（1）木窗台板制作

按图纸要求加工的木窗台表面应光洁，其净料尺寸厚度在 20～30mm，比待安装的窗长 240mm，板宽视窗口深度而定，一般要凸出窗口 60～80mm，台板外沿要倒楞或起线。台板宽度大于 150mm 且需要拼接时，背面必须穿暗带防止翘曲，窗台板背面要开卸力槽。

（2）木窗台板安装

① 在窗台墙上，预先砌入防腐木砖。木砖间距 500mm 左右，每樘窗不少于两块，在窗框的下坎裁口或打槽（深 12mm、宽 10mm）。将窗台板刨光起线后，放在窗台墙上居中，里边嵌入下坎槽口，窗台板的长度一般比窗宽度长 120mm 左右，两端伸出的长度应一致。在同一房间内同标高窗台板应拉线找平、找齐，使其标高一致，凸出墙面一致。应注意，窗台板上表面向室内略有倾斜（泛水），坡度约 1%。

② 如果窗台板的宽度大于 150mm，拼接时，背面应穿暗带，防止翘曲。

③ 用明钉把窗台板与木砖钉牢，钉帽砸扁，顺木纹冲入板的表面，在窗台板的下面与墙交角处，要钉窗台线（三角压条）。窗台线预先刨光，按窗台长度将两端刨成弧形线脚，用明钉与窗台板斜向钉牢，钉帽砸扁，冲入板内。

④ 防腐：木窗台板的厚度为 25mm，表面应刷油漆，木砖和垫木均应做防腐处理。

木窗台板安装如图 11.7 所示。

（3）水磨石、大理石及磨光花岗石窗台板安装

① 水磨石窗台板长度为 600～2400mm，窗台板净跨比洞口少 10mm，板厚为 40mm。应用于 240mm 墙时，窗台板宽为 140mm；应用于 360mm 墙时，窗台板宽为 200mm 或 260mm；应用于 490mm 墙时，窗台板宽为 330mm。

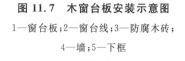

图 11.7　木窗台板安装示意图
1—窗台板；2—窗台线；3—防腐木砖；
4—墙；5—下框

② 水磨石窗台板采用角铁支架安装，其中距为 500mm，混凝土窗台梁端部应伸入墙 120mm，若端部为钢筋混凝土柱时，应留插铁。

③ 窗台板的露明部分均应打蜡。

④ 大理石或磨光花岗石窗台板厚度为 35mm，采用 1∶3 水泥砂浆固定。

窗台石施工

11.2.3.3　散热器罩施工要点

散热器罩又称暖气罩，是保护散热器不被碰撞和烫着小孩，并起装饰作用，一般与窗台板配套设计和安装。

（1）暖气罩布置形式

① 窗下式：窗下式的暖气散热片在窗台下部，外侧用花格板（或平板）遮住散热片的中间高度，上下留出缝隙，以保证气体冷热对流。

② 沿墙式：铝合金散热片在室内墙壁处，暖气罩是箱式，即散热片的外侧、顶部、两端部均用花格或百叶罩住，其外侧罩板可雕花、做花格，罩板内侧装铅丝网，以保证冷热对流。

③ 嵌入式：嵌入式布置形式是在砌筑墙体时，在设置暖气散热片的位置预先留出壁龛，壁龛深一般为 120～250mm。

④ 独立式：暖气罩为独立的管状构件或呈五面箱体，将暖气散热片前后左右均罩起来。暖气罩下端开口为冷空气进入口，上顶面设百叶片为热空气出口。暖气罩本身有独立支点，支撑暖气罩落地。

（2）暖气罩制作与安装

① 暖气罩所用材料品种和规格，木材的燃烧性能等级和含水率等必须符合设计要求。

② 暖气罩的类型、规格、尺寸、安装位置和固定方法必须符合设计要求。

③ 暖气罩一般按要求先加工成型，安装时要严格控制窗台板及室内地面的标高，保证从地面到窗台板的距离及暖气罩的尺寸符合要求。有暖气罩的房间要求窗台板厚薄一致，使暖气罩与窗台板之间接触密合。

④ 暖气罩的安装方法有挂接法、插接法、钉接法和支撑法，如图 11.8 至图 11.11 所示。

⑤ 暖气罩的安装和细部处理如图 11.12 所示。

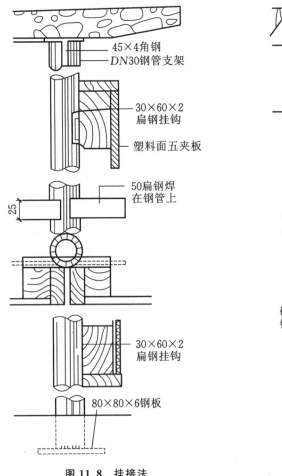

图 11.8　挂接法

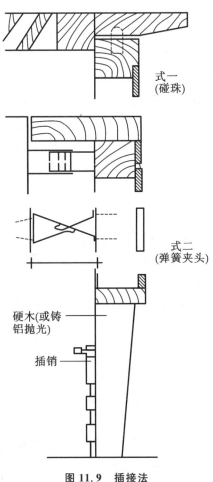

图 11.9　插接法

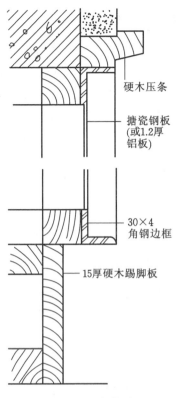

图 11.10 钉接法

硬木压条

搪瓷钢板
(或1.2厚
铝板)

30×4
角钢边框

15厚硬木踢脚板

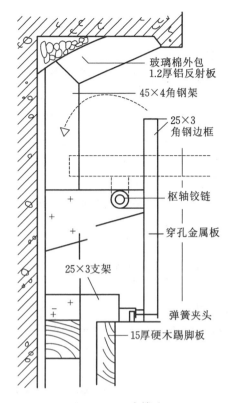

图 11.11 支撑法

玻璃棉外包
1.2厚铝反射板

45×4角钢架

25×3
角钢边框

枢轴铰链

穿孔金属板

25×3支架

弹簧夹头

15厚硬木踢脚板

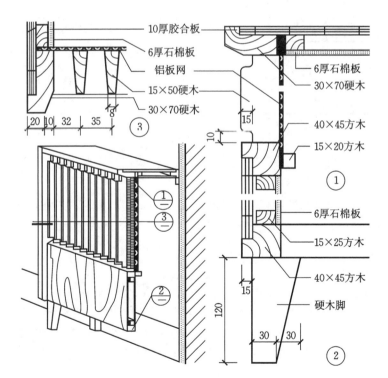

图 11.12 木制暖气罩示意图

10厚胶合板

6厚石棉板

铝板网

15×50硬木

30×70硬木

6厚石棉板

30×70硬木

40×45方木

15×20方木

6厚石棉板

15×25方木

40×45方木

硬木脚

20 10 32 35

③

15

10

①

120

15

30 30

②

11.2.4 窗帘盒、窗台板和散热器罩制作与安装工程施工质量验收

（1）主控项目

① 窗帘盒、窗台板和散热器罩制作与安装所使用材料的材质、规格、性能、有害物质限量及木材的燃烧性能等级和含水率应符合设计要求及现行国家标准的有关规定。

检验方法：观察；检查产品合格证书、进场验收记录、性能检验报告和复验报告。

② 窗帘盒、窗台板和散热器罩的造型、规格、尺寸、安装位置和固定方法应符合设计要求。窗帘盒和窗台板的安装应牢固。

检验方法：观察；尺量检查；手扳检查。

③ 窗帘盒配件的品种、规格应符合设计要求，安装应牢固。

检验方法：手扳检查；检查进场验收记录。

（2）一般项目

① 窗帘盒和窗台板表面应平整、洁净、线条顺直、接缝严密、色泽一致，不得有裂缝、翘曲及损坏。

检验方法：观察。

② 窗帘盒和窗台板与墙、窗框的衔接应严密，密封胶缝应顺直、光滑。

检验方法：观察。

③ 窗帘盒和窗台板安装的允许偏差和检验方法应符合表 11.2 的规定。

表 11.2　窗帘盒和窗台板安装的允许偏差和检验方法

项次	项目	允许偏差（mm）	检验方法
1	水平度	2	用 1m 水平尺和塞尺检查
2	上口、下口直线度	3	拉 5m 线，不足 5m 拉通线，用钢直尺检查
3	两端距窗洞门长度差	2	用钢直尺检查
4	两端出墙厚度差	3	用钢直尺检查

11.3　门窗套制作与安装工程施工

木质门套主要由筒子板、贴脸板和门墩子板等组成，木质窗套主要由筒子板、贴脸板和窗台板等组成，如图 11.13 所示。

11.3.1　门窗套制作与安装的施工准备

（1）施工材料

① 门窗套制作与安装所使用材料的材质、规格、花纹和颜色、木材的燃烧性能等级和含水率、花岗石的放射性及人造木板的甲醛含量应符合设计要求及现行国家标准的有关规定。

② 门窗套制作所使用的木材应采用干燥的木材，含水率不应大于 12%，腐朽、虫蛀的木材不能使用。

③ 胶合板应选择不潮湿，且并无脱胶、开裂、空鼓的板材。

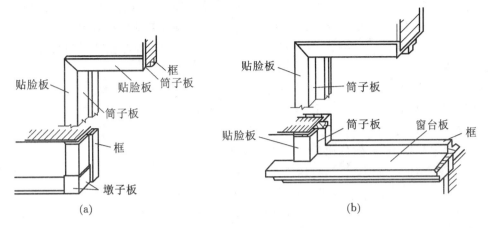

图 11.13　门窗套构造示意图

(a) 门套构造；(b) 窗套构造

④ 饰面胶合板应选择木纹美观、色泽一致、无疤痕、不潮湿、无脱胶、空鼓的板材。

⑤ 木龙骨基层木材含水率必须控制在 12% 之内,但含水率不宜太小(否则吸水后也会变形),一般木材应提前运到现场,放置 10d 以上,尽量与现场湿度相吻合。

(2) 施工工具、机具

门窗套制作与安装工程施工常用工具和机具有:电锯、电刨、电钻、电锤、开槽机、气钉枪、修边刨、电动砂纸机、木刨、木锯、斧子、锤子、螺丝刀、平铲、冲子、墨斗、粉线包、钢尺、靠尺、割角尺、角尺、水平尺、线坠等。

(3) 作业条件

① 门、窗洞口的木砖已埋好,木砖的预埋方向、规格、深度、间距、防腐处理等应符合设计和有关规范要求。对于没有预埋件的洞口,要打孔钉木模,在横、竖龙骨中心线的交叉点上用电锤打孔,然后将经过防腐处理的木模打入孔内。

② 门、窗洞口的抹灰已完成,并经验收合格。

③ 门、窗框安装已完成,框与洞口间缝隙已按要求堵塞严实,并经验收合格。金属门、窗框的保护膜已粘贴好。

④ 室内垂直与水平控制线已弹好,并经验收合格。

⑤ 各种专业设备管线、预留预埋安装施工已完成,并经检验合格。

⑥ 熟悉施工图纸,按施工要求做好技术、安全交底工作。

11.3.2　门窗套制作与安装工程施工工艺流程

门窗套制作与安装工程施工宜按下列工艺流程进行:

检查门、窗洞口及预埋件→制作及安装木龙骨→装钉面板。

11.3.3　门窗套制作与安装工程施工要点

(1) 制作木龙骨

① 根据门、窗洞口实际尺寸,先用木方制成木龙骨架。一般骨架分三片,两侧各一片,每片两根立杆。当筒子板宽度大于 500mm 需要拼缝时,中间适当增加立杆。

② 横撑间距根据筒子板厚度决定。当面板厚度为 10mm 时,横撑间距不大于 400mm;板厚为 5mm 时,横撑间距不大于 300mm。横撑间距必须与预埋件间距位置对应。

③ 木龙骨架直接用圆钉钉成,并将朝外的一面刨光,其他三面涂刷防火剂与防腐剂。

（2）安装木龙骨

首先在墙面做防潮层,可干铺油毡一层,也可涂沥青,然后安装上端龙骨,找出水平。不平时用木楔垫实钉牢,再安装两侧龙骨架,找出垂直并垫实钉牢。

（3）装钉面板

① 面板应挑选木纹和颜色相近的在同一洞口、同一房间。

② 裁板时要约大于木龙骨架实际尺寸,大面净光,小面刮直,木纹根部朝下。

③ 长度方向需要对接时,木纹应通顺,其接头位置应避开视线范围。

④ 一般窗筒子板拼缝应在室内地坪 2m 以上,门洞筒子板拼缝在地面 1.2m 以下。同时接头位置必须留在横撑上。

⑤ 当采用厚木板时,板背面应做卸力槽,以免板面弯曲。卸力槽一般间距 100mm,槽宽 10mm,槽深 5~8 mm。

⑥ 板面与木龙骨间要涂胶。固定板面所用钉子的长度为面板厚度的 3 倍,间距 100mm,钉帽砸扁后冲进木材面层 1~2mm。

⑦ 筒子板里侧要装进门（窗）框预先做好的凹槽里,外要与墙面齐平,割角要严密方正。

11.3.4　门窗套制作与安装工程施工质量验收

（1）主控项目

① 门窗套制作与安装所使用材料的材质、规格、花纹、颜色、性能、有害物质限量及木材的燃烧性能等级和含水率应符合设计要求及现行国家标准的有关规定。

检验方法:观察;检查产品合格证书、进场验收记录、性能检验报告和复验报告。

② 门窗套的造型、尺寸和固定方法应符合设计要求,安装应牢固。

检验方法:观察;尺量检查;手扳检查。

（2）一般项目

门窗套表面应平整、洁净、线条顺直、接缝严密、色泽一致,不得有裂缝、翘曲及损坏。

检验方法:观察。

门窗套安装的允许偏差和检验方法应符合表 11.3 的规定。

表 11.3　门窗套安装的允许偏差和检验方法

项次	项目	允许偏差（mm）	检验方法
1	正、侧面垂直度	3	用 1m 垂直检测尺检查
2	门窗套上口水平度	1	用 1m 水平检测尺和塞尺检查
3	门窗套上口直线度	3	拉 5m 线,不足 5m 拉通线,用钢直尺检查

11.4　护栏和扶手制作与安装工程施工

凡以板状构件作为阻挡设施的称为栏板,以垂直杆件作为阻挡设施的称为栏杆,其外形如

图 11.14 所示。

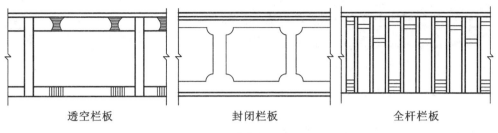

| 透空栏板 | 封闭栏板 | 全杆栏板 |

图 11.14 栏板与栏杆的外形

11.4.1 护栏和扶手制作与安装的施工准备

(1) 施工材料

① 护栏和扶手制作与安装所使用材料的材质、规格、数量、木材和塑料的燃烧性能等级应符合设计要求及国家现行标准的有关规定。

② 楼梯木扶手：楼梯木扶手作为上下楼梯时的依扶构件，其类型主要有两种，一种是与楼梯组合安装的栏杆扶手，另一种是不设楼梯栏杆的靠墙扶手。

③ 木制扶手一般用硬杂木加工成规格成品，其树种、规格、尺寸、形状按设计要求。木材质量均应纹理顺直，颜色一致，不得有腐朽、节疤、裂缝、扭曲等缺陷，含水率不得大于12%。弯头料一般采用扶手料，以45°角断面相接，断面特殊的木扶手按设计要求备弯头料。

④ 玻璃栏板的玻璃：由于玻璃在栏板构造中既是装饰构件又是受力构件，需具有防护功能及承受推、靠、挤等外力作用，故应采用安全玻璃，一般多用钢化玻璃。单层钢化玻璃，一般选用12mm厚的品种，因为钢化玻璃不能在施工现场进行裁割，所以应根据设计尺寸到厂家订制，须注意玻璃的排块合理，尺寸准确。楼梯玻璃栏板其单块尺寸一般采用1.5m宽；楼梯水平部位及跑马廊所用玻璃单块宽度，多为2m左右。

⑤ 玻璃栏板的扶手材料：连接构件，其材质影响到使用功能和栏板的整体装饰效果。因此扶手的造型与材质需要与室内其他装饰一并设计。一般所使用的玻璃栏板扶手材料主要是不锈钢圆钢、黄铜圆管及高级木料三种。不锈钢圆钢管有镜面抛光的和一般抛光的不同品种，其外径为$\phi(50\sim100)$mm 不等；黄铜圆管有镜面的和亚光的制品，可根据需要订购。栏板扶手的主要优点是可以加大宽度，在特殊场合可方便人们凭栏休息。

⑥ 胶粘剂：一般多用聚醋酸乙烯(乳胶)等胶粘剂。

⑦ 其他材料：木螺丝、木砂纸、加工配件(五金配件)。

(2) 施工工具、机具

护栏和扶手制作与安装工程施工常用工具和机具有：电焊机、氢弧焊机、电刨、电锯、抛光机、切割机、无齿锯、手枪钻、冲击电锤、角磨机、手锯、手刨、斧子、钢锤、木锯、手锤、螺丝刀、方尺、割角尺、水准仪、钢尺、水平尺、靠尺、塞尺、线坠、安全帽、电焊面罩、护目镜、手套等。

(3) 作业条件

① 楼梯间墙面、楼梯踏板等抹灰全部完成。

② 金属栏杆或靠墙扶手的固定埋件安装完毕。

③ 楼梯踏步、回马廊的地坪等抹灰均已完成，预埋件已留好。

④ 熟悉施工图纸,按施工要求做好技术、安全交底工作。

11.4.2　护栏和扶手制作与安装工程施工工艺流程

(1) 木扶手制作与安装施工工艺流程

木扶手制作与安装施工宜按下列工艺流程进行:

找位与画线→弯头配置→连接预装→固定→整修。

(2) 金属圆管扶手玻璃栏板制作与安装施工工艺流程

金属圆管扶手玻璃栏板制作与安装施工宜按下列工艺流程进行:

安装栏板扶手→安装栏板玻璃→安装底盘。

11.4.3　护栏和扶手制作与安装工程施工要点

11.4.3.1　木扶手制作与安装施工要点

(1) 找位与画线

安装扶手的固定件位置、标高、坡高、找位校正后弹出扶手纵向中心线。按设计扶手构造,根据折弯位置、角度画出折弯或割角线。楼梯栏板和栏杆顶面画出扶手直线段与弯段、弯折段的起点和终点的位置。

根据立柱分布线,用膨胀螺栓将预埋件安装在混凝土地面上,立柱可采用螺栓或点焊固定于预埋件上,调整好立柱的水平和垂直距离,以及立柱与立柱之间的间距后,即可拧紧螺栓或全焊固定,如图 11.15 所示。

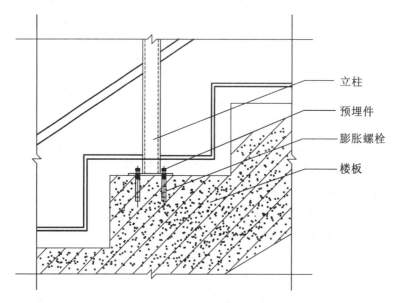

图 11.15　预埋件安装示意图

(2) 弯头配置

按栏板或栏杆顶面的斜度,配好起步弯头,一般木扶手可用扶手料割配弯头。采割角对缝粘接,在断块割配区段内最少要考虑三个螺钉与支撑固定件连接固定。大于 70mm 断面扶手接头配置时,除粘结外,还应在下面做暗榫或用铁件结合。

（3）连接预装

预制木扶手须经过预装,预装木扶手由下往上进行,先预装起步弯头及连接第一跑扶手的折弯弯头,再配上折弯之间的直线扶手料,进行分段预装连接,连接时操作环境温度不得低于5℃。

（4）固定

分段预装检查无误,进行扶手与栏杆(栏板)的固定,用木螺丝拧紧固定,固定间距控制在400mm 以内,操作时应在固定点处先将扶手料钻孔,再将木螺丝拧入。木质扶手与金属杆件之间可采用螺钉连接,如图 11.16 所示。

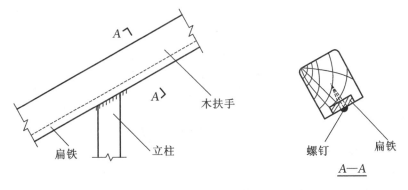

图 11.16　扶手的固定

（5）整修

扶手折弯处如有不平顺,应用细木锉锉平,找顺磨光,使其折角线清晰,坡角合适,弯曲自然,断面一致,最后用木砂纸打光,然后刮腻子补色,最后按设计要求刷漆。

11.4.3.2　金属圆管扶手玻璃栏板制作与安装施工要点

（1）安装扶手

① 扶手两端的固定:紧固点应该是不发生变形的牢固部位,如墙体、柱体或金属附加柱体等。对于墙体或结构柱体,可预先在主体结构埋设铁件,然后将扶手与预埋件焊接或用螺栓连接;也可采用膨胀螺栓铆固铁件或用射钉打入连接件,再将扶手与连接件紧固,如图 11.17 所示。

金属栏杆施工

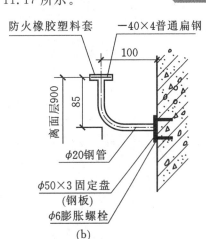

图 11.17　在墙体或柱上安装扶手示意图

② 扶手接长：扶手应是通长的，如要接长时可以拼接，但不应显露接槎痕迹。金属扶手的连接均应采用焊接，焊接后须将焊口处打磨修平而后抛光。

③ 扶手与玻璃的连接：在不锈钢管或黄铜圆管扶手内加设型钢，既可提高扶手的刚度，又便于玻璃栏板的安装。型钢与金属圆管相焊接。有的金属圆管扶手不采用加设型钢做法，其型材在生产成型时将镶嵌板的凹槽一次做好。如图 11.18 所示。

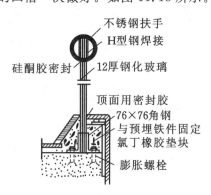

图 11.18　型钢与外表圆管焊成整体

（2）安装栏板玻璃

栏板玻璃块之间，宜留出 8mm 的间隙，间隙内注入硅酮胶系列密封胶。栏板玻璃与金属扶手、金属立柱及基座饰面等相交的缝隙处，均应注入密封胶。

（3）安装玻璃栏板底座

底座多采用角钢焊成的连接固定件，可以使用两条角钢，也可只用一条角钢，底座部位设两角钢留出间隙以安装固定玻璃，间隙的宽度为玻璃厚度再加上每侧 3～5mm 的填缝间距。固定玻璃的铁件高度不宜小于 100mm，铁件的布置中距不宜大于 450mm。栏板底座固定铁件只在一侧设角钢，另一侧采用钢板，安装玻璃时利用螺丝加橡胶垫（或利用填充料）将玻璃挤紧。玻璃的下部不得直接落在金属板上，应使用氯丁橡胶将其垫起。玻璃两侧的间隙也用橡胶条塞紧，缝隙外边注胶密封。如图 11.19 所示。角钢底座应按设计要求进行防腐和油漆装饰。

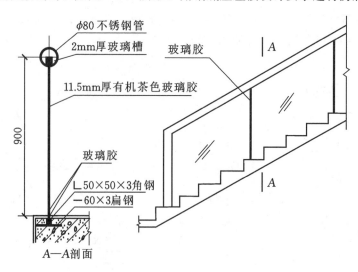

图 11.19　直径 80mm 不锈钢管全玻璃扶手

11.4.4　护栏和扶手制作与安装工程施工质量验收

（1）主控项目

① 护栏和扶手制作与安装所使用材料的材质、规格、数量和木材、塑料的燃烧性能等级应符合设计要求。

检验方法：观察；检查产品合格证书、进场验收记录和性能检验报告。

② 护栏和扶手的造型、尺寸及安装位置应符合设计要求。

检验方法：观察；尺量检查；检查进场验收记录。

③ 护栏和扶手安装预埋件的数量、规格、位置以及护栏与预埋件的连接节点应符合设计要求。

检验方法：检查隐蔽工程验收记录和施工记录。

④ 护栏高度、栏杆间距、安装位置应符合设计要求。护栏安装应牢固。

检验方法：观察；尺量检查；手扳检查。

⑤ 栏板玻璃的使用应符合设计要求和现行行业标准《建筑玻璃应用技术规程》（JGJ 113—2015）的规定。

检验方法：观察；尺量检查；检查产品合格证书和进场验收记录。

（2）一般项目

① 护栏和扶手转角弧度应符合设计要求，接缝应严密，表面应光滑，色泽应一致，不得有裂缝、翘曲及损坏。

检验方法：观察；手摸检查。

② 护栏和扶手安装的允许偏差和检验方法应符合表 11.4 的规定。

表 11.4　护栏和扶手安装的允许偏差和检验方法

项次	项目	允许偏差（mm）	检验方法
1	护栏垂直度	3	用 1m 垂直检测尺检查
2	栏杆间距	0，−6	用钢尺检查
3	扶手直线度	4	拉通线，用钢尺检查
4	扶手高度	＋6,0	用钢尺检查

11.5　花饰制作与安装工程施工

花饰是建筑物整体中的一个重要组成部分，是根据建筑物的使用功能和建筑艺术要求确定的。花饰的制作和安装必须从建筑的总体要求出发，与空间、环境协调、配合，只有在图案设计、选用材料、体形大小、色调和谐、施工质量各个方面做到精益求精，才能充分发挥装饰工程的总体综合效果。

11.5.1　花饰制作与安装工程施工准备

（1）花饰制作与安装施工材料

① 木花饰：木花饰制品由工厂生产成成品或半成品，进场时应检查型号、质量，验证产品

合格证;木花饰在现场加工制作的,宜选用硬木或杉木制作,要求节疤少,无虫蛀、无腐蚀现象;其所用的树种、材质等级、含水率和防腐处理必须符合设计要求和《木结构工程施工质量验收规范》(GB 50206—2012)的规定;其他材料如防腐剂、铁钉、螺栓、胶粘剂等,按设计要求的品种、规格、型号购备,并应有产品质量合格证;木材应提前进行干燥处理,其含水率应控制在12％ 以内;凡进场的人造木板甲醛含量限值经复验超标的及木材燃烧性能等级不符合设计要求和《民用建筑工程室内环境污染控制规范》(GB 50325—2020)规定的不得使用。

② 竹花饰:应选用质地坚硬、直径均匀、竹身光洁的竹子,一般整支使用,使用前需做防腐、防蛀处理,如用石灰水浸泡;销钉可用竹销钉或铁销钉。螺栓、胶粘剂等符合设计要求。

③ 玻璃花饰:玻璃可选用平板玻璃进行磨砂等处理,或采用彩色玻璃、玻璃砖、压花玻璃、有机玻璃等;其他材料中金属材料、木料主要做支承玻璃的骨架和装饰条;钢筋用作玻璃砖花格墙拉结。这些材料都应符合设计要求。

④ 塑料花饰:塑料花饰制品由工厂生产成成品,进场时应检查型号、质量,验证产品合格证书。

⑤ 胶粘剂、螺栓、螺钉、焊接材料、贴砌的粘贴材料等,品种、规格应符合设计要求和国家有关规范规定的标准。室内用水性胶粘剂中总挥发性有机化合物(TVOC)限量为 TVOC≤750(g/L)和游离甲醛≤1g/kg。

(2) 施工工具、机具

花饰制作与安装工程施工常用工具和机具有:电锯、平刨、线刨、滚刨、曲面刨、槽刨、开榫机、曲线锯、手电钻、线坠、圆规、墨斗、刮刀、刻刀、凿子、羊角锤、斧头、钢丝软锯、砂纸、钢尺、角尺、折尺、三角尺、活络三角尺、水平尺、楔形塞尺、护目镜、绝缘手套等。

(3) 作业条件

① 购买工厂加工的花饰制品或自行加工的预制花饰,应检查验收,其材质、规格、图式应符合设计要求。石膏预制花饰制品的强度应达到设计要求,并满足硬度、刚度、耐水、抗酸的要求。

② 安装花饰的工程部位,其前道工序项目必须施工完毕,应具备强度的基体,基层必须达到安装花饰的要求。

③ 重型花饰的位置应在结构施工时,应事先预埋锚固件,并做抗拉试验。

④ 按照设计的花饰品种,安装前应确定好固定方式(如粘贴法、镶贴法、螺栓固定法、焊接固定法等)。

⑤ 正式安装前,应在拼装平台做好安装样板,经有关部门检查鉴定合格后,方可正式安装。

⑥ 熟悉施工图纸,按施工要求做好技术、安全交底工作。

11.5.2　花饰制作与安装工程施工工艺流程

(1) 竹制花饰制作与安装施工工艺流程

竹制花饰制作与安装施工宜按下列工艺流程进行:

选材、下料→制作竹销和木塞→挖孔→定位、画线和预拼→拼装→油漆。

(2) 木制花饰制作与安装施工工艺流程

木制花饰制作与安装施工宜按下列工艺流程进行:

选材、下料→定位、画线→拼装→固定→表面处理。

（3）水泥制品花格制作与安装施工工艺流程

水泥制品花格制作与安装施工宜按下列工艺流程进行：

制作花格→测量放线→预拼装→拼装、连接→表面涂饰（饰面）。

11.5.3　花饰制作与安装工程的施工要点

11.5.3.1　竹制花饰制作与安装施工要点

竹、木花格多用于建筑中的花窗、博古架及装饰隔断等。此类装饰形式加工方便，构件轻巧，而且可以拼装成各种花饰图案，能够形成不同的装饰风格，如图 11.20 所示。

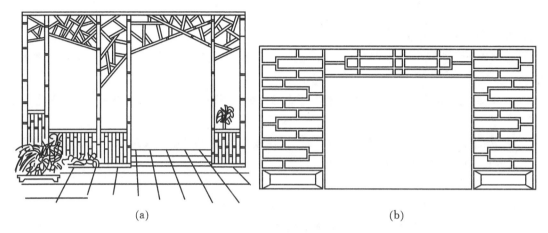

（a）　　　　　　　　　　　　　　　　　　　　（b）

图 11.20　竹、木花格空透式隔断示例

（a）竹花格隔断；（b）木花格隔断

（1）竹材的选择与加工。竹子应选用质地坚硬、外形尺寸较为匀称和挺拔者。将符合要求的竹材进行修整，去除枝杈，按设计要求将不同直径的主、辅竹材切割成所需尺寸。使用前应做好防腐、防虫处理，还可根据要求进行细致加工，如折弯、染色、烧烙或雕刻等。

（2）制作竹销和木塞。竹销和木塞是竹花格组装时的必要连接件。竹销直径一般取 3～5mm，可先制成竹条，使用时根据需要截取。木塞按竹材管径的大小选取其直径，做成圆木条后截取修整，安装时塞入竹杆的连接点或钊头内。

（3）挖孔。当竹杆之间做插入式连接时，需在竹杆上挖孔，孔径即为连接竹杆的直径。预先挖孔时孔径宜小不宜大，安装时可再行扩孔，可利用电钻钻孔，也可利用锋利刀具挖孔。

（4）定位、画线和预拼。定位、画线与其他花格做法相同，应按设计图案的要求，将主要的竖向、横向和斜向竹杆进行预拼，杆件间的连接和交叉必须到位且尺寸准确。

（5）拼装。竹花格的四周，可用竹框或木框与建筑结构连接。小面积带边框的花格可在地面拼装成型，然后将整片安装到位；大面积花格需逐件组装，从一侧开始，先立竖向竹杆，在竖向竹杆中插入主要横向竹杆后，再安装下一条竖向竹杆，竹与竹之间或竹与木之间的连接，可采用销、钉、套、塞、穿等多种方式，如图 11.21 所示。

（6）油漆。竹花格安装完毕后，在其表面刷涂油漆，其做法按清漆透明涂饰的规范要求进行。

11.5.3.2　木制花饰制作与安装施工要点

（1）木制花饰制作

① 选料、下料。按设计要求选择合适的木材。选材时，毛料尺寸应大于净料尺寸 3～

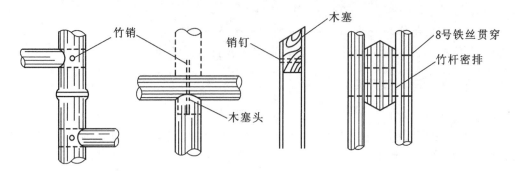

图 11.21　竹花格的连接方法

5mm,按设计尺寸锯割成段,存放备用。

　　② 刨面、做装饰线。用平刨将毛料刨平、刨光,使其符合设计净尺寸,然后用线刨做装饰线。

　　③ 开榫。用锯、凿子在要求连接部位开榫头、榫眼、榫槽,尺寸一定要准确,保证组装后无缝隙。

　　④ 做连接件、花饰。竖向板式木花饰常用连接件与墙、梁固定,连接件应在安装前按设计做好,竖向板间的花饰也应做好。

　　(2) 木制花饰安装

　　① 预埋铁件或预留凹槽。在拟安装的墙、梁、柱上预埋铁件或预留凹槽。

　　② 拼装花饰。分为小面积木花饰和竖向板式花饰:小面积木花饰可像制作木窗一样,先制作好,再安装到位;竖向板式花饰应将竖向饰件逐一定位安装,先用尺量出每一构件位置,检查是否与预埋件相对应,并做出标记,将竖板立正吊直,并与连接件拧紧,随立竖板随安装木花格。木花格的安装有多种方法,常用的有榫接、销接和钉接,如图 11.22 所示,一般是以榫接、钉接同时加胶固定为主。采用钉接时应注意不得外露钉头,钉眼要用油性腻子抹平。

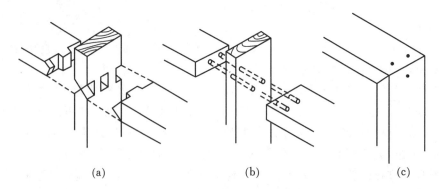

(a)　　　　　　　　　　(b)　　　　　　　　　　(c)

图 11.22　木花格的连接方法

(a) 榫接;(b) 销接;(c) 钉接

　　③ 木花格与建筑主体结构部位的连接固定。传统的做法是在土建施工时在墙、柱、梁等设计规定位置埋入木砖,或是预埋金属件,具体施工时可按现场实际采用相应的方法,无预埋时可采用木楔圆钉、射钉或膨胀螺栓以及塑料胀栓等做法。

　　④ 表面处理。木花格安装完毕,按设计要求进行表面处理,一般是打砂纸、批腻子及进行油漆涂饰。

11.5.3.3 水泥制品花格制作与安装施工要点

水泥制品花格主要指采用混凝土花格或条板,以及水磨石花格拼装成的墙体,如图 11.23 所示。可以由几何形小花格拼装为连续图案,也可将小花格与条板及其他装饰配件进行组合拼装,还可采用一种基本型小花格再配以 1~2 种辅助型小花格进行组合拼装。水泥制品小花格常用 1 :(2.5~3)干硬性水泥砂浆制作;混凝土预制的小花格常用 C20 混凝土制作;水磨石小花格常用 1 :(1.25~2)的水泥石渣浆制作,为使色彩美观,可采用白水泥加入颜料或是采用彩色石粒,拼装后可用草酸清洗并打蜡。这些小花格的边长多取 295mm 或 395mm,即边长的标志尺寸为 300mm 或 400mm,拼装时花格间的间隙为 10mm,小花格的最小断面为(20~25)mm×(20~25)mm。预制时,各种花格均配以 φ4mm 或 φ6mm 钢筋。

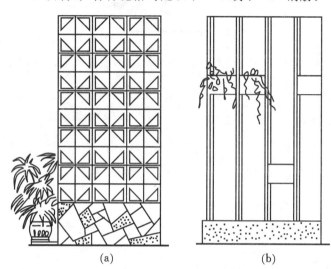

图 11.23 水泥制品花格及条板拼装的花饰隔断
(a) 同种小花格拼装;(b) 条板与小花格或配件组装

1) 混凝土花格的制作

(1) 混凝土花格的制作方法基本同水泥砂浆花格的制法。

(2) 常选用 C20 混凝土预制,断面最小宽度尺寸应在 25mm 以上。其配筋除设计有注明外,一般采用 φ4mm 冷拔低碳钢丝,水泥用 32.5 级普通硅酸盐水泥。

(3) 水泥初凝时拆模,拆模后如发现局部有麻面、掉角现象,应用水泥砂浆修补。

2) 水磨石花格的制作

(1) 水磨石花格多用于室内,要求表面平整光洁。

(2) 制作材料可选用 1 :(1.25~2)水泥石碴浆,浇灌后石碴浆表面要经过铁抹子多次刮压,使石碴排列均匀,表面出浆。

(3) 水泥初凝后即可拆模,然后浇水养护。

(4) 待水泥石碴达到一定强度后即可打磨,打磨前应在同批构件中选样试磨,以打磨时不掉石子为度。

3) 水泥制品花格安装

(1) 单一或多种构件的拼装

① 预排:先在拟定装花格部位按构件排列形状和尺寸标定位置,然后用构件进行预排

调缝。

②　拉线：调整好构件的位置后，再横向拉画线，画线应用水平尺和线坠找平、找直，以保证安装后构件位置准确、表面平整，不致出现前后错动、缝隙不均等现象。

③　拼装、连接：从下而上地将构件拼装在一起，拼装缝用 1：2～1：2.5 水泥砂浆砌筑。构件相互之间的连接是在两构件的预留孔内插入 φ6 钢筋销子系固，然后用水泥砂浆灌实。拼砌的花格饰件四周应用锚固件与墙、柱或梁连接牢固，如图 11.24 所示。

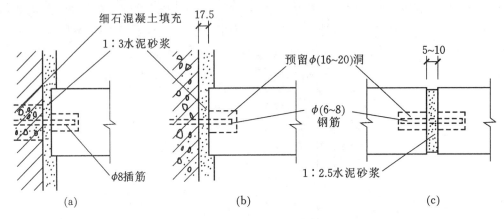

图 11.24　水泥制品花格的连接

(a) 花格与砖墙连接；(b) 花格与混凝土连接；(c) 花格与花格连接

④　表面涂饰。拼装后的花格应刷各种涂料。水磨石花格因在制作时已用彩色石子或颜料调出装饰色，可不必刷涂。如需要刷涂时，刷涂方法同墙面的涂刷。

（2）竖向混凝土条板组装花格

①　埋件留槽：竖向板与上、下墙体或梁连接时，在上、下连接点要根据竖板间隔尺寸埋入预埋件或预留凹槽。若竖向板间插入花饰，板上也应埋件或留槽。

②　立板连接：在拟安板部位将板立起，用线坠吊直，并与墙、梁上埋件或凹槽连在一起，连接节点可采用焊、拧等方法，如图 11.25 所示。

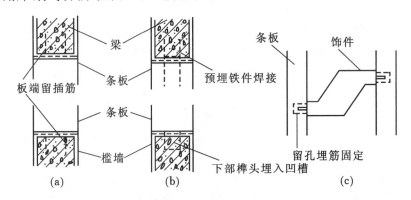

图 11.25　条板与梁及槛墙（或地面）与花饰的连接

③　安装花格：竖板中加花格也可采用焊、拧和插入凹槽的方法。焊接花格可在竖板立完固定后进行，插入凹槽的安装应与装竖板同时进行。

11.5.4　花饰制作与安装工程施工质量验收

（1）主控项目

① 花饰制作与安装所使用材料的材质、规格、性能、有害物质限量及木材的燃烧性能等级和含水率应符合设计要求及现行国家标准的有关规定。

检验方法：观察；检查产品合格证书、进场验收记录、性能检测报告和复验报告。

② 花饰的造型、尺寸应符合设计要求。

检验方法：观察；尺量检查。

③ 花饰的安装位置和固定方法应符合设计要求，安装应牢固。

检验方法：观察；尺量检查；手扳检查。

（2）一般项目

① 花饰表面应洁净，接缝应严密吻合，不得有歪斜、裂缝、翘曲及损坏。

检验方法：观察。

② 花饰安装的允许偏差和检验方法应符合表 11.5 的规定。

表 11.5　花饰安装的允许偏差和检验方法

项次	项目		允许偏差（mm）		检验方法
			室内	室外	
1	条型花饰的水平度或垂直度	每米	1	3	拉线和用 1m 垂直检测尺检查
		全长	3	6	
2	单独花饰中心位置偏移		10	15	拉线和用钢直尺检查

11.6　可拆装式隔断墙制作与安装工程施工

可拆装式隔断墙是指由面板、骨架和相应配件等组成的，工业化生产、可重复拆装的非承重隔墙及隔断。

可拆装式隔断墙常用模块尺寸见表 11.6，其他规格尺寸由供需双方商定。

表 11.6　可拆装式隔断墙常用模块尺寸

项目	公称尺寸（mm）
长度	2700、3000、3300、3600
宽度	600、900、1200
厚度	60、90、120

可拆装式隔断墙（DPW），其标记由产品名称、使用功能、使用人流密集度、面板、规格尺寸（长×宽×厚）（mm）、标准号顺序组成，如图 11.26 所示。示例：长度为 3000mm、宽度为 900mm、厚度为 90mm 的用于公共建筑的无石棉纤维增强水泥板可拆装式普通隔断墙标记为 DPW-Ⅱ-FC-3000×900×90 JG/T 487—2016。

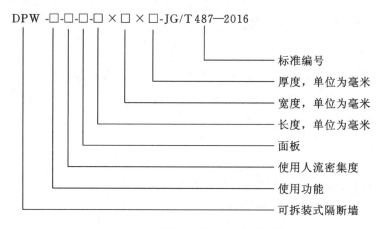

图 11.26　可拆装式隔断墙(DPW)标记

11.6.1　可拆装式隔断墙制作与安装工程施工准备

(1) 施工材料

① 面板应符合下列规定：

安全玻璃：厚度不应小于 5.0mm，且不宜大于 17.0mm。钢化玻璃性能应符合《建筑用安全玻璃　第 2 部分：钢化玻璃》(GB 15763.2—2005)的规定，夹层玻璃应符合《建筑用安全玻璃　第 3 部分：夹层玻璃》(GB 15763.3—2009)的规定，均质钢化玻璃应符合《建筑用安全玻璃　第 4 部分：均质钢化玻璃》(GB 15763.4—2009)的规定。可拆装式玻璃隔断墙可只承受软体冲击，其安全玻璃面板厚度不应低于《建筑玻璃应用技术规程》(JGJ 113—2015)的规定；当需考虑硬体冲击时，其安全玻璃面板厚度不应小于 10mm。

纸面石膏板：厚度不应小于 12.0mm，其性能应符合《纸面石膏板》(GB/T 9775—2008)的规定。

高密度无石棉纤维增强水泥板：厚度不宜小于 6.0mm；中密度无石棉纤维增强水泥板，厚度不宜小于 7.5mm；低密度无石棉纤维增强水泥板，厚度不宜小于 8.0mm。其性能应符合《纤维水泥平板　第 1 部分：无石棉纤维水泥平板》(JC/T 412.1—2006)的规定。

高密度无石棉纤维增强硅酸钙板：厚度不宜小于 6.0mm；中密度无石棉纤维增强硅酸钙板，厚度不宜小于 8.0mm；低密度无石棉纤维增强硅酸钙板：厚度不宜小于 10.0mm。其性能应符合《纤维增强硅酸钙板　第 1 部分：无石棉硅酸钙板》(JC/T 564.1—2018)的规定。

彩涂热镀锌钢板：厚度不宜小于 0.60mm，其性能应符合《彩色涂层钢板及钢带》(GB/T 12754—2019)的规定。

铝合金板：厚度不宜小于 1.0mm。铝合金板应采用高精级 6063-T5 铝合金建筑型材，其性能应符合《铝合金建筑型材　第 1 部分：基材》(GB 5237.1—2017)的规定。

其他面板：应符合国家现行相关标准规定，并应同时满足设计要求。

② 接缝材料：聚乙烯泡沫(IXPE)性能应符合《双面胶粘带》(QB/T 2424—1998)的规定；其他接缝材料应符合国家现行相关标准的规定，并应同时满足设计要求。

③ 嵌缝材料：增塑聚氯乙烯(PPVC)和三元乙丙橡胶(EPDM)性能应符合《玻璃门窗、幕墙用密封胶条》(GB/T 24498—2009)的规定；其他嵌缝材料应符合国家现行相关标准的规定，

并同时满足设计要求。

④ 可拆装式隔断墙其他组成材料的性能指标,应符合国家现行相关标准的规定,并应同时满足设计要求;可拆装式隔断墙组成材料的有害物质限量应符合《民用建筑工程室内环境污染控制标准》(GB 50325—2020)和《建筑材料放射性核素限量》(GB 6566—2010)的规定;主要组件应具备通用性,拆卸后重组时除需更换部分配件,不应丧失其原有功能。

⑤ 可拆装式隔断墙的燃烧性能和耐火极限应根据其应用场所和用途确定,并应符合《公共场所阻燃制品及组件燃烧性能要求和标识》(GB 20286—2006)、《建筑设计防火规范》(GB 50016—2014)和《建筑内部装修设计防火规范》(GB 50222—2017)的相关规定;当对可拆装式隔断墙的隔声性能有要求时,其空气声隔声性能应符合《民用建筑隔声设计规范》(GB 50118—2010)的相关规定。

⑥ 正常使用时,可拆装式隔断墙不应有非设计要求的倾斜、倒塌、触电、扎伤等事故隐患。应有足够的强度和稳定性,不应出现结构性破坏。

⑦ 在合理使用和正常维护条件下,可拆装式隔断墙的使用寿命应不少于 25 年。

(2) 施工工具、机具

可拆装式隔断墙制作与安装工程施工常用工具和机具见第 4.3.1 节"活动隔墙工程施工准备"中"(2) 施工工具、机具"。

(3) 作业条件

同前。

11.6.2 可拆装式隔断墙制作与安装工程施工工艺流程

参见第 4.3.2 节"活动隔墙工程施工工艺流程"。

11.6.3 可拆装式隔断墙制作与安装工程施工要点

参见第 4.3.3 节"活动隔墙工程施工要点"。

11.6.4 可拆装式隔断墙制作与安装工程施工质量验收

(1) 外观质量

① 板面应平整、洁净,色泽均匀,无裂痕和缺损。

② 嵌缝应密实、平直,宽度和深度应符合设计要求,嵌缝材料色泽应一致。

(2) 尺寸允许偏差

尺寸允许偏差应符合表 11.7 的规定。

表 11.7 尺寸允许偏差 单位:mm

项目	面板种类						
	安全玻璃	纸面石膏板	无石棉纤维增强水泥板	无石棉纤维增强硅酸钙板	彩涂热镀锌钢板	铝合金板	其他
立面垂直度	2	3	4	4	2	2	4
表面平整度	—	3	3	3	3	3	3

续表 11.7

项目	面板种类						
	安全玻璃	纸面石膏板	无石棉纤维增强水泥板	无石棉纤维增强硅酸钙板	彩涂热镀锌钢板	铝合金板	其他
阴阳角方正	2	3	3	3	3	3	3
接缝直线度	2	3	3	3	1	1	3
接缝高低差	2	1	1	1	1	1	1
接缝宽度	1	2	2	2	1	1	2

（3）抗冲击性能

① 软体冲击。非面砖饰面软体冲击性能应符合表 11.8、表 11.9 的要求；面砖饰面软体冲击性能应符合表 11.10 的要求。

表 11.8　软体冲击结构性破坏试验

使用分类	结构性破坏试验	
Ⅰ	100N·m,1 次	无结构性破坏
Ⅱ	200N·m,1 次	
Ⅲ	300N·m,1 次	

表 11.9　非面砖饰面软体冲击功能性破坏试验

使用分类	功能性破坏试验	
Ⅰ	60N·m,3 次	无功能性破坏,最大残余变形≤5mm,启闭无异常
Ⅱ	120N·m,3 次	
Ⅲ		

表 11.10　面砖饰面软体冲击刚性试验

软体冲击刚性试验	
120N·m,3 次	最大残余变形≤5mm,无结构性破坏
240N·m,3 次	经 3 次 120N·m 冲击后,无结构性破坏

② 硬体冲击。硬体冲击性能应符合表 11.11、表 11.12 的要求。

表 11.11　硬体冲击结构性破坏试验

使用分类	结构性破坏试验	
Ⅰ～Ⅲ	10N·m 在 10 个点	无结构性破坏

表 11.12　硬体冲击功能性破坏试验

使用分类	功能性破坏试验	
Ⅰ	2.5N・m,1 次	报告缺口半径无功能性破坏
Ⅱ	2.5N・m,1 次	
Ⅲ	6N・m,1 次	

（4）饰物吊挂

除玻璃隔断墙外,可拆装式隔断墙应能承受饰物吊挂。当承受不大于 100N 垂直荷载和 250N 水平荷载时,应无脱落和无功能性破坏。

（5）设施荷载

① 当可拆装式隔断墙需承受设施荷载时,应增强加固,并符合表 11.13、表 11.14 的要求。

② 设施荷载结构性破坏试验结果应符合表 11.13 的要求。

③ 设施荷载功能性破坏试验结果应符合表 11.14 的要求。

表 11.13　设施荷载结构性破坏试验

荷载分类	结构性破坏试验	
A 类	1000N,24h	无结构性破坏
B 类	2000N,24h	

表 11.14　设施荷载功能性破坏试验

荷载分类	功能性破坏试验	
A 类	500N	最大变形≤(1/500)H(隔断高度),且≤5mm 无功能性破坏
B 类	1000N	

11.7　内遮阳安装工程施工

目前我国的建筑物窗户越开越大、玻璃幕墙建筑越来越多,致使室内温度夏季过高、冬季过低,极大地增加了夏季空调的供冷量和冬季采暖的供热量。因此,大面积的玻璃窗和玻璃幕墙已成为建筑物能源消耗的主要部位,建筑遮阳显得非常重要。

建筑遮阳是指采用建筑构件或安置设施以遮挡或调节进入室内的太阳辐射的措施。内遮阳装置是指安设在建筑物室内内侧的遮阳装置。

内遮阳对室内环境具有遮阳、遮光的效果,不同内遮阳产品在遮阳、遮光、隔热性能上有所差异,选择合适的内遮阳产品很重要。内遮阳的品种很多,最常见的是传统布艺窗帘,它具有遮蔽性与遮亮度良好、耐用性高等优点,其主要缺点是调光效果较差。除了传统布帘,比较常用的室内遮阳有卷帘、遮阳卷帘（图 11.27）、调光帘、竹帘、草帘、罗马帘、百叶窗、百叶帘（图 11.28）、垂直帘、百褶帘、蜂巢帘等。

图 11.27　遮阳卷帘

图 11.28　铝合金百叶帘

11.7.1　内遮阳安装工程施工准备

（1）施工材料

① 设计图纸和变更文件、出厂检验报告和质量证明文件、材料构件设备进场检验报告和验收文件等都是保证遮阳工程质量和遮阳效果的重要基础，验收时必须具备。

② 建筑遮阳产品及其附件的品种、规格、性能和色泽应符合设计规定。

③ 预埋件或后置锚固件是影响遮阳装置安装质量和后期寿命的重要安全因素，必须进行验收。

④ 目前市场上有些遮阳产品或部件是进口产品，应具有中文标识的质量证明文件和标识等，检验报告应由具有计量认证和相应资质的单位提供才属有效。

（2）施工工具、机具

内遮阳安装工程施工的常用工具和机具有：冲击钻、水准仪、卷尺、索具螺旋扣、吊锤、水平管等。

（3）作业条件

① 建筑遮阳装置的安装应在其前道工序施工结束并达到质量要求时方可进行。

② 堆放场地应防雨、防火，地面坚实并保持干燥。存储架应有足够的承载能力和防雷措施，储存遮阳产品宜按安装顺序排列，并应有必要的防护措施。

③ 应按照设计方案和设计图纸，检查预埋件、预留孔洞与管线等是否符合要求。如预埋件位置偏差过大或未设预埋件时，应制定补救措施与可靠的连接方案。

④ 预埋件、安装座等隐蔽工程完成并验收合格后方可进行后续工序的施工。

⑤ 大型遮阳板构件安装前应对产品的外观质量进行检查。

11.7.2　内遮阳安装工程施工工艺流程

内遮阳安装工程宜按下列工艺流程进行：

遮阳组件安装→遮阳组件校正、与连接部位固定→电器安装→调试。

11.7.3 内遮阳安装工程施工要点

（1）遮阳组件安装

① 遮阳组件的吊装机具应符合：根据遮阳组件选择吊装机具；吊装机具使用前，应进行全面质量、安全检验；吊具运行速度应可控制，并应有安全保护措施；吊装机具应采取防止遮阳件摆动的措施。

② 遮阳组件运输应符合以下要求：运输前遮阳组件应按吊装顺序编号，并应做好成品保护；装卸和运输过程中，应保证遮阳组件相互隔开并相对固定，不得相互挤压和串动；遮阳组件应按编号顺序摆放妥当，不应造成遮阳组件变形。

③ 起吊和就位应符合以下要求：吊点和挂点应符合设计要求，起吊过程中应保持遮阳组件平稳，不撞击其他物体；吊装过程中应采取保证装饰面不受磨损和挤压的措施；遮阳组件就位未固定前，吊具不得拆除。

④ 在遮阳装置安装前，后置锚固件应在同条件的主体结构上进行现场见证拉拔试验，并应符合设计要求。

⑤ 现场组装的遮阳装置应按照产品的组装、安装工艺流程进行组装。

（2）遮阳组件校正、与连接部位固定

遮阳组件安装就位后应及时校正，校正后应及时与连接部位固定。遮阳组件安装的允许偏差应符合表 11.15 的要求。

表 11.15 遮阳组件安装的允许偏差

项目	与设计位置偏离	遮阳组件实际间隔相对误差距离
允许偏差（mm）	5	5

（3）电器安装

电器安装应按设计进行，并应检查线路连接以及传感器位置是否正确。所采用的电机以及遮阳金属组件应有接地保护，线路接头应有绝缘保护。

（4）调试

遮阳装置各项安装工作完成后，均应分别单独调试，再进行整体运行调试和试运转。调试应达到遮阳产品伸展收回顺畅，开启关闭到位，限位准确，系统无异响，整体运作协调，并应记录调试结果。

11.7.4 内遮阳安装工程施工质量验收

（1）主控项目

① 进场安装的建筑遮阳产品及其附件的材料、品种、规格和性能应符合设计要求和相关标准规定。

检验数量：每个检验批抽查不应少于 10%。

检验方法：观察、尺量检查；检查产品合格证书、性能检测报告、材料进场验收记录和复检报告。

② 遮阳装置的遮阳系数、机械耐久性应符合相关标准的规定和设计要求。遮阳装置的遮阳系数应按现行行业标准《建筑遮阳热舒适、视觉舒适性能与分级》（JG/T 277—2010）进行检

测;遮阳装置的机械耐久性应按现行行业标准《建筑遮阳产品机械耐久性能试验方法》(JG/T 241—2009)进行检测,性能等级应根据设计确定。

检验数量:全数检查。

检验方法:检查质量证明文件和复验报告。

③ 遮阳装置与主体结构的锚固件连接应符合设计要求。

检验数量:全数检查验收记录。

检验方法:检查预埋件或后置锚固件与主体结构的连接等隐蔽工程施工验收记录和试验报告。

④ 电力驱动装置应有接地措施。

检验数量:全数检查。

检验方法:观察并检查电力驱动装置的接地措施,进行接地电阻测试。

⑤ 遮阳装置的启闭、调节等功能应符合相应产品要求。

检验数量:每个检验批抽查 5%,并不应少于 10 副。

检验方法:按产品说明书做启闭调节试验,并应记录结果。

(2) 一般项目

① 遮阳装置的外观质量应洁净、平整,无大面积划痕、碰伤等外观缺陷;织物应无褪色、污渍、撕裂;型材应无焊缝缺陷,表面涂层应无脱落。

检验数量:全数检查。

检验方法:观察检查。

② 遮阳装置的调节应灵活,能调节到位。

检验数量:每个检验批应抽查 5%,并不应少于 10 副。

检验方法:施工现场应按说明书做调节试验,并应记录试验结果。

11.8 阳台晾晒架安装工程施工

随着房地产业的不断发展,大部分居民已从独家小院搬到了高楼大厦,虽然住在高楼大厦中有诸多好处,但是却有一个无法避免的缺点——晾晒衣服。为了解决这一问题,很多人会选择在自己家的阳台上安装晾晒架。阳台晾晒架有手摇升降式、电动升降式(自动)、悬挑式晾晒架、水平伸缩式晾晒架、简易晾晒架。其中手摇升降式阳台晾晒架如图 11.29 所示,电动升降式阳台晾晒架如图 11.30 所示。晾晒架一般直接购买,无须制作,本节就升降式晾晒架安装进行讲解。

11.8.1 阳台晾晒架安装施工准备

(1) 施工材料

① 打开晾晒架包装,检查晾衣架的组织部分是否损坏,以及零件是否齐全。提前准备自动晾晒架安装工具。

② 其他材料

螺丝刀、五金配件、电用胶带等。

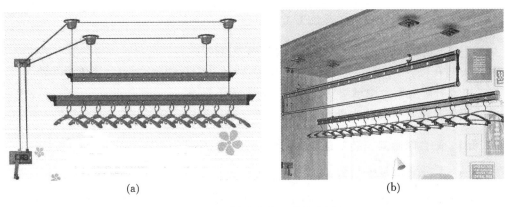

(a)　　　　　　　　　　　　　(b)

图 11.29　手摇升降式(手摇)晾晒架

(a)

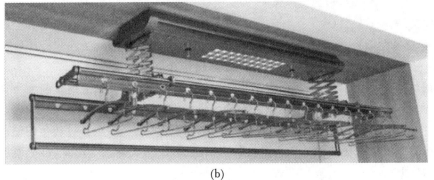

(b)

图 11.30　电动升降式(电动)阳台晾晒架

(2) 施工工具、机具

阳台晾晒架安装施工的常用工具和机具有钻孔机具、接线工具、卷尺等。

(3) 作业条件

① 主体结构完成经有关质检部门验收合格,达到安装条件。

② 熟悉产品说明书,并做好施工准备。

11.8.2 阳台晾晒架安装工程施工工艺流程

（1）手摇升降式阳台晾晒架安装宜按下列工艺流程进行：

确定安装孔位置→安装手摇器→安装顶座、转角→安装晾晒架横杆、穿钢丝→检查。

（2）电动升降式阳台晾晒架安装宜按下列工艺流程进行：

确定安装孔位置→安装主机→安装剪刀架→安装被杆→调试。

11.8.3 阳台晾晒架安装工程施工要点

11.8.3.1 手摇升降式阳台晾晒架安装施工要点

（1）水泥墙顶可以自由安装。如果有集成吊顶或石膏天花板，天花板高度不应超过 300mm，且吊顶要开洞，开洞尺寸根据晾晒架确定。

（2）根据阳台的构造及晾晒架的款式类型选择合适的安装位置；在确认好的位置处确认四个晾晒架横杆具体的安装固定点位置。

（3）安装手摇器

由于我们习惯使用右手，所以在安装手摇器时，应尽量安装在阳台右侧，且距离地面一般 1200mm，并且应根据使用者的身高来确定安装的高度。确定好安装位置及安装高度后，并用膨胀螺丝进行固定。

（4）安装顶座

用钢尺等工具测量阳台照明灯的直径，然后在距灯 150～300mm 处做安装记号，再测量记号与阳台边沿的距离，根据这个距离确定顶座安装的宽度。以灯为中心测量阳台长度，根据晾衣杆长度确定灯两边平分 800～1000mm，与宽度测量距离有四个交叉点，这四个交叉点就是衣架顶座的安装位置。位置确定好后，用电钻钻孔，钻完孔后用膨胀螺丝先固定好四个顶座。

（5）安装转角

转角可安装在阳台顶或墙面顶部，应与顶座保持 500～700mm 的距离，且与顶座的中间成 45°角的三角形。在安装转角时还应与手摇器保持在同一条垂直线上。

（6）钢丝穿入：一套晾晒架里面有两根钢丝，先拿出一根，首先把钢丝的一头穿过转角的轴承钢丝槽，接着穿过活动端顶座的活动轮轴承钢丝槽，然后穿过固定端顶座的轴承钢丝槽使钢丝垂直于地面，再把顶盖套入钢丝，卡好顶座盖。钢丝的另一头也穿过转角的轴承钢丝槽另一个孔，接着穿过活动座的另一个活动轮轴承钢丝槽，使钢丝垂直于地面，再把顶盖从钢丝套入，卡好顶座盖。

（7）安装横杆：在每根钢丝的端头穿吊球，在吊球里打结；接着把吊球拉到顶住顶座为止，这时从转角处拉钢丝，刚好成一个双股的钢丝，卡在手摇器的一端；放松手摇器里的钢丝，吊球下降，把晾杆穿过吊球，接着在吊球的孔洞处旋紧固定，钉好螺钉；最后在晾杆的两端安装上堵头。

（8）安装晾晒架后，首先检查螺钉、各个部件是否已安装，接着检查手摇器、顶座等是否牢固；摇动手摇器时，检查晾晒架上升、下降是否平稳，横杆是否水平。

11.8.3.2 电动升降式阳台晾晒架安装施工要点

（1）电动升降式阳台晾晒架的电机较大，不美观，因此阳台顶棚要做集成吊顶或石膏天花板，天花板高度不应超过 300mm。

（2）测量阳台安装位置的尺寸，确定安装位置，并标记好 4 个膨胀螺丝孔位。

（3）使用钻孔机具打出 4 个膨胀螺丝孔（膨胀螺丝孔依据晾晒架配套螺栓大小而定），将膨胀螺丝打入孔中，将其螺丝松出，使垫片与螺母的距离为 5mm 左右，将另一端的螺母取下。

（4）拆下两端的端盖，小心托起主机，将主机一端插在两个膨胀螺丝的垫片上面[注:此时应当先正确地连接好电源线（红色接火线，绿色接零线），然后用绝缘胶带包好并放在主机与天花板的缝隙中]。

（5）将两端的剪刀架安装到主机上，使用 2 只螺丝拧上（螺丝拧到位即可，切勿过度拧紧，过紧可能造成剪刀架下降、上升不正常），然后钢丝绳穿入平衡装置中，将钢丝绳插入螺丝锁槽中，然后再拧紧螺丝，固定钢丝绳。

（6）盖上两端端盖，用螺丝拧紧固定端盖，把照明灯泡装上。

（7）将被杆挂在衣杆两端的支撑座上，增加剪刀架组两端重量使剪刀架平衡受力，防止钢丝绳松动，移开晾衣机下方的物品，防止衣杆下降过程中受阻导致钢丝绳不平衡。

（8）接通阳台电源，按下遥控板的下降按键，衣杆下降至 1.3m 时，主机自动停止，此时先把衣杆夹紧螺丝拧出，然后双手拿起固定衣杆放入夹片卡槽中，接着固定衣杆夹紧螺丝拧紧。被杆应当正确放在衣杆支撑架正确位置，防止被杆卡住剪刀架上升中造成剪刀架变形等其他影响。

（9）安装完成的电动晾衣机上升、下降正常，照明正常，杆子平行。

11.8.4　阳台晾晒架安装工程施工质量验收

（1）主控项目

① 晾晒架及其配件的材质和规格应符合设计要求和国家现行有关标准的规定。

检验方法:观察;检查产品合格证书、性能检测报告和进场验收记录。

② 晾晒架及其配件的造型、尺寸、安装位置和固定方法应符合设计要求,安装应牢固。

检验方法:观察、手试、尺量检查。

（2）一般项目

① 晾晒架应外观整洁、色泽基本一致,无明显擦伤、划痕和毛刺。

检验方法:观察,手试检查。

② 晾晒架伸展、收回应灵活连续,无停顿、滞阻。

检验方法:观察、手试检查。

③ 晾晒架的机械传动机构操作应平稳,无明显噪声,定位应正确。

检验方法:观察、手试检查。

思　考　题

11.1　简述橱柜的安装工艺。

11.2　简述窗帘盒的安装工艺。

11.3　简述窗台板和暖气罩的安装工艺。

11.4　简述门窗套的制作与安装施工。

11.5　简述扶手的安装工艺。

11.6　常见的花饰品种有哪些? 各有什么特点?

11.7　建筑花饰的安装方法有哪些?

12 常用建筑装饰施工机具

建筑装饰施工机具是保证装饰施工质量的重要手段,是提高工效的基本保证。在建筑装饰工程中,小型装饰机具须完整齐备,才能保证装饰施工的正常进行。装饰工程的各个部分都离不开小型装饰机具。在我国市场上销售的装饰机具品种繁多、性能各异,装饰行业的从业者应在了解其使用功能和产品特征的基础上合理使用。

近年来,电动工具在原来简单控制的基础上逐渐走向专业化、自动化。电动工具从工艺上、技术上开发了许多的新产品,如符合人机工程学的纤巧手柄、具有多重调整机构、多重保护功能、主轴锁定、尘屑抽吸等功能的新型机具已成为电动工具行业的佼佼者。为此,要求操作人员能及时了解各种新型机具和掌握新机具的操作技能,从而为进一步提高工效打好基础。

12.1 切割机具

12.1.1 电动曲线锯

电动曲线锯可以在金属、木材、塑料、橡胶条、草板等材料上切割直线或曲线,能锯割复杂形状和曲率半径小的几何图形。锯条的锯割是直线的往复运动,其中粗齿锯条适用于锯割木材,中齿锯条适用于锯割有色金属板材、层压板,细齿锯条适用于锯割钢板。电动曲线锯由电动机、往复机构、风扇、机壳、开关、手柄、锯条等零部件组成。

(1)特点

电动曲线锯具有体积小、自重轻、操作方便、安全可靠、适用范围广等特点,是建筑装饰工程中理想的锯割工具。

(2)用途

装饰工程中常用于铝合金门窗安装、广告牌安装及吊顶工程等。

(3)规格

电动曲线锯的规格以最大锯割厚度表示,锯割金属可用 3、6、10(mm)等规格的电动曲线锯,如锯割木材规格可增大 10 倍左右,空载冲程速率为 500～3000 冲程/min,功率为 400～650W,如图 12.1 所示。

(4)操作注意事项

① 锯割前应根据加工件的材料种类,选取合适的锯条。若在锯割薄板时发现工件有反跳现象,表明锯齿太大,应调换细齿锯条。

② 锯割时,向前推力不能过猛,若卡住应立刻切断电源,退出锯条,再进行锯割。

③ 在锯割时不能将曲线锯任意提起,以防损坏锯条。使用过程中,发现不正常声响、水花、外壳过热、不运转或运转过慢时,应立即停锯,检查修复后再用。

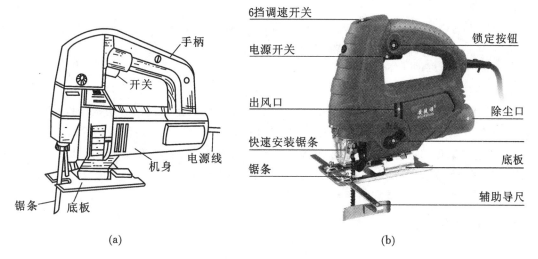

图 12.1　电动曲线锯

（a）示意图；（b）实物图

12.1.2　电剪刀

电剪刀是剪裁钢板以及其他金属板材的电动工具,能按需要剪切出一定曲线形状的板件,并能提高工效,可剪切镀锌铁皮、塑料板、橡胶板等。

（1）特点

电剪刀使用安全、操作简便、美观适用。

（2）组成

电剪刀主要由单项串激电动机、偏心齿轮、外壳、刀杆、刀架、上下刀头等组成。电剪刀外形如图 12.2 所示。

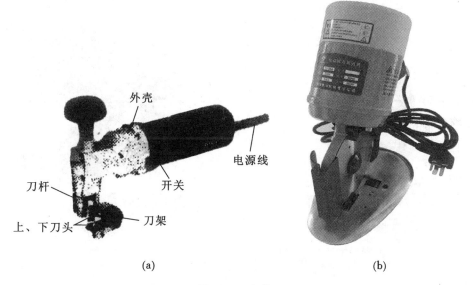

图 12.2　电剪刀

（a）示意图；（b）实物图

（3）规格

电动剪刀的规格以最大剪切厚度表示。剪切钢材时，有 1.6、2.8、4.5（mm）等规格，空载冲程速率为 1700～2400 冲程/min，额定功率为 350～1000W。

（4）使用注意事项

① 检查工具、电线的完好程度，检查电压是否符合额定电压。空转检验各部分是否灵活。

② 使用前要调整好上、下机具刀刃的横向间距，刀刃的间距是根据剪切板的厚度决定的，一般为厚度的 7% 左右。上下刀刃有搭接，上刀刃斜面最高点应大于剪切板的厚度。

③ 注意电动剪刀的维护，要经常在往复运动中加注润滑油，如发现上、下刀刃磨损或损坏，应及时修磨或更换。工具在使用完后应擦净，存放在干燥处。

④ 使用过程中，如有异常响声等，应停机检查。

12.1.3　金属切割机

（1）小型钢材切割机

用于切割角铁、钢筋、水管、轻钢龙骨等。

① 规格

常见规格有 12in、14in、16in（1in≈2.54cm）几种，功率为 1450W 左右，转速为 2300～3800r/min。切割刀具为砂轮片，最大切割厚度为 100mm。如图 12.3 所示。

② 工作原理

该机根据砂轮磨削特性，利用高速旋转的薄片砂轮进行切割。

③ 操作注意事项

操作时用底板上夹具夹紧工件，按下手柄使砂轮薄片轻轻接触工件，平稳匀速地进行切割。因切割时有大量火星，需注意远离木器、油漆等易燃物品。调整夹具的夹紧板角度，可对工件进行有角度切割。当砂轮磨损到一半时，应更换新砂轮片。

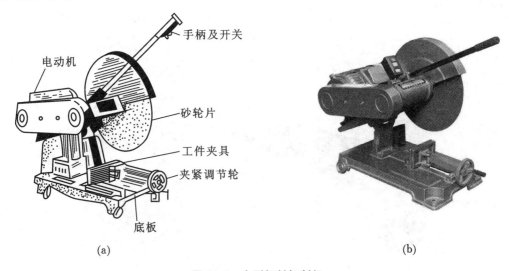

（a）　　　　　　　　　　　　　　（b）

图 12.3　小型钢材切割机

（a）示意图；（b）实物图

（2）电动铝合金切割锯

铝合金切割锯是切割铝合金构件的机具。该机的工作台是可调节角度的角台,可切割各种角度的切口。锯片是合金刀头,可使切口平齐、光滑。

① 电动铝合金切割锯常用规格有 10in、12in、14in,功率 1400W,转速为 3000r/min。

② 作电动铝合金切割锯时,应注意压下手柄后将合金锯片轻轻与铝合金工件接触,然后再用力把工件切下。

12.1.4　石材切割机

该切割机主要用于天然(或人造)花岗岩等石料板材、瓷砖、混凝土及石膏等的切割,广泛应用于地面、墙面石材装修工程施工中。

该机分干、湿两种切割片。使用湿型刀片时,需用水作冷却液。在切割石材之前,先将小塑料软管接在切割机的给水口上,双手握住机柄,通水后再按下开关,并匀速推进切割。如图12.4 所示。

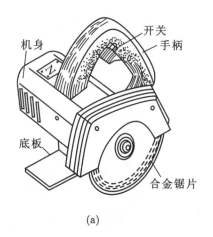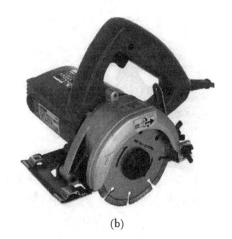

（a）　　　　　　　　　　　　　　　　　（b）

图 12.4　石材切割机

（a）示意图;（b）实物图

12.1.5　电动圆锯(木材切割机)

用于切割夹板、木方条、装饰板。常用规格有 7in、8in、9in、10in、12in、14in 等,功率 1750～1900W,转速 3200～4000r/min。

电动圆锯在使用时应双手握稳电锯,开动手柄上的开关,让其空转至正常速度,再进行锯切工件。操作者应戴防护眼镜,或把头偏离锯片径向范围,以免木屑飞溅击伤眼睛。

在施工时,常把电动圆锯反装在工作台面下,并使圆锯片从工作台面的开槽处伸出台面,以便切割木板和木方条。电动圆锯如图12.5 所示。

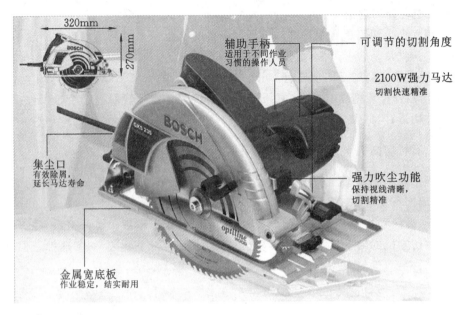

图 12.5　电动圆锯实物图

12.2　钻(拧)孔机具

12.2.1　轻型电钻

轻型电钻是用来对金属材料或其他类似材料或工件进行小孔径钻孔的电动工具。

该电钻的特点是体积小、自重轻、操作快捷简便、工效高。它是建筑装饰工程中最常用的电动工具之一。为适应不同用途,电钻有单数、双数、四数和无级调速、电子控制、可逆转等类型。

电钻的规格以钻孔直径表示,有 6、8、10、13、16、18、20(mm)等,转速为 950～2500r/min,功率为 300～800W。轻型电钻操作时应注意钻头平稳进给,防止跳动或摇晃,要经常提出钻头,去掉钻渣,以免钻头扭断在工件中。轻型电钻如图 12.6 所示。

12.2.2　冲击电钻

冲击电钻亦称电动冲击钻,它是可调节式旋转带冲击的特种电钻。当把旋钮调到旋转位置时,装上钻头,就像普通钻一样,可对钢制品进行钻孔。如把旋钮调到冲击位置,装上镶硬质合金的冲击钻头,就可以对混凝土、砖墙进行钻孔。目前,一些新型冲击电钻无论从使用和控制上都有很大改进,如配有无匙夹头,使装卸钻头更为方便,同时还配有电子控制、转速预选、可逆转、同步双速拉键传动及深度尺等。多功能冲击电钻外形如图 12.7 所示。

(1)用途

冲击电钻广泛应用于建筑装饰工程以及水、电、气的安装等方面。

(2)规格

冲击电钻的规格以最大钻孔直径表示,用作钻混凝土时,有 13、20(mm)等几种;用作钻钢

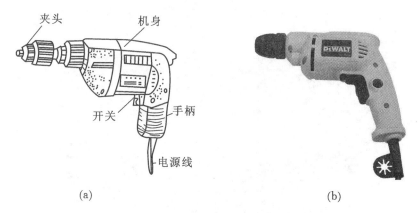

图 12.6　轻型电钻

(a) 示意图;(b) 实物图

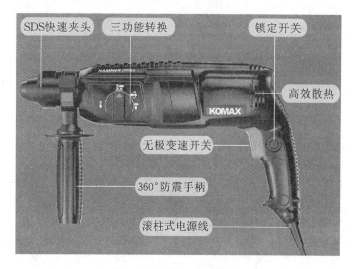

图 12.7　多功能冲击电钻外形图

材时,有 6、8、10、13、16、18、20、22、25(mm)等几种;用作木材钻孔时,最大孔径可达 40mm,功率为 500~1500W,转速为 650~2800r/min。

(3) 使用注意事项

① 使用前应检查工具是否完好,电源线是否有破损,以及电源线与机体接触处有无橡胶护套。

② 按额定电压接好电源,选择合适的钻头,调节好按钮,将刀具垂直于墙面钻孔。

③ 使用时有不正常的杂音应停止使用,如发现转速突然下降应立即放松压力,钻孔时突然刹停应立即切断电源。

④ 移动冲击电钻时,必须握持手柄,不能拖拉电源线,防止擦破电源线绝缘层。

12.2.3　电锤

电锤在国外也叫冲击电钻,其工作原理同冲击钻,也兼具冲击和旋转两种功能。但电锤在冲击钻的基础上加大了冲击力,其工作时以冲击为主。电锤由单项串激式电动机、传动箱、曲轴、连杆、活塞机构、保险离合器、刀架机构、手柄等组成。多功能电锤如图 12.8 所示,电镐如图 12.9 所示。

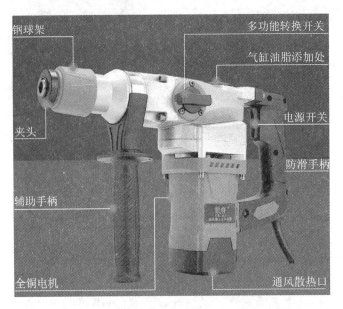

图 12.8　多功能电锤

图 12.9　电镐

（1）特点

电锤的特点是利用特殊的机械装置,将电动机的旋转转动变为冲击或冲击带旋转的运动。按其冲击旋转的形式可分为动能冲击锤、弹簧冲击锤、弹簧气电锤、冲击旋转锤、曲柄连杆气电锤和电磁锤等。一般都配有无匙夹头,故在操作上不需任何工具,可快速装卸钻头,提高了工作效率。

（2）用途

电锤主要用于建筑工程中各种设备的安装。在装饰工程中可用于在砖石、混凝土结构上钻孔、开槽、表面打毛,还可以用来钉钉子、铆接、捣固、去毛刺等。另外,在现代装饰工程中可用于铝合金门窗的安装、铝合金吊顶、石材安装等工程中。

（3）规格

电锤的规格按孔径可分为 16、18、20、22、25、28、30(mm)等,转速为 300～3900r/min,冲击次数为 2650～4800 次/min,功率为 600～2500W。

（4）使用注意事项

① 使用锤钻打孔时，工具必须垂直于工作面。不允许工具在孔内左右摆动，以免扭坏工具。

② 保证电源的电压与铭牌中的规定相符。

③ 电锤各部件紧固螺钉必须牢固，根据钻孔开凿情况选择合适的钻头，并安装牢靠。钻头磨损后应及时更换，以免电动机过载。

④ 电锤多为断续工作制，切勿长期连续使用，以免烧坏电动机。

12.2.4　电动自攻螺钉钻

电动自攻螺钉钻亦称充电钻，是一款自身携带锂离子电池或者镍铬电池，且可以反复充电的手电钻，如图 12.10 所示。这种手电钻工作时不需要外接电源，所以很适合在野外或者没有电源的地方使用。电动机旋转时，驱动钻夹头转动来带动批头或钻头等工作。扳动正、反开关扳杆，就可以调整直流电源极性来改变电动机的正转或反转，达到拆、装的作业。

轻型电钻、冲击电钻也可以实现装卸自攻螺钉、螺栓。

图 12.10　多功能充电螺钉钻

（1）用途

电动自攻螺钉钻是装卸自攻螺钉的专用机具，用于轻钢龙骨或铝合金龙骨上装饰板面安装以及各种龙骨本身的安装。

用于螺钉、自攻螺钉、螺栓等的旋入和旋出操作，也可用于各种金属、木材的钻孔。

按使用充电电池块的电压大小分类，有 7.2V、9.6V、12V、14.4V、18V 等系列。

按照电池类型可分为锂电池和镍铬电池两种，锂电池更加轻便，电池损耗更低，但价格较镍铬电池的更高。

（2）特点

此钻可以直接安装自攻螺钉、旋紧螺栓，在安装面板时不需要预先钻孔，而是利用自身高速旋转直接将螺钉、螺栓固定在基层上。由于配有极度精确的截止离合器，故当螺钉、螺栓达到紧度时会自动停止，提高了安装速度，并且松紧统一。另外，利用逆转功能也可快速卸下螺钉、螺栓。

（3）规格

按自攻螺钉直径可分为 4、6、8、10、12、16（mm）等，转速为 0～4000r/min，功率为 200～500W。

（4）使用注意事项

① 将充电式电池正确插入充电器，在 20℃下大约 1h 能充满电。注意，充电式电池内部带温控开关，电池超过 45℃便会断电而不能充电，冷却后可充电。

② 应将充电钻收藏在温度低于 40℃，且未成年人拿不到的地方。

③ 使用充电钻时，钻头不能卡住。若卡住，应立即关掉电源，否则电动机或充电式电池便会烧毁。

④ 钻头玷污时，请用软布或蘸了肥皂水的湿布擦拭，切勿使用氯溶液、汽油、稀释剂，以免塑胶部分溶化。

⑤ 用旋转钮更换转速时，请确认电源开关是否已关断，若在电动机旋转时更改转速，会损伤齿轮。

12.3　磨光机具

12.3.1　电动角向磨光机

电动角向磨光机是供磨削用的电动工具。由于其砂轮轴线与电动机轴线呈直角，所以特别适用于位置受限制、不便用普通磨光机的场合（如墙角、地面边缘、构件边角等）。该机可配用多种工作头，如粗磨砂轮、细磨砂轮、抛光轮、橡胶轮、切割砂轮、钢丝轮等。电动角向磨光机就是利用高速旋转的薄片砂轮以及橡胶砂轮、钢丝轮等对金属构件进行磨削、切削、除锈、磨光加工。

（1）用途

在建筑装饰工程中，常用该工具对金属型材进行磨光、除锈、去毛刺等作业，使用范围比较广泛，使用灵活。

① 换上不同的砂轮片可进行不同的金属磨削与切割、除锈；

② 换上石材切割刀片可加工瓷砖、石材，也可切割木材小料与薄木板（比用小锯片装在角磨机上切割木材安全）；

③ 换上百页轮、抛光轮可进行金属抛光。

（2）规格

电动角向磨光机按磨片直径分为 125、181、230、300（mm）等，额定转速为 5000～11000r/min，额定功率为 670～2400W，其外形如图 12.11 所示。

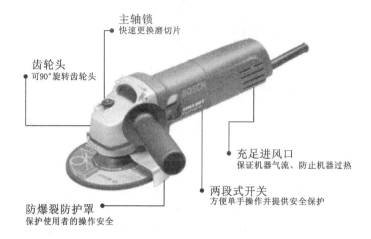

图 12.11 电动角向磨光机

（3）使用注意事项

① 使用前一定要检查角磨机是否有防护罩，防护罩是否稳固，以及角磨机的磨片安装是否稳固。

② 严禁使用已有残缺的砂轮片，切割时应防止火星四溅，防止溅到他人，并远离易燃易爆物品。

③ 戴保护眼罩，穿好合适的工作服，操作时用双手平握住机身，再按下开关打开开关，等待砂轮转动稳定后才能工作。

④ 以砂轮片的侧面轻触工件，并平稳地向前移动，磨到尽头时应提起机身，不可在工件上来回推磨，以免损坏砂轮片。

⑤ 该机转速很快，振动大，操作时应注意安全。

⑥ 切割方向不能向着人。

⑦ 连续工作 0.5h 后要停 15min，待其散热后再用。长期使用后，机器应在空载速度下运行较短的时间，以便冷却马达。

⑧ 停电、休息或离开工作场地时，应立即切断电源。

12.3.2 抛光机

抛光机主要用于各类装饰表面抛光作业和砖石干式精细加工作业。常见的规格按抛光海绵直径可分为 125mm、160mm 等，额定转速为 4500～20000r/min，额定功率为 400～1200W，其外形如图 12.12 所示。

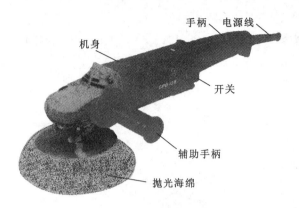

图 12.12　抛光机

12.3.3　砂磨机

砂磨机主要用于磨光金属、木材或填料等工作表面以便于油漆作业。该机是由高速旋转（或振动）的平板磨板（平板装有砂纸）对各种装饰面进行砂磨作业。

其规格按磨盘直径或尺寸可分为：旋转型有 115、125、150（mm）等，振动型有 110mm×112mm、8mm×130mm、92mm×182mm 等。旋转型砂磨机转速为 2400～13000r/min，振动型砂磨机轨道冲程速率为 12000～22000 冲程/min，功率为 150～400W。操作时手握机柄，在工件上边推边施加压力，切忌原地不动，以免磨出凹坑或磨穿工件表面。振动型电动砂磨机用作底层打磨。砂磨机外形如图 12.13 所示。

12.3.4　混凝土磨光机

图 12.14 所示为混凝土磨光机，该机主要用于混凝土表面的磨光作业。对一些特殊场所不便于用其他表面装修时可直接把混凝土表面磨光。该机利用高速旋转的金刚石磨片对混凝土面进行干磨作业。由于是干磨作业，所以均配有供吸收磨下的混凝土粉尘的密闭式抽取罩，工作时大大减少了对人体的危害。混凝土磨光机的磨盘直径有 100mm、125mm 等，额定功率为 1400～2400W，转速为 6000～11000r/min。使用时，双手握住机柄，均匀推进，压力不要过大，以免过载发热损坏电动机。

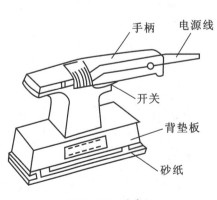

图 12.13　砂磨机

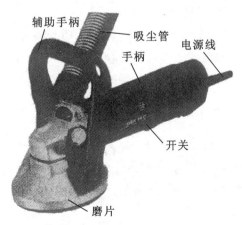

图 12.14　混凝土磨光机

12.4 钉固与铆固机具

12.4.1 射钉枪

射钉枪用于射钉紧固技术（一种先进的现代紧固技术），与传统的预埋固定、打洞浇注、螺栓连接、焊接等方法相比，具有许多优越性：自带能源，从而摆脱了电线和风管的累赘，便于现场和高空作业；操作快速、工期短，能大大减轻工人劳动强度；作用可靠和安全，甚至还能解决一些过去难以解决的施工难题；节约资金，降低施工成本。

（1）用途

射钉枪是装饰工程施工中常用的工具，要使用射钉弹和射钉，由枪机击发射钉弹，以弹内燃料的能量将各种射钉直接打入木材、钢铁、混凝土或砖砌体等材料中。可以直接将构件紧钉于需固定的部位，可固定木构件，如窗帘盒、木护墙、踢脚板、挂镜线；还可固定铁构件，如窗盒铁件、铁板、钢门窗框、吊灯等。

（2）使用注意事项

射钉枪因型号不同，使用方法略有不同，现以 SDT-A30 射钉枪（图 12.15）为例介绍其操作方法。

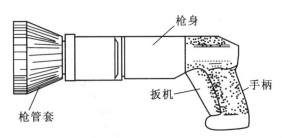

图 12.15 射钉枪

① 装弹时用手握住枪管套，向前拉到定向键处，然后再后推到位。

② 从握把端部插入弹夹，推至与握把端部齐平。

③ 将钉子插入枪管孔内，直到钉子上的垫圈进入孔内为止。

④ 射击时将射钉枪垂直地紧压在机体表面上，扣动扳机，每发射一次，应再装射钉，直至弹架上的子弹用完为止。

⑤ 使用射钉枪前要认真检查枪的完好程度，操作者最好经过专门训练，在操作时才允许装钉，装钉后严禁将枪对着人。

⑥ 射入的基体必须稳固坚实，并且有抵抗射击冲力的刚度，扣动扳机后如发现子弹不发火，应再次接于基体上扣动扳机，如仍不发火，则保持原射击位置数秒后，再来回拉伸枪管，使下一颗子弹进入枪膛，再扣动扳机。

⑦ 射钉枪用完后应注意保管。

随着科技进步和社会的发展，有许多新型射钉枪出现，如图 12.16、图 12.17 所示。

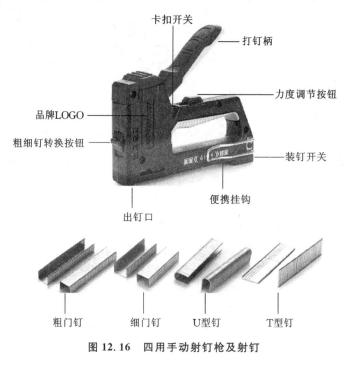

图 12.16　四用手动射钉枪及射钉

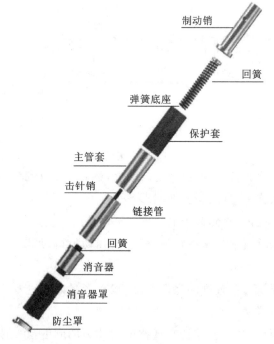

图 12.17　多功能高压钢钉器

12.4.2　电动、气动钉枪

电动、气动钉枪用于木龙骨上钉木夹板、纤维板、刨花板、石膏板等板材和各种装饰木线条,配有专用枪钉,常见规格有 10、15、20、25(mm)四种。电动钉枪接入 220V 交流电源就可以直接使用。气动钉枪需与气泵连接,使用要求的最低压力为 0.3MPa。气动钉枪有两种,一种是直钉枪,一种是码钉枪。直钉是单支,码钉是双支。操作时,用钉枪嘴压在需钉接处,按下开关,钉子即射出。电动钉枪如图 12.18 所示,气动钉枪如图 12.19 所示。

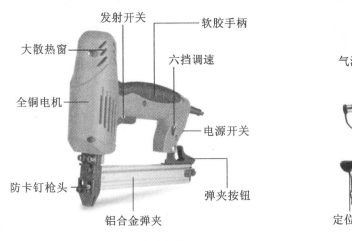

图 12.18 电动钉枪

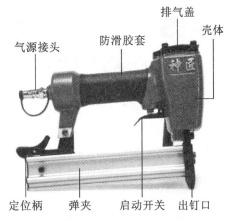

图 12.19 气动钉枪

12.4.3 铆钉枪

铆钉枪是用于各类金属板材、管材等制造工业的紧固铆接,广泛地使用在汽车、航空、铁道、制冷、电梯、开关、仪器、家具、装饰等机电和轻工产品的铆接上,是为解决金属薄板、薄管焊接螺母易熔和攻内螺纹易滑牙等缺点而开发的,它可铆接不需要攻内螺纹和焊接螺母的拉铆产品,铆接牢固、效率高,使用方便快捷。

铆钉枪按安装的铆钉不同可分为抽芯铆钉枪、铆螺母枪、环槽铆钉枪;按照动力不同分为气动铆钉枪、电动铆钉枪、手动铆钉枪、液压铆钉枪。气动、手动拉铆枪适用于铆接抽芯铝铆钉,电动、气动、手动拉铆枪外形如图 12.20 至图 12.22 所示。

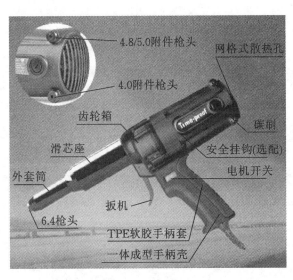

图 12.20 电动铆钉枪(拉铆枪)

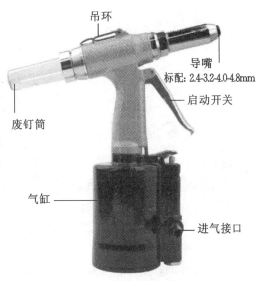

图 12.21 气动铆钉枪(拉铆枪)

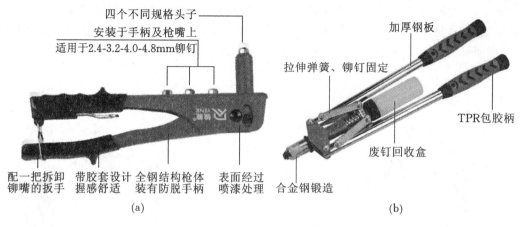

图 12.22　手动铆钉枪(拉铆枪)

(a) 单把拉铆枪；(b) 双把拉铆枪

（1）特点

气动、手动拉铆枪的特点是体积小、操作简便、没有噪声,同时拉铆速度快,生产效率高。

（2）用途

广泛用于车辆、船舶、纺织、航空、建筑装饰、通风管道等行业。如果某一产品的螺母需装在外面,而里面空间狭小,无法让压铆机的压头进入并进行压铆,且抽芽等方法无法达到强度要求时,压铆和涨铆都不可行。必须用拉铆适用于各厚度板材、管材的紧固领域。使用气动或手动拉铆枪可一次铆固,方便牢固;取代传统的焊接螺母,弥补金属薄板、薄管焊接易熔、焊接螺母不顺等缺点。

（3）基本参数

① 工作气压:0.3~0.6MPa。

② 工作拉力:3000~7200N。

③ 铆接直径:3.0~5.5mm。

④ 风管直径:10mm。

⑤ 枪身质量:2.2kg。

12.5　装饰工程专用机具与专用仪表

12.5.1　专用机具

（1）木工雕刻机

木工雕刻机对工件进行铣削加工。刀头为硬质合金的平直刀头,其直径为 8~12mm,功率为 55~1500W,转速为 24000r/min。该机配有微调分度为 0.1mm 的平行止动装置,最大铣削深度可达 60mm,是精细作业的高精度专用工具。其外形如图 12.23 所示。

（2）热熔胶枪

热熔胶枪主要用于相应材料对缝的粘接。该枪具有电子控制加热元件,以便及时使用并保持恒定工作温度。机械进给系统出胶率为 30g/min,预热时间 4min,胶条最大长度可达

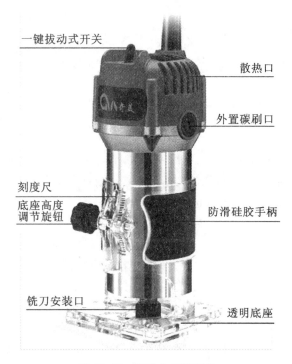

图 12.23　电动木工雕刻机

200mm。热熔胶枪外形如图 12.24 所示。

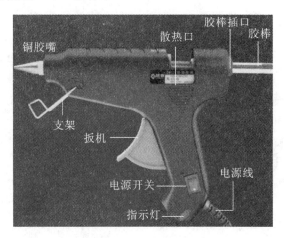

图 12.24　热熔胶枪

12.5.2　专用仪表

（1）数字式气泡水平仪

数字式气泡水平仪可精确测量坡度、角度或水平度，以度数及百分比形式显示。当作业是在头顶上方进行时，显示自动倒转。测量误差最大为 0.05mm，水平仪长度为 120m。

（2）量角仪

量角仪是高精度角度测量用的仪器，前后两面各有显示，方便读数，结构轻巧，具有储存上次测量数据的功能。测量范围为 0°～220°，最大误差±0.1°。

（3）金属探测仪

金属探测仪是探测钢铁和有色金属的可靠工具，能指出带电的电缆和可钻的深度，容易校正。

（4）超声波测距仪

该仪器无需接触即可精确测出距离，配有光速定向辅助设备，具有测量数据储存功能，测量范围为 0.6~20m。

（5）激光水平仪

激光水平仪能快速、准确标记参考高度及标高，检核水平面和直角，定线、标记铅垂线；结构坚固，确保长期准确，特别实用的是单人即可承担全部工作，操作距离可达 100m，水平误差 0.1mm/m，角度误差 0.01°，连续操作时间可达 10h 左右。

12.6 其他装饰施工机具

12.6.1 喷漆机具

（1）空气压缩机（气泵）

空气压缩机主要用于喷油漆和喷涂料，压力为 0.5~0.8MPa，可供气量为 0.8m³，并可自动调压，电动机功率为 2.5kW。

（2）喷漆枪

喷漆枪是对钢制件和木制件的表面进行喷漆的工具。

① 特点

喷漆枪施工速度快，节省漆料，漆层厚度均匀，附着力强，漆件表面光洁美观。

② 种类

小型喷漆枪：小型喷漆枪在使用时一般以人工充气，也可用机械充气。人工充气是把空气压入储气筒内，供制件面积不大、数量较少时喷漆使用。

大型喷漆枪：大型喷漆枪必须用空气压缩机的空气作为喷射的动力，它由储漆罐、握手柄、喷射器、罐盖与漆料上升管组成，适用于大型喷漆面的喷漆。

电热喷漆枪：是一种新型的喷漆工具，它的外形和储漆量同大型喷漆枪一样，只是在喷射器部位装有电热设备，使漆料在经过喷射器时由电热加温，因此称为电热喷漆枪。与上述喷漆枪比较，其优点是漆料不必掺加香蕉水，不仅节省化工原料，减少调漆工序，简化喷漆过程，而且可以避免苯中毒。同时，漆层的附着力较大，喷漆表面更为细密、光滑、色泽鲜亮，具有较好的防锈保护能力。

12.6.2 庭院机具

（1）树篱修剪机

强力树篱修剪机割刀长 400mm，具有快速停机、刀刃导向安全、滑动离合功能。

（2）草坪修剪机

草坪修剪机绳带可自动缩放，在修剪草坪过程中，电动机座可随时调整角度，最大可达 180°，可以修剪草坪边缘。稳固、可伸缩的金属握柄可调整，以适应使用者的身高。额定功率

200W,空载转速 12000r/min,剪割环直径 25cm。

思 考 题

12.1 常用建筑装饰施工机具中切割机具有哪些？

12.2 建筑装饰施工机具中钻(拧)孔机具有哪些？

12.3 建筑装饰施工机具中磨光机具有哪些？

12.4 建筑装饰施工机具中钉固与锚固机具有哪些？

12.5 装饰工程专用机具与仪表有哪些？

参 考 文 献

[1] 任雪丹,迟桂芳.建筑装饰装修工程施工[M].北京:高等教育出版社,2013.

[2] 山西建设投资集团有限公司.门窗工程施工工艺[M].北京:中国建筑工业出版社,2019.

[3] 中华人民共和国住房和城乡建设部.建筑装饰装修工程质量验收标准:GB 50210—2018 [S].北京:中国建筑工业出版社,2018.

[4] 王亚芳.建筑装饰工程施工[M].北京:北京理工大学出版社,2016.

[5] 倪安葵,蓝建勋,孙友棣,等.建筑装饰装修施工手册[M].北京:中国建筑工业出版社,2017.

[6] 甘肃省建设投资(控股)集团总公司,甘肃省第五建设集团公司.建筑装饰装修工程施工工艺规程:DB 62/T 3026—2018 [S].北京:中国建材工业出版社,2018.

[7] 山西建设投资集团有限公司.抹灰、吊顶、涂饰等装饰装修工程施工工艺[M].北京:中国建筑工业出版社,2019.

[8] 山西建设投资集团有限公司.幕墙及饰面板、砖工程施工工艺[M].北京:中国建筑工业出版社,2019.

[9] 中华人民共和国住房和城乡建设部.人造板材幕墙工程技术规范:JGJ 336—2016 [S].北京:中国建筑工业出版社,2016.

[10] 中华人民共和国住房和城乡建设部.建筑地面工程施工质量验收规范:GB 50209—2010 [S].北京:中国建筑工业出版社,2010.

[11] 李继业,周翠玲.建筑装饰装修工程施工技术手册[M].北京:化学工业出版社,2017.

[12] 中华人民共和国住房和城乡建设部.可拆装式隔断墙技术要求:JG/T 487—2016 [S].北京:中国标准出版社,2016.

[13] 丁勇,连大旗,李百战,等.外窗内遮阳对室内环境影响的测试分析[J].土木建筑与环境工程,2011,33(05):108-113.

[14] 张莉莉,周翔,侯守政,等.外侧镀铝膜风琴帘的遮阳性能研究[J].暖通空调,2018,48(04):89-92.

[15] 李峰.建筑装饰装修工程施工技术[M].北京:中国林业出版社,2019.

[16] 杨勇.建筑装饰工程施工[M].合肥:安徽科学技术出版社,1996.

[17] 顾建平.建筑装饰施工技术[M].天津:天津科学技术出版社,2000.

[18] 李志英.PVC塑料门窗的设计、制造与安装[M].北京:中国建材工业出版社,2001.

[19] 杨天佑.建筑装饰施工技术[M].北京:中国建筑工业出版社,2001.

[20] 许炳权.装饰装修施工技术[M].北京:中国建材工业出版社,2003.

[21] 李胜才.装饰构造[M].南京:东南大学出版社,1997.

[22] 薛建.建筑装饰工程手册[M].徐州:中国矿业大学出版社,2001.

[23] 姚谨英.建筑施工技术[M].北京:中国建筑工业出版社,2004.

[24] 雍本.幕墙工程施工手册[M].北京:中国计划出版社,2000.

[25] 马有占.建筑装饰施工技术[M].北京:机械工业出版社,2004.